中子散射在凝聚态物理中的应用

Neutron Scattering in Condensed Matter Physics

［瑞士］ Albert Furrer　Joël Mesot　Thierry Strässle　著
刘本琼　孙光爱　龚建　彭先觉　译

国防工业出版社
·北京·

著作权合同登记　图字:军 -2015 -104 号

图书在版编目(CIP)数据

中子散射在凝聚态物理中的应用/(瑞士)艾伯特·富勒(Albert Furrer),(瑞士)乔艾尔·美卓(Joel Mesot),(瑞士)蒂埃里·斯卓斯(Thierry Strassle)著;刘本琼等译.—北京:国防工业出版社,2017.12

书名原文:Neutron Scattering in Condensed Matter Physics

ISBN 978 -7 -118 -11379 -2

Ⅰ.①中... Ⅱ.①艾...②乔...③蒂...④刘... Ⅲ.①中子衍射 - 应用 - 凝聚态 - 物理学 - 研究 Ⅳ.①O571.56②O469

中国版本图书馆 CIP 数据核字(2017)第 238791 号

※

国防工业出版社出版发行
(北京市海淀区紫竹院南路 23 号　邮政编码 100048)
天津嘉恒印务有限公司
新华书店经售

*

开本 710 × 1000　1/16　**印张** 15¾　**字数** 300 千字
2017 年 12 月第 1 版第 1 次印刷　**印数** 1—2000 册　**定价** 79.00 元

(本书如有印装错误,我社负责调换)

国防书店:(010)88540777　　发行邮购:(010)88540776
发行传真:(010)88540755　　发行业务:(010)88540717

前　言

本书源于作者在苏黎世联邦理工学院(ETH Zurich)为凝聚态物理专业的研究生最后一年的学习中做的讲义。第一作者于1979年开始授课，第二作者于2003年接任，第三作者于2007年开始协助至今。最初，这些讲义主要是基于G. L. Squires的优秀著作*Introduction to the Theory of Thermal Neutron Scattering*(1978年剑桥大学出版社)。这些年来，讲义的内容针对学生的反馈逐步得到完善，包含了中子散射技术的新进展，并且关于实验的介绍也将中子散射在凝聚态物理新领域中的应用的快速发展考虑在内。经过不断的完善，现今的讲义涵盖了众多利用中子散射技术来研究凝聚态物理的相关专题，而这些专题在现有的教科书里几乎是很难找到的。为此，作者感谢世界科技出版社提出将现有的讲义笔记整理成一本综合性专著的建议，并定名为《中子散射在凝聚态物理中的应用》。

我们强调本书是由对理论比较感兴趣的实验工作者写的，因此主要面向实验人员，以及对实验感兴趣的理论学者。它将帮助读者在凝聚态物理这一广阔领域中设计并分析中子散射实验。阅读本书，不需要具备中子散射理论基础，但是熟悉凝聚态物理和量子力学的基本概念对于理解书中的内容是必要的。此书仅限于凝聚态物理学(不包括软凝聚态物质)的主要范畴，不能涵盖所有的应用。但是，我们相信读者能够应用书中相应章节所描述的思想和步骤去处理一些本书未谈及的专题。总之，本书是一本综合性指南，面向讲师以及处于毕业阶段和研究生阶段的学生作为他们的入门课程。此外，它对所有刚开始利用中子散射技术来研究凝聚态物理的科研人员，以及在这个领域中已经很活跃的科研人员来说都将是很有帮助的。

本书的前3章介绍了中子散射的概况、理论基础和仪器组成，接下来的12章则介绍了凝聚态物理学领域里中子散射提供重要信息的那些最重要的专题。但凡可能，专题章节都包含了从海量的文献数据中挑选出来的解说性的实验结果，按照是否具有作为一本教科书的教学可适性来进行挑选。因此，实验结果不仅包括中子散射开创时期的“历史”数据，也有当前研究的数据。一些专题章节的最后有习题，旨在阐明概念以及加深对内容的理解。因此，这些习题是本书不可或缺的一部分。我们鼓励读者去解答这些问题，或者是参考相关章节后面的答案。为了控制专题章节的长度,一些数学推导及列表从正文中移出,并收集在附录里面。

从专业综述的角度来说,每章中引用的参考文献并不齐全,它们仅仅作为特定专题的代表。事实上,我们尝试缩短参考文献清单,以便于正文的顺畅阅读,因而参考文献主要用于指明实验结果的出处。尽管如此,我们在每个章节的扩展阅读部分加了一些参考文献,以便那些有兴趣从不同角度来切入这些专题的读者。

我们深深受益于与同事和学生的讨论,他们的正面评论有助于正文成型。在很多问题上,通过与同事们的讨论,我们得到了很多建议,也很受启发。在此,我们感谢所有提供帮助以及同意我们展示其出版物中图片的人。

最后,作者感激世界科技出版社为本书的迅速面世及专业出版所付出的宝贵努力。

Albert Furrer, Joël Mesot, Thierry Strässle

Villigen,2009 年 3 月

关 于 作 者

Albert Furrer,毕业于(瑞士)苏黎世联邦理工学院,获得实验物理硕士学位和博士学位。曾在丹麦瑞索国家实验室(Risö National Laboratory)从事博士后研究,并在美国橡树岭国家实验室做过研究科学家(research scientist)。1984 年,他成为中子散射实验室的主管,该实验室为苏黎世联邦理工学院与保罗谢尔研究所(Paul Scherrer Institute)联合建立。其主要研究领域为磁性和超导电性的中子散射研究,发表了 400 余篇学术论文,并编著了 7 本书。鉴于其在磁性分子化合物和自旋二聚体的中子散射研究方面的开创性工作,他与 H. U. Güdel 一起获得了 2005 年欧洲中子散射协会的 Walter Hälg 奖。目前为苏黎世联邦理工学院的荣誉教授,同时也是 SwissNeutronics 公司的常务董事之一。

Joël Mesot,毕业于(瑞士)苏黎世联邦理工学院,获得实验物理硕士学位和博士学位。1992—1997 年,其在保罗谢尔研究所的散裂中子源 SINQ 搭建了一台飞行时间谱仪 FOCUS。随后的两年,他在美国阿贡国家实验室(Argonne National Laboratory)开展角分辨光电子能谱实验。2004—2008 年,他成为中子散射实验室的主管,该实验室为苏黎世联邦理工学院与保罗谢尔研究所联合建立。自 2008 年开始,他担任保罗谢尔研究所的所长。其研究兴趣是金属氧化物的奇异电子行为以及磁性质。2002 年,他获得了苏黎世联邦理工学院的 Latsis 奖。2003—2008 年期间担任 *Neutron News* 的主编。

Thierry Strässle,毕业于(瑞士)苏黎世联邦理工学院,获得实验物理硕士学位和博士学位。在法国巴黎第六大学(又称皮埃尔与玛丽·居里大学,Université Pierre & Marie Curie)从事博士后工作期间,他在高压中子散射领域积累了丰厚的专业知识。2005 年,他加入保罗谢尔研究所的中子散射实验室,并负责瑞士散裂中子源的飞行时间谱仪 FOCUS。其研究领域包括多铁性材料、非传统超导体,磁团簇以及分子固体的高压中子散射研究。

目 录

第 1 章　绪　　论

1.1　为何用中子散射?

为了认识世界上自然存在的以及利用现代技术加工而成的材料,需要在原子尺度上对它们的性质进行详细的研究。这些信息是物理、化学、生物及材料科学等所有研究的基础。在各种实验方法中,中子和 X 射线(光子)散射已成为备选的关键技术。这两种技术是高度互补的。慢中子最重要、最独特的性质是其他任何实验技术都难以匹敌的,可以归纳如下:

(1) 中子与原子核相互作用,而光子与电子相互作用。因此,中子对轻原子(如氢、氧)的响应比 X 射线强得多,中子能够轻易地区分原子数相近的原子。此外,中子很容易区分同位素,因此可以通过将大分子(或生物物质)的特定部分进行氘代,以便关注其原子排列的具体特征。图 1.1 比较了若干原子及其同位素的 X 射线和中子散射长度。

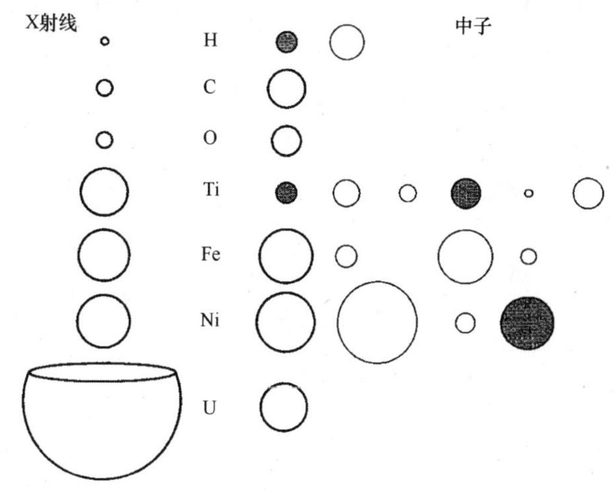

图 1.1　若干元素及其同位素的 X 射线和中子散射长度。对于中子,只考虑相干散射截面。粗线圈和细线圈分别表示元素的自然丰度及其同位素。阴影表示同位素有显著的非相干散射

(2) 与硬 X 射线同波长的中子,其能量要低很多,并与物质中元激发的能量相当。因此,中子不仅可以测定静态平均化学结构,还可以研究原子排列的动

力学性质,其与材料的物理性质直接相关。

(3) 由于中子呈电中性,它与物质的相互作用非常弱,因此:

① 中子对样品性质的扰动非常小,可被视为平衡态附近的小涨落,因而线性响应理论是一个非常好的近似,用于从实验数据中提取散射律。该条件在 X 射线实验中并不总成立。

② 中子具有很深的穿透深度,可以研究材料的块体性质。

③ 中子的穿透力强,这一特性有益于极端条件下的材料研究,如极低温和极高温、高压、强磁场和强电场,或者某些环境的耦合。在这些情况下,所研究的样品总是被各种屏蔽所包围,极大地阻碍了 X 射线的应用。

④ 由于中子与样品的相互作用较弱,因此对所研究的物体(如活的生物体)几乎没有辐射损伤。

(4) 中子有磁矩,因此在测定物质的静态及动力学磁性质(磁有序现象、磁激发、自旋涨落)时,是一种极好的探针。

图 1.2 归纳了凝聚态物质研究领域内中子散射技术所覆盖的理想的波矢 - 能量范围($\boldsymbol{Q}$,ω)。

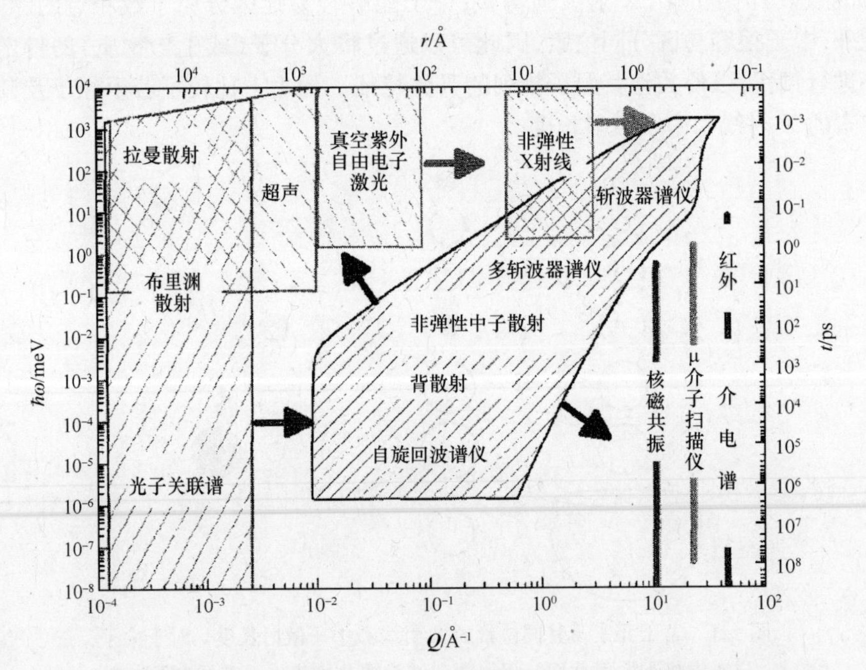

图 1.2 在凝聚态物质的研究中,中子及其他探测技术在实空间和倒易空间中的动力学范围($\boldsymbol{r}$,t),($\boldsymbol{Q}$,ω)。变量 $\boldsymbol{Q}$ 和 ω 分别由式(2.1)和式(2.2)定义

(参考 *The ESS Project*, Vol. Ⅱ,ed. by D. Richter (FZ Jülich, 2002), p. 5 - 4)

1.2 中子的基本性质

自由中子的能量跨越好几个量级。对于中子散射,我们只对慢中子感兴趣。表1.1对不同能量段的中子进行了分类。速度为 v 的慢中子,其动能为

$$E=\frac{mv^2}{2} \tag{1.1}$$

式中:$m=1.675\times10^{-27}$kg 为中子质量。

中子的德布罗意波长 λ 定义为

$$\lambda=\frac{h}{mv} \tag{1.2}$$

式中:$h=6.626\times10^{-34}$J·s 为普朗克常量。

中子的波矢 $\boldsymbol{k}$ 为

$$k=\frac{2\pi}{\lambda} \tag{1.3}$$

其方向为速度 $\boldsymbol{v}$ 的方向。

由式(1.1)~式(1.3)可以得到中子的动量 $\boldsymbol{p}$ 和能量 E:

$$\boldsymbol{p}=\hbar\boldsymbol{k} \tag{1.4}$$

$$E=\frac{\hbar^2k^2}{2m} \tag{1.5}$$

式中:$\hbar=h/(2\pi)$。

通常,中子的能量 E 与温度 T 的关系为

$$E=k_BT \tag{1.6}$$

式中:$k_B=1.381\times10^{-23}$J/K 是玻耳兹曼常数。

联合式(1.1)~式(1.6)得

$$E=\frac{h^2}{2m\lambda^2}=\frac{\hbar^2k^2}{2m}=\frac{mv^2}{2}=k_BT \tag{1.7}$$

将基本常量代入上面的方程可以得到中子的能量与波长、波矢、速度及温度之间的关系,即

$$E=81.81\cdot\frac{1}{\lambda^2}=2.072\cdot k^2=5.227\cdot v^2=0.08617\cdot T \tag{1.8}$$

式中:E 的单位是 meV;λ 的单位是 Å①;k 的单位是 $Å^{-1}$;v 的单位是 km/s;T 的

---

① 1Å=0.1nm。

单位是 K。在中子散射中，能量单位一般采用 meV。另一种常用的能量单位是太赫（THz），其他的光谱学技术常用波数 cm^{-1} 为单位。因此，有以下换算关系：

$$1meV = 0.242THz = 8.07cm^{-1} = 11.6K = 17.3T \tag{1.9}$$

出于完备性的考虑，这里包含了与温度（K）和磁场（特斯拉）单位的换算。

表 1.1　中子能量段的近似界限（以名字分类）

能量范围	分类		能量范围
	核物理	中子散射	中子散射
小于 1keV	慢中子	超冷中子	小于 0.1meV
		极冷中子	0.1 ~ 0.5meV
		冷中子	0.5 ~ 5meV
		热中子	5 ~ 100meV
		超热或烫中子	0.1 ~ 1eV
		共振中子	1 ~ 100eV
1keV ~ 0.5MeV	中能中子		
0.5 ~ 10MeV	快中子		
10 ~ 50MeV	极快中子		
0.05 ~ 10GeV	高能或超快中子		
大于 10GeV	相对论性中子		

第2章　中子散射的基本原理

2.1　中子散射实验的目的

中子散射实验的主要目的是测定波矢为 $\boldsymbol{k}$ 的入射中子被样品散射后出射波矢为 $\boldsymbol{k}'$ 的概率。散射中子的强度是动量转移的函数：

$$\hbar\boldsymbol{Q} = \hbar(\boldsymbol{k} - \boldsymbol{k}') \tag{2.1}$$

式中：$\boldsymbol{Q}$ 为散射矢量，相应的能量转移为

$$\hbar\omega = \frac{\hbar^2}{2m}(k^2 - k'^2) \tag{2.2}$$

式(2.1)和式(2.2)分别描述了中子散射过程中动量守恒和能量守恒。图2.1是动量守恒的示意图。当 $k = k'$ 时，由式(2.2)可知 $\hbar\omega = 0$，也即是弹性散射。图2.1(a)是满足布拉格定律(相干弹性散射式(4.8))的情况，即

$$\boldsymbol{Q} = \boldsymbol{k} - \boldsymbol{k}' = \boldsymbol{\tau} \tag{2.3}$$

如果 $\boldsymbol{Q}$ 不等于倒易晶格矢量 $\boldsymbol{\tau}$，则为非弹性中子散射。对于图2.1(b)所示的非弹性散射，散射矢量可以分解为 $\boldsymbol{Q} = \boldsymbol{\tau} + \boldsymbol{q}$，其中 $\boldsymbol{q}$ 为某个特定元激发的波矢。中

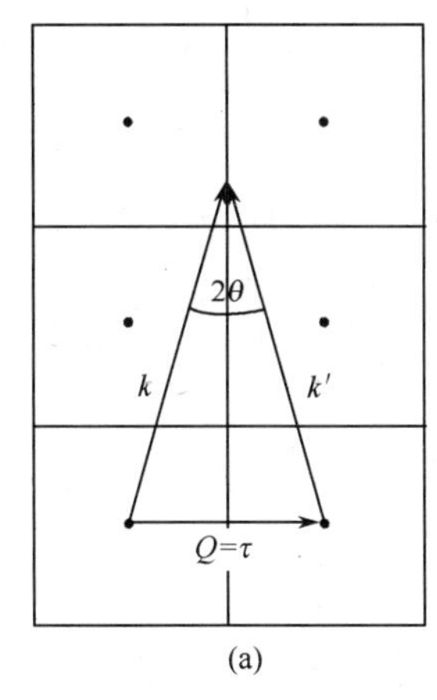

(a)

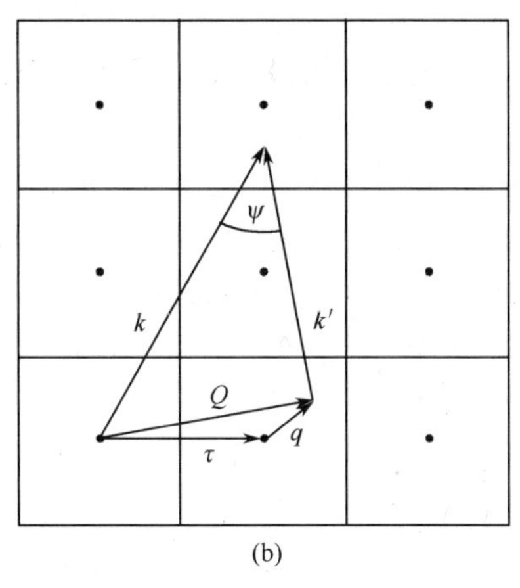

(b)

图2.1　式(2.1)在倒易空间的示意图

(a)弹性中子散射；(b)非弹性中子散射。

2θ，Ψ—布拉格散射角和一般散射角；实线给定了布里渊区的边界；点代表布里渊区的中心。

子散射是可以测量倒易空间中任一预设点的色散关系 $\hbar\omega(\boldsymbol{q})$ 的最精确的实验技术。

2.2 中子散射截面

中子散射截面定义为每秒钟被散射到一个(小的)立体角 $d\Omega$ 内并且能量转移在 $\hbar\omega$ 到 $\hbar(\omega+d\omega)$ 范围内的中子数目,再除以入射中子注量。散射截面的理论表达式通常以费米黄金定律为出发点,即

$$\boxed{\begin{aligned}\frac{d^2\sigma}{d\Omega d\omega} = \left(\frac{m}{2\pi\hbar^2}\right)^2 \frac{k'}{k}\sum_{\lambda',\sigma'}\sum_{\lambda,\sigma} p_\lambda p_\sigma \mid \langle \boldsymbol{k}',\boldsymbol{\sigma}',\lambda' \mid \hat{U} \mid \boldsymbol{k},\boldsymbol{\sigma},\lambda\rangle \mid^2 \\ \times \delta(\hbar\omega + E_\lambda - E_{\lambda'})\end{aligned}} \tag{2.4}$$

式中:$|\lambda\rangle$ 为散射体的初态,其能量为 E_λ;p_λ 为热布居因子,终态为 $|\lambda'\rangle$;$\boldsymbol{\sigma},\boldsymbol{\sigma}'$ 分别为入射中子和散射中子的自旋态;p_σ 为极化率;δ 函数描述了能量守恒定律(关于 δ 函数的定义及相关性质,见附录 A);$\hat{U}$ 为中子与样品的相互作用算符,它与特定的散射过程有关。例如,中子被位于固定位置 $\boldsymbol{R}_j$ 的原子核散射,$\hat{U}$ 可以近似为费米赝势

$$\boxed{\hat{U}(\boldsymbol{r}) = \frac{2\pi\hbar^2}{m}\sum_j b_j \delta(\boldsymbol{r} - \hat{\boldsymbol{R}}_j)} \tag{2.5}$$

式中:b_j 为散射长度,b_j 的量级为 10^{-12}cm,即,对于核散射来说,截面式(2.4)约为 1barn①。原则上,散射长度是一个复数,实部描述与能量无关的散射,虚部表示与能量有关的吸收。如果复合核(=核+中子)的能量与一个原子核激发态的能量相近,那么虚部会很大。然而,对于热中子来说只有很少数的原子核满足这样的性质,最典型的例子有 ^{113}Cd 和 ^{157}Gd。接下来只考虑附录 B 所列出的若干原子核的散射长度的实部。

用平面波来描述入射中子和出射中子(此处忽略了自旋态 $\boldsymbol{\sigma}$ 和 $\boldsymbol{\sigma}'$,在 2.6 节和 2.7 节将会考虑到):

$$|\boldsymbol{k}\rangle = e^{i\boldsymbol{k}\cdot\boldsymbol{r}}, \quad |\boldsymbol{k}'\rangle = e^{i\boldsymbol{k}'\cdot\boldsymbol{r}} \tag{2.6}$$

将式(2.5)和式(2.6)代入式(2.4)的矩阵元,得

① $1\text{barn} = 10^{-24}\text{cm}^2$。

$$\langle \boldsymbol{k}',\lambda' \mid \hat{U} \mid \boldsymbol{k},\lambda\rangle = \left(\frac{2\pi\hbar^2}{m}\right)\langle \lambda' \mid \int \mathrm{d}\boldsymbol{r}\mathrm{e}^{-\mathrm{i}\boldsymbol{k}'\cdot\boldsymbol{r}}\sum_j b_j\delta(\boldsymbol{r}-\hat{\boldsymbol{R}}_j)\mathrm{e}^{\mathrm{i}\boldsymbol{k}\cdot\boldsymbol{r}} \mid \lambda\rangle \tag{2.7}$$

利用变换式 $\boldsymbol{R}=\boldsymbol{r}-\boldsymbol{R}_j$ 以及定义式 $\boldsymbol{Q}=\boldsymbol{k}-\boldsymbol{k}'$,式(2.7)可以改写为

$$\langle \boldsymbol{k}',\lambda' \mid \hat{U} \mid \boldsymbol{k},\lambda\rangle = \left(\frac{2\pi\hbar^2}{m}\right)\langle \lambda' \mid \int \mathrm{d}\boldsymbol{R}\mathrm{e}^{\mathrm{i}\boldsymbol{Q}\cdot\boldsymbol{R}}\delta(\boldsymbol{R})\sum_j b_j\mathrm{e}^{\mathrm{i}\boldsymbol{Q}\cdot\hat{\boldsymbol{R}}_j} \mid \lambda\rangle \tag{2.8}$$

应用式(A.8),式(2.8)可以继续简化为

$$\langle \boldsymbol{k}',\lambda' \mid \hat{U} \mid \boldsymbol{k},\lambda\rangle = \left(\frac{2\pi\hbar^2}{m}\right)\langle \lambda' \mid \sum_j b_j\mathrm{e}^{\mathrm{i}\boldsymbol{Q}\cdot\hat{\boldsymbol{R}}_j} \mid \lambda\rangle \tag{2.9}$$

联合式(2.4)和式(2.9),并应用 δ 函数关系式(A.6),得到截面

$$\begin{aligned}\frac{\mathrm{d}^2\sigma}{\mathrm{d}\Omega\mathrm{d}\omega} &= \frac{k'}{k}\sum_\lambda p_\lambda\sum_{\lambda'}\sum_{j,j'} b_j b_{j'}\langle\lambda \mid \mathrm{e}^{-\mathrm{i}\boldsymbol{Q}\cdot\hat{\boldsymbol{R}}_{j'}} \mid \lambda'\rangle\langle\lambda' \mid \mathrm{e}^{\mathrm{i}\boldsymbol{Q}\cdot\hat{\boldsymbol{R}}_j} \mid \lambda\rangle \\ &\quad\times\frac{1}{2\pi\hbar}\int_{-\infty}^{\infty}\mathrm{e}^{\mathrm{i}(E_{\lambda'}-E_\lambda)t/\hbar}\mathrm{e}^{-\mathrm{i}\omega t}\mathrm{d}t \\ &= \frac{1}{2\pi\hbar}\frac{k'}{k}\sum_\lambda p_\lambda\sum_{\lambda'}\sum_{j,j'} b_j b_{j'}\int_{-\infty}^{\infty}\langle\lambda \mid \mathrm{e}^{-\mathrm{i}\boldsymbol{Q}\cdot\hat{\boldsymbol{R}}_{j'}}\mathrm{e}^{\mathrm{i}E_{\lambda'}t/\hbar} \mid \lambda'\rangle \\ &\quad\times\langle\lambda' \mid \mathrm{e}^{\mathrm{i}\boldsymbol{Q}\cdot\hat{\boldsymbol{R}}_j}\mathrm{e}^{-\mathrm{i}E_\lambda t/\hbar} \mid \lambda\rangle\mathrm{e}^{-\mathrm{i}\omega t}\mathrm{d}t\end{aligned} \tag{2.10}$$

根据厄米算符理论,对于厄米算符 $\hat{A}$, $\hat{B}$

$$\sum_{\lambda'}\langle\lambda \mid \hat{A} \mid \lambda'\rangle\langle\lambda' \mid \hat{B} \mid \lambda''\rangle = \langle\lambda \mid \hat{A}\hat{B} \mid \lambda''\rangle \tag{2.11}$$

以及哈密顿量 $\hat{H}$ 的本征值方程

$$\mathrm{e}^{-\mathrm{i}\hat{H}t/\hbar}|\lambda\rangle = \mathrm{e}^{-\mathrm{i}E_\lambda t/\hbar}|\lambda\rangle \tag{2.12}$$

可将式(2.10)中的矩阵元改写为

$$\langle\lambda|\mathrm{e}^{-\mathrm{i}\boldsymbol{Q}\cdot\hat{\boldsymbol{R}}_{j'}}\mathrm{e}^{\mathrm{i}\hat{H}t/\hbar}\mathrm{e}^{\mathrm{i}\boldsymbol{Q}\cdot\hat{\boldsymbol{R}}_j}\mathrm{e}^{-\mathrm{i}\hat{H}t/\hbar}|\lambda\rangle \tag{2.13}$$

现在用含时海森堡算符来替换薛定谔算符 $\mathrm{e}^{\mathrm{i}\boldsymbol{Q}\cdot\hat{\boldsymbol{R}}_j}$:

$$\mathrm{e}^{\mathrm{i}\boldsymbol{Q}\cdot\hat{\boldsymbol{R}}_j(t)} = \mathrm{e}^{\mathrm{i}\hat{H}t/\hbar}\mathrm{e}^{\mathrm{i}\boldsymbol{Q}\cdot\hat{\boldsymbol{R}}_j}\mathrm{e}^{-\mathrm{i}\hat{H}t/\hbar} \tag{2.14}$$

同样地,定义 $t=0$ 时的海森堡算符:

$$\mathrm{e}^{\mathrm{i}\boldsymbol{Q}\cdot\hat{\boldsymbol{R}}_j(0)} = \mathrm{e}^{\mathrm{i}\hat{H}t/\hbar}\mathrm{e}^{\mathrm{i}\boldsymbol{Q}\cdot\hat{\boldsymbol{R}}_j}\mathrm{e}^{-\mathrm{i}\hat{H}t/\hbar}\big|_{t=0} \tag{2.15}$$

利用算符$\hat{A}$的期望值：

$$\langle \hat{A} \rangle = \sum_{\lambda} p_{\lambda} \langle \lambda \mid \hat{A} \mid \lambda \rangle \tag{2.16}$$

得到最终的截面公式为

$$\boxed{\frac{\mathrm{d}^2\sigma}{\mathrm{d}\Omega \mathrm{d}\omega} = \frac{k'}{k} \frac{1}{2\pi\hbar} \sum_{j,j'} b_j b_{j'} \int_{-\infty}^{\infty} \langle \mathrm{e}^{-\mathrm{i}\boldsymbol{Q}\cdot\hat{\boldsymbol{R}}_{j'}(0)} \mathrm{e}^{\mathrm{i}\boldsymbol{Q}\cdot\hat{\boldsymbol{R}}_j(t)} \rangle \mathrm{e}^{-\mathrm{i}\omega t} \mathrm{d}t} \tag{2.17}$$

2.3 关联函数

式(2.17)中的算符部分是中间对关联函数(也称中间散射函数)：

$$I(\boldsymbol{Q},t) = \frac{1}{N} \sum_{j,j'} \langle \mathrm{e}^{-\mathrm{i}\boldsymbol{Q}\cdot\hat{\boldsymbol{R}}_{j'}(0)} \mathrm{e}^{\mathrm{i}\boldsymbol{Q}\cdot\hat{\boldsymbol{R}}_j(t)} \rangle \tag{2.18}$$

式中：N为体系的原子数。

根据式(2.18)的傅里叶变换，可以分别得到由 van Hove[van Hove(1954)]引入的空间－时间对关联函数

$$G(\boldsymbol{r},t) = \frac{1}{(2\pi)^3} \int I(\boldsymbol{Q},t) \mathrm{e}^{-\mathrm{i}\boldsymbol{Q}\cdot\boldsymbol{r}} \mathrm{d}\boldsymbol{Q} \tag{2.19}$$

和动力学结构因子

$$S(\boldsymbol{Q},\omega) = \frac{1}{2\pi\hbar} \int I(\boldsymbol{Q},t) \mathrm{e}^{-\mathrm{i}\omega t} \mathrm{d}t \tag{2.20}$$

$S(\boldsymbol{Q},\omega)$也称散射律，它与截面式(2.17)直接相关。

接下来阐明对关联函数$\boldsymbol{G}(\boldsymbol{r},t)$的物理意义。联合式(2.18)和式(2.19)，得

$$\boxed{G(\boldsymbol{r},t) = \frac{1}{(2\pi)^3} \frac{1}{N} \int \sum_{j,j'} \langle \mathrm{e}^{-\mathrm{i}\boldsymbol{Q}\cdot\hat{\boldsymbol{R}}_{j'}(0)} \mathrm{e}^{\mathrm{i}\boldsymbol{Q}\cdot\hat{\boldsymbol{R}}_j(t)} \rangle \mathrm{e}^{-\mathrm{i}\boldsymbol{Q}\cdot\boldsymbol{r}} \mathrm{d}\boldsymbol{Q}} \tag{2.21}$$

应该注意的是算符$\hat{\boldsymbol{R}}_{j'}(0)$和$\hat{\boldsymbol{R}}_j(t)$一般是不对易的，因此式(2.21)中的期望值不能写为

$$\langle \mathrm{e}^{-\mathrm{i}\boldsymbol{Q}\cdot(\hat{\boldsymbol{R}}_{j'}(0) - \hat{\boldsymbol{R}}_j(t))} \rangle$$

应用式(A.8)，有

$$\mathrm{e}^{-\mathrm{i}\boldsymbol{Q}\cdot\hat{\boldsymbol{R}}_{j'}(0)} = \int \mathrm{e}^{-\mathrm{i}\boldsymbol{Q}\cdot\boldsymbol{r}'} \delta(\boldsymbol{r}' - \hat{\boldsymbol{R}}_{j'}(0)) \mathrm{d}\boldsymbol{r}'$$

并重组方程式(2.21)的一些项可得

$$G(\boldsymbol{r},t) = \frac{1}{(2\pi)^3} \frac{1}{N} \int \sum_{j,j'} \langle \delta(\boldsymbol{r}' - \hat{\boldsymbol{R}}_{j'}(0))$$

$$\times \int \mathrm{e}^{-\mathrm{i}\boldsymbol{Q}\cdot(\boldsymbol{r}+\boldsymbol{r}'-\hat{\boldsymbol{R}}_j(t))}\mathrm{d}\boldsymbol{Q}\rangle \mathrm{d}\boldsymbol{r}' \tag{2.22}$$

应用式(A.9),有

$$\int \mathrm{e}^{-\mathrm{i}\boldsymbol{Q}\cdot(\boldsymbol{r}+\boldsymbol{r}'-\hat{\boldsymbol{R}}_j(t))}\mathrm{d}\boldsymbol{Q} = (2\pi)^3\delta(\boldsymbol{r}+\boldsymbol{r}'-\hat{\boldsymbol{R}}_j(t))$$

最终可得

$$G(\boldsymbol{r},t) = \frac{1}{N}\sum_{j,j'}\int\langle\delta(\boldsymbol{r}'-\hat{\boldsymbol{R}}_{j'}(0))\delta(\boldsymbol{r}'+\boldsymbol{r}-\hat{\boldsymbol{R}}_j(t))\rangle\mathrm{d}\boldsymbol{r}' \tag{2.23}$$

$G(\boldsymbol{r},t)$描述了在 $t=0$ 时刻位于 $\boldsymbol{r}'$处的原子 j'和一段时间 t 以后位于另一位置 $\boldsymbol{r}'+\boldsymbol{r}$ 的原子 j 之间的关联,也即是两个原子 j 和 j'具有明确的空间和时间关联的概率。因此,在原子尺度上 $G(\boldsymbol{r},t)$可能是凝聚态物质的静态和动力学性质的最概括的描述。

$G(\boldsymbol{r},t)$可以分成 $j=j'$和 $j\neq j'$两部分,分别描述自关联 $G_{\mathrm{s}}(\boldsymbol{r},t)$和互关联 $G_{\mathrm{d}}(\boldsymbol{r},t)$:

$$G_{\mathrm{s}}(\boldsymbol{r},t) = \frac{1}{N}\sum_{j}\int\langle\delta(\boldsymbol{r}'-\hat{\boldsymbol{R}}_j(0))\delta(\boldsymbol{r}'+\boldsymbol{r}-\hat{\boldsymbol{R}}_j(t))\rangle\mathrm{d}\boldsymbol{r}' \tag{2.24}$$

$$G_{\mathrm{d}}(\boldsymbol{r},t) = \frac{1}{N}\sum_{j\neq j'}\int\langle\delta(\boldsymbol{r}'-\hat{\boldsymbol{R}}_j(0))\delta(\boldsymbol{r}'+\boldsymbol{r}-\hat{\boldsymbol{R}}_j(t))\rangle\mathrm{d}\boldsymbol{r}' \tag{2.25}$$

2.4　相干散射和非相干散射

接下来将 2.3 节中的关联函数引入截面式(2.17)。每种元素的散射长度 b_j 不仅与核的同位素有关,还与核的自旋量子数 I 有关。由于核散射长度 b_j 和 $b_{j'}$ 之间没有关联,因此式(2.17)中的相应求和必须对样品体积求平均:

$$\begin{aligned}&\text{对于 } j\neq j',\text{有}\langle b_jb_{j'}\rangle=\langle b_j\rangle\langle b_{j'}\rangle=\langle b\rangle^2\\&\text{对于 } j=j',\text{有}\langle b_jb_{j'}\rangle=\langle b_j^2\rangle=\langle b^2\rangle\end{aligned} \tag{2.26}$$

式(2.17)可以写为

$$\frac{\mathrm{d}^2\sigma}{\mathrm{d}\Omega\mathrm{d}\omega} = N\frac{k'}{k}\int_{-\infty}^{\infty}\mathrm{d}t\mathrm{e}^{-\mathrm{i}\omega t}\int\mathrm{d}\boldsymbol{r}\mathrm{e}^{\mathrm{i}\boldsymbol{Q}\cdot\boldsymbol{r}}(\langle b^2\rangle G_{\mathrm{s}}(\boldsymbol{r},t)+\langle b\rangle^2G_{\mathrm{d}}(\boldsymbol{r},t))$$

由于 $G(\boldsymbol{r},t)=G_{\mathrm{s}}(\boldsymbol{r},t)+G_{\mathrm{d}}(\boldsymbol{r},t)$,因此可以消去 $G_{\mathrm{d}}(\boldsymbol{r},t)$,得

$$\boxed{\begin{aligned}\frac{\mathrm{d}^2\sigma}{\mathrm{d}\Omega\mathrm{d}\omega} &= N\frac{k'}{k}\int_{-\infty}^{\infty}\mathrm{d}t\mathrm{e}^{-\mathrm{i}\omega t}\int\mathrm{d}\boldsymbol{r}\mathrm{e}^{\mathrm{i}\boldsymbol{Q}\cdot\boldsymbol{r}}\\&\quad\times(\langle b\rangle^2G(\boldsymbol{r},t)+[\langle b^2\rangle-\langle b\rangle^2]G_{\mathrm{s}}(\boldsymbol{r},t))\end{aligned}} \tag{2.27}$$

式(2.27)中的两项分别称为相干中子散射截面和非相干中子散射截面：

$$\left(\frac{\mathrm{d}^2\sigma}{\mathrm{d}\Omega\mathrm{d}\omega}\right)_{\mathrm{coh}} = N\frac{k'}{k}\langle b\rangle^2 S_{\mathrm{coh}}(\boldsymbol{Q},\omega) \tag{2.28}$$

$$\left(\frac{\mathrm{d}^2\sigma}{\mathrm{d}\Omega\mathrm{d}\omega}\right)_{\mathrm{inc}} = N\frac{k'}{k}[\langle b^2\rangle - \langle b\rangle^2] S_{\mathrm{inc}}(\boldsymbol{Q},\omega) \tag{2.29}$$

对于相干散射，总截面由散射长度平均值的平方给出：

$$\sigma_{\mathrm{coh}} = 4\pi\left(\frac{1}{N}\sum_j b_j\right)^2 = 4\pi\langle b\rangle^2 \tag{2.30}$$

而总的非相干散射来源于散射长度的无序度：

$$\sigma_{\mathrm{inc}} = 4\pi(\langle b^2\rangle - \langle b\rangle^2) \tag{2.31}$$

定义平均散射长度为

$$\langle b\rangle = \sum_j p_j b_j, \langle b^2\rangle = \sum p_j b_j^2, \text{且} \sum_j p_j = 1 \tag{2.32}$$

式中：p_j 为原子核的散射长度为 b_j 的概率。对于原子核的核自旋量子数 $I\neq0$ 的情况，相互作用体系也即是原子核 + 中子，可能处于正交态 $|+\rangle$，也可能处于平行态 $|-\rangle$：

$|+\rangle$态　总自旋量子数：$I+1/2$

态的简并度：$2(I+1/2)+1=2I+2$

散射长度：b^+

$|-\rangle$态　总自旋量子数：$I-1/2$

态的简并度：$2(I-1/2)+1=2I$

散射长度：b^-

对于非极化中子，这两个态出现的概率不同：

$$p^+ = \frac{2I+2}{4I+2} = \frac{I+1}{2I+1}, \quad p^- = \frac{2I}{4I+2} = \frac{I}{2I+1} \tag{2.33}$$

平均散射长度可以由式(2.32)计算得到。

自旋量子数为 $I=1/2$ 的氢原子是典型的强非相干散射体，由于它的三重态 $|+\rangle$ 散射长度（$b^+=1.085\times10^{-12}\mathrm{cm}$）和单态 $|-\rangle$ 的散射长度（$b^-=-4.750\times10^{-12}\mathrm{cm}$）差别很大，使得非相干散射截面 $\sigma_{\mathrm{inc}}=80.3\mathrm{barn}$ 远大于相干散射截面 $\sigma_{\mathrm{coh}}=1.76\mathrm{barn}$。与之相反的是，氘（$I=1$）的相应值分别为 $\sigma_{\mathrm{inc}}=2.05\mathrm{barn}$ 和 $\sigma_{\mathrm{coh}}=5.59\mathrm{barn}$。因此，可以通过对样品进行氘代处理来区分相干散射过程和非相干散射过程，这也是中子散射独有的特征（5.3 节和 13.4 节）。

2.5　细致平衡原理

在非弹性中子散射实验中,式(2.2)中的能量转移 $\hbar\omega$ 可正可负,分别对应中子能量损失过程和中子能量获得过程。因此,研究散射律 $S(\boldsymbol{Q},\omega)$ 的时间反演即 $\omega\rightarrow-\omega$ 是很有意思的。为此,将 $S(\boldsymbol{Q},\omega)$ 引入式(2.4),并假设态 $|\lambda\rangle$ 遵从玻尔兹曼统计:

$$S(\boldsymbol{Q},\omega)=\frac{1}{NZ}\sum_{\lambda,\lambda'}\mathrm{e}^{-\frac{E_\lambda}{k_\mathrm{B}T}}\left|\sum_j\langle\lambda'|\,\mathrm{e}^{\mathrm{i}\boldsymbol{Q}\cdot\hat{\boldsymbol{R}}_j}\,|\lambda\rangle\right|^2\delta(\hbar\omega+E_\lambda-E_{\lambda'})\tag{2.34}$$

式中:$Z=\sum_\lambda \mathrm{e}^{-\frac{E_\lambda}{k_\mathrm{B}T}}$ 为配分函数。

时间反演意味着态 $|\lambda\rangle$ 与 $|\lambda'\rangle$ 的交换:

$$S(-\boldsymbol{Q},-\omega)=\frac{1}{NZ}\sum_{\lambda,\lambda'}\mathrm{e}^{-\frac{E_{\lambda'}}{k_\mathrm{B}T}}\left|\sum_j\langle\lambda|\,\mathrm{e}^{-\mathrm{i}\boldsymbol{Q}\cdot\hat{\boldsymbol{R}}_j}\,|\lambda'\rangle\right|^2\times\delta(-\hbar\omega+E_{\lambda'}-E_\lambda)\tag{2.35}$$

将关系式(适用于厄米算符)

$$\left|\sum_j\langle\lambda|\,\mathrm{e}^{-\mathrm{i}\boldsymbol{Q}\cdot\hat{\boldsymbol{R}}_j}\,|\lambda'\rangle\right|^2=\left|\sum_j\langle\lambda'|\,\mathrm{e}^{\mathrm{i}\boldsymbol{Q}\cdot\hat{\boldsymbol{R}}_j}\,|\lambda\rangle\right|^2\tag{2.36}$$

以及式(A.2)代入式(2.35),得

$$\begin{aligned}S(-\boldsymbol{Q},-\omega)&=\frac{1}{NZ}\sum_{\lambda,\lambda'}\mathrm{e}^{-\frac{E_{\lambda'}}{k_\mathrm{B}T}}\left|\sum_j\langle\lambda'|\,\mathrm{e}^{\mathrm{i}\boldsymbol{Q}\cdot\hat{\boldsymbol{R}}_j}\,|\lambda\rangle\right|^2\\&\quad\times\delta(\hbar\omega+E_\lambda-E_{\lambda'})\\&=\frac{1}{NZ}\sum_{\lambda,\lambda'}\mathrm{e}^{-\frac{E_{\lambda'}-E_\lambda}{k_\mathrm{B}T}}\mathrm{e}^{-\frac{E_\lambda}{k_\mathrm{B}T}}\left|\sum_j\langle\lambda'|\,\mathrm{e}^{\mathrm{i}\boldsymbol{Q}\cdot\hat{\boldsymbol{R}}_j}\,|\lambda\rangle\right|^2\\&\quad\times\delta(\hbar\omega+E_\lambda-E_{\lambda'})\end{aligned}\tag{2.37}$$

根据 $\hbar\omega=E_{\lambda'}-E_\lambda$,并与式(2.34)进行比较,得

$$S(-\boldsymbol{Q},-\omega)=\mathrm{e}^{-\frac{\hbar\omega}{k_\mathrm{B}T}}S(\boldsymbol{Q},\omega)\tag{2.38}$$

这就是细致平衡原理。细致平衡原理明确地将中子能量获得过程与能量损失过程联系在一起,类似于其他光谱学中可能出现的发射过程和吸收过程(通常称为 Stokes 过程和反 Stokes 过程)。图 2.2 和图 2.3 分别为非弹性散射(观测到了二能级系统中的跃迁,能量间隔为 $\hbar\omega=\Delta$)和准弹性散射(在零能量转移处,观测到一个半高宽为 Γ 的宽化分布)的情况。对于后者,应用式(2.38),我们发现在 $T\ll\Gamma$ 时所观测到的明显的非弹性峰变成了准弹性散射峰。

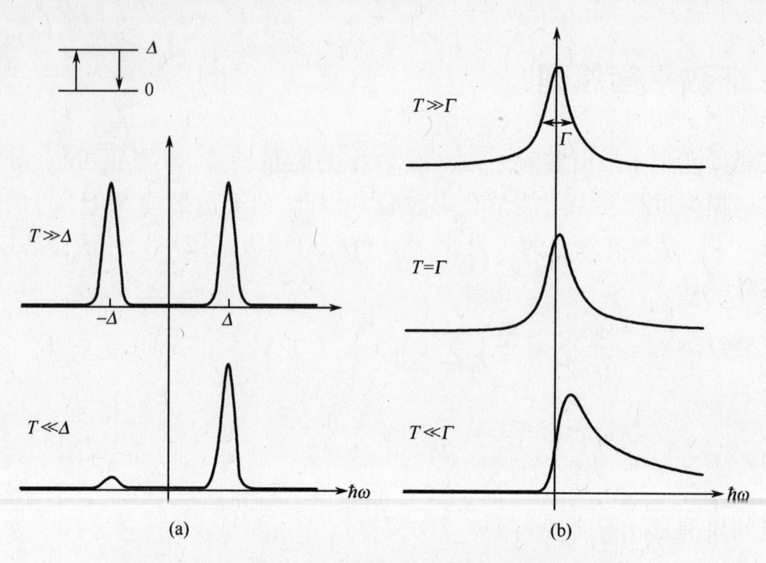

图 2.2 能量获得过程和能量损失过程随温度的变化

(a)非弹性散射;(b)准弹性散射。

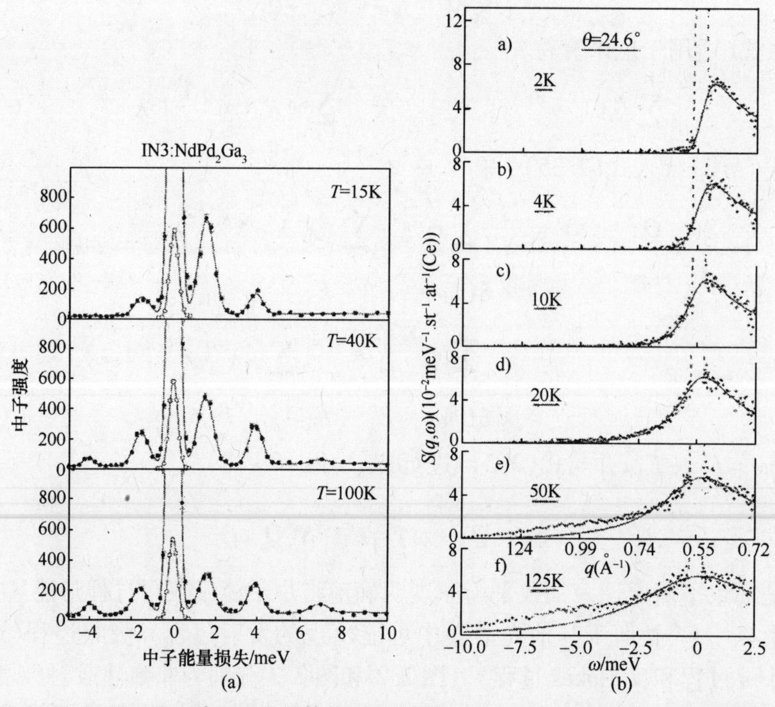

图 2.3 (a)$NdPd_2Ga_3$ 中 Nd 的晶体场跃迁能谱(Dönni et al.(1997)),非弹性峰分别为 $\Gamma_7 \leftrightarrow \Gamma_9^{(1)}$(±1.5meV),$\Gamma_9^{(1)} \leftrightarrow \Gamma_8^{(1)}$(±4meV)和 $\Gamma_8^{(1)} \leftrightarrow \Gamma_8^{(2)}$(7meV)的跃迁。(b)$CeAl_3$ 的准弹磁散射(Murani et al.(1980))。数据进行了洛伦兹拟合

2.6　磁散射

对于磁散射的情况,中子与样品磁场 $\boldsymbol{H}$ 之间的相互作用$\hat{U}$为

$$\hat{U}=\hat{\boldsymbol{\mu}}\cdot\boldsymbol{H}=-\gamma\mu_{\mathrm{N}}\hat{\boldsymbol{\sigma}}\cdot\boldsymbol{H}\tag{2.39}$$

式中:$\hat{\boldsymbol{\mu}}$为中子的磁矩算符;$\gamma=-1.91$ 为旋磁比;$\mu_{\mathrm{N}}=5.05079\times10^{-27}\mathrm{J/T}$ 是核磁子;$\hat{\boldsymbol{\sigma}}$为泡利自旋算符(附录 C)。

对于一大类磁性化合物来说,式(2.39)中的磁场 $\boldsymbol{H}$ 是由未配对电子引起的。速度为 $\boldsymbol{v}_e$ 的单电子产生的磁场为

$$\boldsymbol{H}=\nabla\wedge\left(\frac{\boldsymbol{\mu}_{\mathrm{e}}\wedge\boldsymbol{R}}{|\boldsymbol{R}|^3}\right)-\frac{e}{c}\frac{\boldsymbol{v}_{\mathrm{e}}\wedge\boldsymbol{R}}{|\boldsymbol{R}|^3}\tag{2.40}$$

式中:$\boldsymbol{R}$ 为电子到被测点之间的距离;$e=1.602\times10^{-19}\mathrm{C}$ 是元电荷;$c=2.99792\times10^{8}\mathrm{m/s}$ 为光速。

电子的磁矩算符为

$$\hat{\boldsymbol{\mu}}_{\mathrm{e}}=-2\mu_{\mathrm{B}}\hat{\boldsymbol{s}}\tag{2.41}$$

式中:$\mu_{\mathrm{B}}=9.27402\times10^{-24}\mathrm{J/T}$ 为玻尔磁子;$\hat{\boldsymbol{s}}$为电子的自旋算符。

式(2.40)的第一项是由电子的自旋引起的,第二项源于电子的轨道运动。

计算磁中子截面的首要任务是计算式(2.4)中的跃迁矩阵元。该过程极为复杂,推导细节详见附录 D。对于非极化中子,带有局域电子的全同磁离子在仅考虑自旋散射时,可得下面的主方程:

$$\boxed{\frac{\mathrm{d}^2\sigma}{\mathrm{d}\Omega\mathrm{d}\omega}=(\gamma r_0)^2\frac{k'}{k}F^2(\boldsymbol{Q})\mathrm{e}^{-2W(\boldsymbol{Q})}\sum_{\alpha,\beta}\left(\delta_{\alpha\beta}-\frac{Q_\alpha Q_\beta}{Q^2}\right)S^{\alpha\beta}(\boldsymbol{Q},\omega)}\tag{2.42}$$

式中:$S^{\alpha\beta}(\boldsymbol{Q},\omega)$为磁散射函数,

$$\boxed{\begin{aligned}S^{\alpha\beta}(\boldsymbol{Q},\omega)=&\sum_{j,j'}\mathrm{e}^{\mathrm{i}\boldsymbol{Q}\cdot(\boldsymbol{R}_j-\boldsymbol{R}_{j'})}\sum_{\lambda,\lambda'}p_\lambda\langle\lambda|\hat{S}_{j'}^{\alpha}|\lambda'\rangle\langle\lambda'|\hat{S}_{j}^{\beta}|\lambda\rangle\\&\times\delta(\hbar\omega+E_\lambda-E_{\lambda'})\end{aligned}}\tag{2.43}$$

$F(\boldsymbol{Q})$为无量纲的磁形状因子,它是磁离子的归一化自旋密度的傅里叶变换;$\mathrm{e}^{-2W(\boldsymbol{Q})}$为德拜-沃勒因子;$\hat{S}_j^{\alpha}(\alpha=x,y,z)$为位于 $\boldsymbol{R}_j$ 的第 j 个离子的自旋算符。根据 r_0 的量级,可以预计磁中子截面的量级为 $10^{-24}\mathrm{cm}^{-2}$,即与核截面的大小差不多(2.2 节)。

式(2.42)的关键就在于磁散射函数 $S^{\alpha\beta}(\boldsymbol{Q},\omega)$,接下来将详细讨论。此外,

还有另外两个因素以特定方式影响磁中子散射截面：①磁形状因子 $F(\boldsymbol{Q})$ 通常会随着散射矢量 $\boldsymbol{Q}$ 的模的增大而减小（Freeman, Desclaux（1979）；Brown（1999））；②由极化因子（$\delta_{\alpha\beta}-Q_\alpha Q_\beta/Q^2$）可知，中子只与那些与 $\boldsymbol{Q}$ 方向垂直的磁矩或自旋涨落耦合，因而可以准确地测定磁矩方向或者区分自旋涨落的不同极化。

式(2.43)严格适用于磁离子的轨道角动量为零或者被晶体场淬灭的情况。对于轨道矩未淬灭的情况，Johnston（Johnston（1966））给出了理论分析，但是计算非常复杂，我们只简单引用 $Q\to0$ 时的结论。在这种情况下，截面度量磁化强度，$\boldsymbol{\mu}=-\mu_B(\boldsymbol{L}+2\boldsymbol{S})$，即自旋和轨道矩相耦合，无法分开。这一点与 X 射线的磁散射是截然不同的（Lovesey, Collins（1996））。对于磁中子散射，针对较小的 Q 值，可以得到一个近似值。将式(2.43)中的自旋算符 $\hat{S}_j^\alpha$ 替换为

$$\hat{S}_j^\alpha=\frac{1}{2}g\,\hat{J}_j^\alpha \tag{2.44}$$

其中

$$g=1+\frac{J(J+1)-L(L+1)+S(S+1)}{2J(J+1)} \tag{2.45}$$

是朗德劈裂因子，$\hat{J}_j^\alpha$ 是有效角动量算符（例如，对于稀土离子，J 是自旋－轨道耦合的总角动量量子数，耦合了自旋角动量 S 和轨道角动量 L）。

利用 δ 函数的积分表达式(A.6)，有

$$\delta(\hbar\omega+E_\lambda-E_{\lambda'})=\frac{1}{2\pi\hbar}\int_{-\infty}^{\infty}\mathrm{e}^{\mathrm{i}(E_{\lambda'}-E_\lambda)t/\hbar}\mathrm{e}^{-\mathrm{i}\omega t}\mathrm{d}t$$

可以将散射函数 $S^{\alpha\beta}(\boldsymbol{Q},\omega)$（式(2.43)）改写成如下形式：

$$S^{\alpha\beta}(\boldsymbol{Q},\omega)=\frac{1}{2\pi\hbar}\sum_{j,j'}\int_{-\infty}^{\infty}\mathrm{e}^{\mathrm{i}\boldsymbol{Q}\cdot(\boldsymbol{R}_j-\boldsymbol{R}_{j'})}\langle\hat{S}_j^\alpha(0)\,\hat{S}_{j'}^\beta(t)\rangle\mathrm{e}^{-\mathrm{i}\omega t}\mathrm{d}t \tag{2.46}$$

式中：$\langle\hat{S}_{j'}^\alpha(0)\hat{S}_j^\beta(t)\rangle$ 为含时自旋算符的热平均。它是 van Hove 对关联函数式(2.23)，给出了在零时刻位于 $\boldsymbol{R}_{j'}$ 的离子 j' 的磁矩具有某特定（矢量）值和在 t 时刻位于 $\boldsymbol{R}_j$ 的离子 j 的磁矩具有另一特定值的概率。中子散射实验测量对关联函数在时空中的傅里叶变换，而这正是在原子尺度上描述一个磁性体系所需要的。

截面的 van Hove 表达式与涨落－耗散定理有关：

$$S^{\alpha\beta}(\boldsymbol{Q},\omega)=\frac{N\hbar}{\pi}(1-\mathrm{e}^{-\frac{\hbar\omega}{k_BT}})^{-1}\mathrm{Im}\chi^{\alpha\beta}(\boldsymbol{Q},\omega) \tag{2.47}$$

式中：N 为磁离子的总数。从物理上讲，中子可作为磁探针，能够有效地在散射

样品中产生一个与频率和波矢有关的磁场 $H^{\beta}(\boldsymbol{Q},\omega)$，并探测样品对磁场的响应 $M^{\alpha}(\boldsymbol{Q},\omega)$ 为

$$M^{\alpha}(\boldsymbol{Q},\omega)=\chi^{\alpha\beta}(\boldsymbol{Q},\omega)H^{\beta}(\boldsymbol{Q},\omega) \tag{2.48}$$

式中：$\chi^{\alpha\beta}(\boldsymbol{Q},\omega)$ 为广义磁化率张量。在磁散射测量中，这也是中子独有的特性，并且没有其他实验技术能够为磁性化合物提供如此详细的微观信息。

2.7　极化中子

前面的章节只考虑了中子从一个动量态到另一个动量态的散射。但实际上，中子的磁矩与研究体系的相互作用还包含了自旋相关的项。这些项会产生一些有趣的极化效应，并为散射体系提供额外的信息。极化中子通常用于测定磁关联、区分集体激发和单粒子激发（辨别相干散射过程和非相干散射过程），以及用于高分辨谱仪（中子自旋回波谱仪）。

中子的磁矩可以用泡利自旋算符 $\hat{\boldsymbol{\sigma}}$ 来表述（附录 C）。分别用 $|+\rangle$ 和 $|-\rangle$ 来表示自旋向上和自旋向下的中子自旋态，对于算符 σ_z，其本征值分别为 +1 和 -1（选择 z 轴作为极化和量子化方向）。如果一束中子里面有一部分中子 f 处于 $|+\rangle$ 态，则该束中子的极化由沿着 z 方向的矢量 $\boldsymbol{P}$ 定义，其大小为

$$|\boldsymbol{P}|=2f-1 \tag{2.49}$$

对于完全极化的中子束，$|\boldsymbol{P}|=1$；而对于非极化的中子束，$\boldsymbol{P}=0$。

中子散射截面可以分成四部分。$|+\rangle\rightarrow|+\rangle$ 和 $|-\rangle\rightarrow|-\rangle$ 这两个过程中没有自旋的变化。$|+\rangle\rightarrow|-\rangle$ 和 $|-\rangle\rightarrow|+\rangle$ 这两个过程包含自旋的变化，也即是自旋翻转过程。这在费米黄金定律式（2.4）的矩阵元 $\langle\boldsymbol{k}',\boldsymbol{\sigma}',\lambda'|\hat{U}|\boldsymbol{k},\boldsymbol{\sigma},\lambda\rangle$ 中考虑自旋态 $\boldsymbol{\sigma}$ 和 $\boldsymbol{\sigma}'$ 来加以阐明。相互作用算符 $\hat{U}$ 为

$$\hat{U}=\hat{b}+A\boldsymbol{I}\cdot\hat{\boldsymbol{\sigma}}+B\boldsymbol{M}\cdot\hat{\boldsymbol{\sigma}} \tag{2.50}$$

式中：$\hat{b}$ 为式（2.5）定义的算符，自旋相关算符分别描述了中子与核自旋（$\boldsymbol{I}$）的相互作用，以及中子与电子磁矩（$\boldsymbol{M}$）的相互作用。由于中子的动量与自旋态是正交的，因此矩阵元可以分成两部分：

$$\langle\boldsymbol{k}',\boldsymbol{\sigma}',\lambda'|\hat{U}|\boldsymbol{k},\boldsymbol{\sigma},\lambda\rangle=\langle\boldsymbol{k}',\lambda'|\hat{U}|\boldsymbol{k},\lambda\rangle\cdot\langle\boldsymbol{\sigma}'|\hat{U}|\boldsymbol{\sigma}\rangle \tag{2.51}$$

将算符 $\hat{U}$ 作用于中子的两个自旋态，可得

$$\begin{aligned}\hat{U}|+\rangle&=(b+AI_z+BM_z)|+\rangle+[A(I_x+\mathrm{i}I_y)+B(M_x+\mathrm{i}M_y)]|-\rangle\\ \hat{U}|-\rangle&=(b-AI_z-BM_z)|-\rangle+[A(I_x-\mathrm{i}I_y)+B(M_x-\mathrm{i}M_y)]|+\rangle\end{aligned} \tag{2.52}$$

则4个过程的矩阵元分别为

$$\begin{aligned}\langle +|\hat{U}|+\rangle &= b + AI_z + BM_z\\ \langle -|\hat{U}|-\rangle &= b - AI_z - BM_z\\ \langle -|\hat{U}|+\rangle &= A(I_x + \mathrm{i}I_y) + B(M_x + \mathrm{i}M_y)\\ \langle +|\hat{U}|-\rangle &= A(I_x - \mathrm{i}I_y) + B(M_x - \mathrm{i}M_y)\end{aligned} \tag{2.53}$$

需要注意的是，只有当磁化方向与中子极化 $\boldsymbol{P}$ 垂直的时候，磁材料的中子散射过程才会有自旋翻转；对于二者处于平行构型的情况则观测不到自旋翻转。这些特征将会在第7章进行详细讨论。

在2.4节中，我们已经知道核散射长度与核自旋量子数 I 有关。因此，在没有电子磁矩时（$|\boldsymbol{M}|=0$），可以将式（2.53）等号右边的部分当作这4个自旋态转变的散射长度，这为区分相干散射过程和非相干散射过程提供了有利的契机。

对于相干散射，必须计算 $|\boldsymbol{M}|=0$ 时式（2.53）中矩阵元的平方。只要核自旋的方向是随机取向的，就有 $\langle I_x\rangle=\langle I_y\rangle=\langle I_z\rangle=0$。因此，有

$$\begin{aligned}\langle +|\hat{U}|+\rangle^2 &= \langle -|\hat{U}|-\rangle^2 = \langle b\rangle^2\\ \langle -|\hat{U}|+\rangle^2 &= \langle +|\hat{U}|-\rangle^2 = 0\end{aligned} \tag{2.54}$$

即核相干散射不涉及自旋翻转。

对于非相干散射，必须计算物理量 $|\langle \pm|\hat{U}|\pm\rangle|^2-\langle \pm|\hat{U}|\pm\rangle^2$。同样有 $\langle I_x\rangle=\langle I_y\rangle=\langle I_z\rangle=0$，但是 $\langle I_x^2\rangle=\langle I_y^2\rangle=\langle I_z^2\rangle=\frac{1}{3}I(I+1)$。因此，有

$$\begin{aligned}|\langle +|\hat{U}|+\rangle^2|-\langle +|\hat{U}|+\rangle^2 &= |\langle -|\hat{U}|-\rangle^2|-\langle -|\hat{U}|-\rangle^2\\ &= \langle b^2\rangle-\langle b\rangle^2+\frac{1}{3}A^2I(I+1)\\ |\langle -|\hat{U}|+\rangle^2|-\langle -|\hat{U}|+\rangle^2 &= |\langle +|\hat{U}|-\rangle^2|+\langle +|\hat{U}|-\rangle^2\\ &= \frac{2}{3}A^2I(I+1)\end{aligned} \tag{2.55}$$

对于只有一种同位素的散射体系来说，$\langle b\rangle^2=\langle b^2\rangle$，因此根据式（2.55），无自旋翻转的散射截面是自旋翻转过程的截面的1/2。通过这样的方式，可以将核自旋引起的非相干散射从实验数据中提取出来。

2.8 动力学中子散射

在前面的章节中，我们假设中子是在体系的某一特定位置 $\boldsymbol{R}$ 处被散射的。

只要散射体系的体积足够小,从而可以忽略多重散射过程,那么这一假设(称为中子散射运动学理论)就是合理的。如果存在多重散射(尤其是在完美单晶中),就会出现散射中子的干涉,使得出射中子束减弱。在运动学理论中,通过引入消光系数(4.5 节)来描述所观测到的散射中子束的衰减,但它不能描述干涉现象,后者由中子散射动力学理论进行描述。

从散射体系的薛定谔方程出发:

$$\frac{\hbar^2}{2m}\nabla^2\psi+(E-\hat{U}(\boldsymbol{r}))\psi=0 \tag{2.56}$$

在表面处,体系外波函数与体系内波函数一致。将算符$\hat{U}$(式 2.5)以及本征值 $E=\frac{\hbar^2}{2m}k_a^2$(体系外波矢为 $\boldsymbol{k}_a$ 的中子的动能)代入式(2.56),并应用方程(A.10)~(A.12)可得

$$\nabla^2\psi+k_a^2\psi=\frac{4\pi}{v_0}N\langle b\rangle\left(\sum_{\tau}\mathrm{e}^{-\mathrm{i}\boldsymbol{\tau}\cdot\boldsymbol{r}}\right)\psi \tag{2.57}$$

式(2.57)的解是布洛赫函数,具有如下形式:

$$\psi=\sum_{\tau}a_{\tau}\mathrm{e}^{\mathrm{i}(\boldsymbol{k}_i-\boldsymbol{\tau})\cdot\boldsymbol{r}} \tag{2.58}$$

体系内中子波的振幅 a_τ 和波矢 $\boldsymbol{k}_i$ 是未知的。将 ψ 代入薛定谔方程式(2.57)并利用关系式 $\nabla^2\mathrm{e}^{\mathrm{i}\boldsymbol{Q}\cdot\boldsymbol{r}}=-Q^2\mathrm{e}^{\mathrm{i}\boldsymbol{Q}\cdot\boldsymbol{r}}$ 得

$$\sum_{\tau}a_{\tau}(\boldsymbol{k}_a^2-(\boldsymbol{k}_i-\boldsymbol{\tau})^2)\mathrm{e}^{\mathrm{i}(\boldsymbol{k}_i-\boldsymbol{\tau})\cdot\boldsymbol{r}}=\frac{4\pi}{v_0}N\langle b\rangle\sum_{\tau'}\mathrm{e}^{-\mathrm{i}\boldsymbol{\tau}'\cdot\boldsymbol{r}}\sum_{\tau''}a_{\tau''}\mathrm{e}^{\mathrm{i}(\boldsymbol{k}_i-\boldsymbol{\tau}'')\cdot\boldsymbol{r}}$$

上式中考虑等值项 $\mathrm{e}^{\mathrm{i}(\boldsymbol{k}_i-\boldsymbol{\tau})\cdot\boldsymbol{r}}$ 可得

$$a_{\tau}(\boldsymbol{k}_a^2-(\boldsymbol{k}_i-\boldsymbol{\tau})^2)=\frac{4\pi}{v_0}N\langle b\rangle\sum_{\tau'}a_{\tau-\tau'} \tag{2.59}$$

接下来考虑两种情况:首先讨论没有布拉格反射的小角散射,即令式(2.59)中 $\boldsymbol{\tau}=0$。由于 $(k_a-k_i)/k_a\ll1$,则 $k_a+k_i\approx2k_a$,因而

$$k_a-k_i=\frac{4\pi}{v_0}N\langle b\rangle\frac{1}{2k_a} \tag{2.60}$$

与光学类似,根据式(2.60)定义折射率 n 为

$$n=\frac{k_i}{k_a}=1-\frac{4\pi}{v_0}N\langle b\rangle\frac{1}{2k_a^2} \tag{2.61}$$

根据原子密度 $\rho=N/v_0$ 以及式(1.3)的中子波长 λ,得

$$n=1-\frac{1}{2\pi}\rho\lambda^2\langle b\rangle \tag{2.62}$$

对于所有已知的化合物,折射率都非常接近1。因此,中子的全反射发生在很小的角度,即

$$\gamma \leqslant \arccos(n) \tag{2.63}$$

其大小在分的量级(例如对于镍,在 $\lambda = 5\text{Å}$ 时有 $\gamma = 30'$)。

现在考虑布拉格反射附近的散射情况,即 $\boldsymbol{\tau} \neq 0$。则,由式(2.59)得出的两个方程(一个对应于 $\boldsymbol{\tau} = 0$,另一个对应于 $\boldsymbol{\tau} \neq 0$)将合并为

$$\left(\boldsymbol{k}_a^2 - \frac{4\pi}{v_0}N\langle b\rangle - \boldsymbol{k}_i^2\right)\left(\boldsymbol{k}_a^2 - \frac{4\pi}{v_0}N\langle b\rangle - (\boldsymbol{k}_i - \boldsymbol{\tau})^2\right) = \left(\frac{4\pi}{v_0}N\langle b\rangle\right)^2 \tag{2.64}$$

两个解 $\boldsymbol{k}_{i_1}$ 和 $\boldsymbol{k}_{i_2}$ 的模非常接近。两束中子在体系内传播并互相干涉,即强度振幅表现出正弦调制,这一点已被 Shull (Shull (1968)) 的实验证实, 也即是 Pendellösung 效应。

2.9 扩展阅读

- E. Balar and S. W. Lovesey, *Theory of magnetic neutron and photon scattering* (Clarendon Press, Oxford, 1989)
- P. Böni, in *Magnetic neutron scattering*, ed. by A. Furrer (World Scientific, Singapore, 1995), p. 27: *Polarized neutrons*
- T. Chatterji, in *Neutron scattering from magnetic materials*, ed. by T. Chatterji (Elsevier, Amsterdam, 2006), p. 1: *Magnetic neutron scattering*
- S. Chen and M. Kotlarchyk, *Interactions of photons and neutrons with matter* (World Scientific, Singapore, 2007)
- A. J. Dianoux and G. Lander, *ILL Neutron data booklet*, 2nd edition (Old City Publishing, Philadelphia, 2003)
- P. A. Egelstaff, *Thermal neutron scattering* (Academic Press, London, 1965)
- W. E. Fischer, in *Complementarity between neutron and synchrotron x - ray scattering*, ed. by A. Furrer (World Scientific, Singapore, 1998), p. 3: *Neutron and synchrotron x - ray scattering (the theoretical principles)*
- S. W. Lovesey, *Theory of neutron scattering from condensed matter*, Vol. 1 and 2 (Clarendon Press, Oxford, 1984)
- V. McLaine, C. L. Dunford and P. F. Rose, *Neutron cross sections*, Vol. 2 (Academic Press, Boston, 1988)
- P. C. H. Mitchell, S. F. Parker, A. J. Ramirez - Cuesta and J. Tomkinson, in *Vibrational spectroscopy with neutrons* (World Scientific, Singapore, 2005),

p. 13: *The theory of inelastic neutron scattering spectroscopy*

- R. M. Moon, T. Riste and W. C. Koehler, Phys. Rev. B 181, 920 (1969): *Polarization analysis of thermal – neutron scattering*
- R. Nathans, C. G. Shull, G. Shirane and A. Andresen, J. Phys. Chem. Solids 10, 138, (1959): *The use of polarized neutrons in determining the magnetic scattering by iron and nickel*
- D. L. Price and K. Sköld, in *Methods of experimental physics*, Vol. 23, Part A, ed. by D. L. Price and K. Sköld (Academic Press, London, 1986), p. 1: *Introduction to neutron scattering*
- R. Scherm, Ann. Phys. 7, 349 (1972): *Fundamentals of neutron scattering by condensed matter*
- G. L. Squires, *Introduction to the theory of thermal neutron scattering* (Dover Publications, New York, 1996)

第3章 仪 器

3.1 中子源

3.1.1 中子源的历史演变

中子散射实验的质量和精度主要取决于计数率,进而取决于可用的中子注量,其通常用每平方厘米每秒的中子数作为单位($n \cdot cm^{-2} \cdot s^{-1}$)。尽管我们的世界有一半是由中子构成的,但是它们被紧紧地束缚在原子核内,很难释放出来。实现这一目标并有益于科技应用的设施被称为中子源。

中子源借助核反应产生中子。表3.1列举了一些具有实际应用前景的核反应。1932年,Chadwick利用天然钋的衰变所产生的α粒子与铍的相互作用,首次观测到了中子。随后,基于天然α辐射的中子源成为早期中子物理学研究的基础。第二代中子源利用了核裂变反应,但是它们最初建立起来是为了核工业的研究,进行中子散射研究的这种能力纯属偶然。中子源的发展始于1942年,当时的热中子注量为$10^{7} n \cdot cm^{-2} \cdot s^{-1}$(CP-1,USA),1972年达到顶峰,位于法国格勒诺布尔的劳厄-郎之万研究所(ILL)的反应堆是一个专用的中子散射机构,其热中子注量超过了$10^{15} n \cdot cm^{-2} \cdot s^{-1}$。

表3.1 几种核反应的中子产额与热量沉积

反应	能量	中子产额(n/事件)	热量沉积(MeV/n)
T(d,n)	0.2MeV	8×10^{-5} n/d	2500
W(e,n)	35MeV	1.7×10^{-2} n/e	2000
^{9}Be(d,n)	15MeV	1.2×10^{-2} n/d	1200
^{235}U(n,f)	裂变	约1n/裂变	200
(T,d)	核聚变	约1n/聚变	3
Pb散裂	1GeV	约20n/p	23
^{238}U散裂	1GeV	约40n/p	50

同时,自Alvarez利用射频脉冲回旋加速器以来,脉冲源尤其是通过韧致辐射光中子反应产生中子的电子加速器中子源也越来越多地应用于慢中子研究中。另外,重复脉冲反应堆也得到了发展。然而,所有这些设施都不能真正地和

ILL 反应堆的综合性能相媲美。目前,最强的脉冲中子源是基于质子加速器和重核散裂产生中子。当今世界范围内领先的设施是橡树岭(美国)的散裂中子源,瞬时热中子注量超过 $10^{17}n\cdot cm^{-2}\cdot s^{-1}$。

3.1.2 中子源的实际需求

中子源的首要目标是必须在尽可能小的体积内释放出尽可能多的中子,从而达到尽可能高的发光度。中子源的另一个重要性质是伴随着中子释放所产生的热量沉积,冷却问题几乎是所有中子源设计所面临的一个限制因素。在这方面,核聚变是目前产生中子的最佳方案,如表 3.1 所列,其次是核散裂和核裂变。或许将来会利用聚变技术产生中子,但目前最常用的核反应是 ^{235}U 热核裂变以及高能质子(1GeV 左右)引起的核散裂,因此接下来的讨论仅限于后两种核反应。

3.1.3 裂变源

迄今为止,中子源最常用的反应是铀同位素 235 通过俘获慢中子发生裂变。由于该反应是放热的,且每次裂变过程中释放的中子比诱发该过程所需要的中子要多,因此该反应可以自持发生。

如果一个慢中子被裂变核俘获,造成的形变将导致原子核分裂成两个碎片,

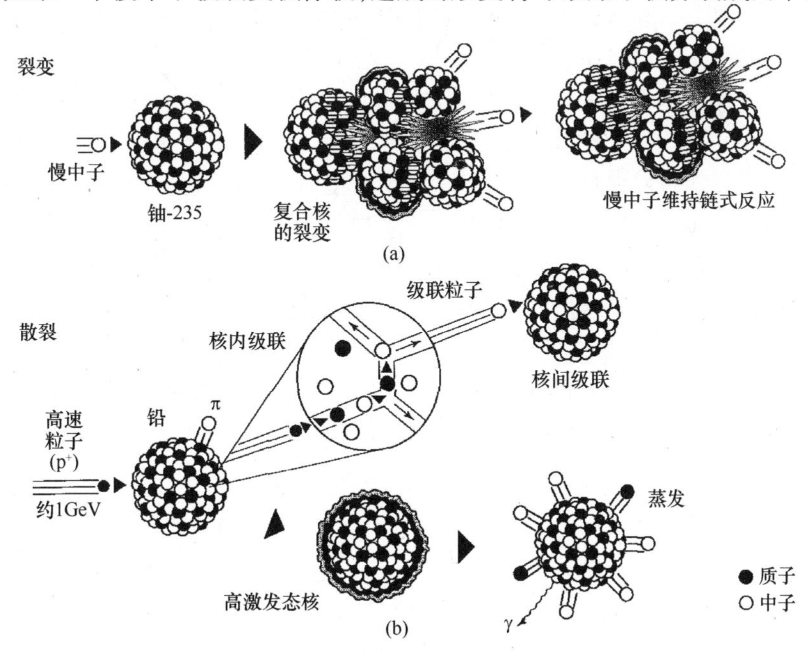

图 3.1 裂变(a)和散裂(b)的示意图

如图3.1所示。该过程中,通常会直接释放中子,但是中子一般会从碎片中蒸发。这是一个非常重要的特征,其原因是这些蒸发中子里有一小部分中子的释放存在时间延迟(数秒至数分钟),所以使得临界状态可控。裂变中子的能谱分布可以很好地用麦克斯韦分布来描述,即

$$n(E)=2\sqrt{\frac{E}{\pi E_T^3}}\cdot \mathrm{e}^{-E/E_T} \tag{3.1}$$

其特征能量 $E_T=1.29\mathrm{MeV}$。裂变堆产生连续的中子注量。

3.1.4 散裂源

散裂是指当靶核受到粒子(如质子,其德布罗意波长 $\lambda=h/\sqrt{2mE}$ 小于原子核内核子间的平均距离)的轰击时,所发生的一系列事件。在这种情况下,入射粒子可以与靶核内的单个核素发生碰撞,并将大量的能量传递给它们,这些核素反过来又能与核内的其他核素继续碰撞。这一核内级联的净效应有两部分(图3.1):首先,能量几乎平均分布在整个核,使其处于一个高激发态;其次,高能粒子可能跑出核外并将级联传递给另一个核(核间级联)或者逃离靶。残余核处于激发态,通过蒸发中子(和少量的质子)回到基态。这些蒸发中子的能谱的低能部分与裂变中子能谱(式(3.1))很相似,但是由于核内级联过程中的中子逃逸,能谱的最高中子能量可以达到入射粒子的能量(高达1GeV)。散裂中子的释放发生在核受到撞击之后的 $10^{-15}\mathrm{s}$ 以内,因此散裂中子的时间分布仅由驱动粒子脉冲的时间分布决定。

现代散裂源通常基于直线加速器(linac)。整个流程起始于直线加速器的前端,利用强大的离子源产生负氢离子。因其带电,这些氢离子可以在射频装置(沿直线加速器方向施加强场)中被加速,动能可达吉电子伏(约为光速的90%)。当高能粒子流离开直线加速器时,负氢离子穿过一层薄的碳箔被剥离掉电子进而变成质子。随后,质子涌入一个压缩环,该压缩环将大量的相继从直线加速器射出的质子束汇聚成单束超高强度的质子脉冲。为此,需要一组磁体使每束加速质子流弯曲进入环形轨道(直径为50~100m),使得下一束质子流抵达时上一束质子流刚好经过一圈。如此这般,所有质子束得以积聚。大约旋转1000次后可积聚足够的强度,获得脉冲长度约为1μs的质子脉冲,并打到靶上产生兆瓦量级的束功率,靶通常是封装在特殊材料中的液态金属(汞,或者铅-铋低共熔混合物)。为了让中子在散射实验中得到最有效的利用,整个过程——自负氢离子的产生到高能质子打靶——必须发生在脉冲重复频率为10~100Hz范围以内。

3.1.5 中子的慢化

中子源释放出的中子能谱在兆电子伏范围,而在凝聚态物质研究中,散射

实验仅需要毫电子伏的中子。因此,必须将中子的能量改变几个数量级,这是通过让中子与慢化体的原子进行碰撞来实现的。设计慢化体的目标是尽可能在最短的时间内(脉冲中子源)或者最大的体积(连续中子源)产生最高的慢中子注量,这可用轻原子(例如 H_2O 和 D_2O)制成的慢化剂来实现。慢化中子的时间在 10^{-6}s 量级,随后中子与保持恒温 T 的慢化剂处于热平衡态,中子能谱呈麦克斯韦分布:

$$\Phi(\lambda) \propto \frac{1}{\lambda^3}\exp\left(-\frac{h}{2k_B T m\lambda^2}\right) \tag{3.2}$$

式中:λ,m 分别为中子的波长和质量。

慢化剂通常保持在室温,这也是为什么慢化后的中子被称为热中子的原因,如图 3.2 所示,注量的最高峰值出现在中子波长 $\lambda\approx 1\text{Å}$ 附近。

当需要冷中子或者烫中子(即中子波长与 $\lambda\approx 1\text{Å}$ 截然不同)来开展散射实验时,热中子能谱将损失巨大的注量。然而,呈麦克斯韦分布的中子能谱可以通过在慢化体中插入冷源(如盛有 D_2 的冷包容器,温度在 $T\geqslant 20$K)或者高温源(例如加热至 $T\leqslant 2000$K 的石墨块)来进行改变;典型的冷、烫中子能谱变化如图 3.2 所示。通过选择恰当的中子能谱,可以使散射实验得以优化从而适应特定的实验需求。

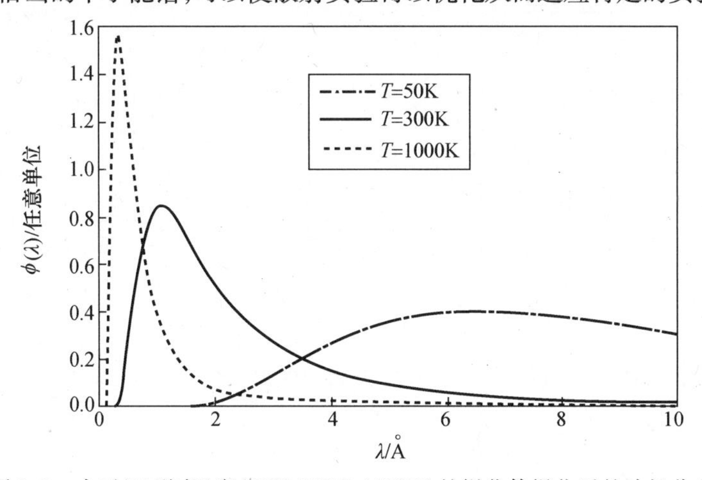

图 3.2 中子经不同温度(50K,300K,1000K)的慢化体慢化后的波长分布

3.2 仪器部件

3.2.1 束流管道与静态准直器

一旦中子源产生并慢化中子,还需将中子输运到仪器位置。由于中子源向四面八方辐射,因此必须在周围设置重型生物屏蔽体。束流管道插入屏蔽体中,

将中子束流从慢化剂表面传输到中子散射谱仪。这些束流管道是沿中子源中心的切向排布的，从而大幅度降低不想要的辐射（如快中子）。束流管道限制了中子波矢 $\boldsymbol{k}=(k_x,k_y,k_z)$ 在空间中的取向，如图 3.3(a)所示，其中 k_z 分量沿着束流管道的轴向。束流通过一个长度为 L、矩形截面为 $a\times b$ 的束流孔道时立体角为 $\mathrm{d}\Omega=ab/(4\pi L^2)$。对于常见的尺寸，$L=500\mathrm{cm}$，$a=b=5\mathrm{cm}$，可得 $\mathrm{d}\Omega\approx10^{-5}$，即与中子源中心处的各向同性注量相比，束流孔道出口的中子注量大幅度下降。束流孔道出口位置处中子束的水平与垂直发散角分别为 $\alpha=a/L$，$\beta=b/L$，数量级为 1°。发散角 α、β 可以通过减小束流孔道尺寸 a、b 来提高，但是这将直接导致中子注量的损失。利用对中子不透明的隔片材料将截面细分为狭缝，可以改善这一问题。只用垂直狭缝的装置称为 Soller 准直器（图 3.3(b)），它将散射平面内的束流发散度从 $\alpha=a/L$ 降至 α_S，而与散射平面垂直的发散角保持不变（$\beta=b/L$）。由于发散角 β 只是影响 $\boldsymbol{Q}$ 和 ω 分辨率的次级效应，因此大多数情况下都可以使用 Soller 准直器。

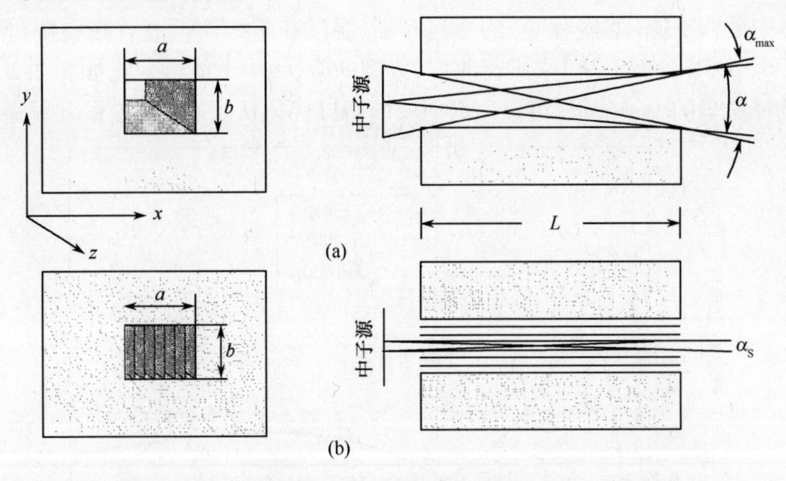

图 3.3 (a)矩形截面束流管道和(b)带有 Soller 准直器的束流管道的(左)侧视图和(右)俯视图

3.2.2 中子导管

位于距离中子源 r 处的谱仪的中子注量将以 r^{-2} 大幅度降低。中子导管可以基本消除这一光度损失，其工作原理是中子在导管材料的光滑壁上发生全反射。这种情况发生在散射角比临界角 γ_c（式(2.63)）小的时候：

$$\gamma_c=\lambda\sqrt{\frac{\rho b}{\pi}} \tag{3.3}$$

在常规材料里，镍是最佳选择，其临界角 $\theta_c(°)=\lambda\cdot10^{-1}(\text{Å})$。利用超镜

反射可以使中子导管的全反射临界角得到较大扩展。超镜是由具有正(如镍)、负(如钛)散射长度密度的一系列厚度不同的膜交替而成的多层膜系统。多层膜相当于人工一维晶格,在特定的散射矢量 $\boldsymbol{Q}$ 发生布拉格反射(式(4.8)):

$$Q = \frac{4\pi}{\lambda}\sin\theta \tag{3.4}$$

如图3.4所示,多层膜的层间距是有梯度的。当中子入射到多层膜上时,将会发生一系列布拉格反射。超镜可以用 m 值来表征,其定义为中子在超镜表面的全反射临界角与镍的全反射临界角的比值。目前,通常可以达到 $m=5$,如图3.5所

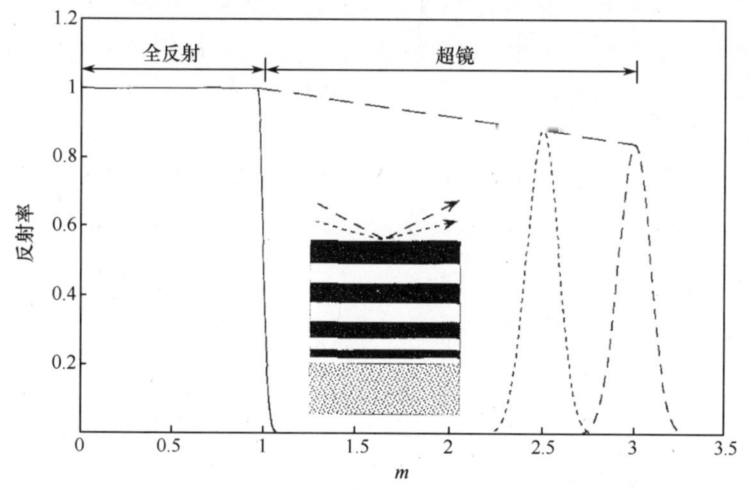

图3.4 超镜反射的原理图

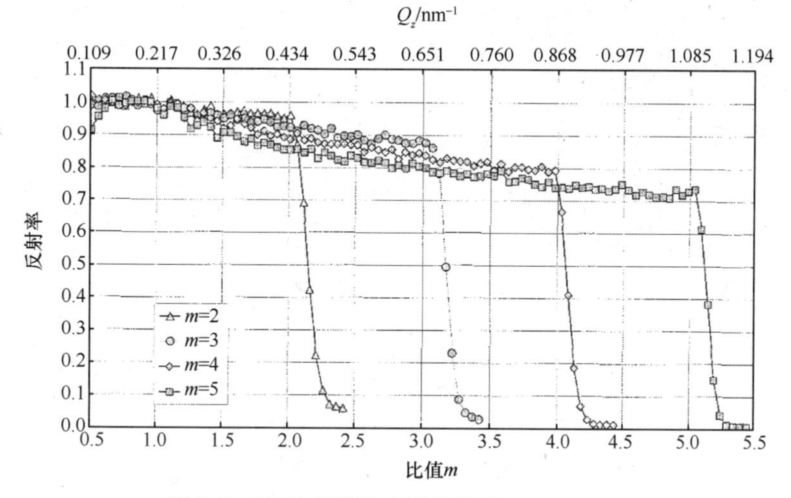

图3.5 Ni/Ti 超镜的中子反射率,$m=2,3,4,5$

(SwissNeutronics AG, CH-5313 Klingnau)

示。与传统束流管道相比,超镜的使用将会使得谱仪位置处的注量有显著的增加。中子导管可长达 100m,且自导管入口至出口的中子损失通常低于2%/10m。

3.2.3 飞行时间单色器

静态 Soller 准直器不影响透射中子波矢的大小 k_z,即没有单色化的作用。单色化可以通过在散射平面内适当移动准直器来实现。可以是平动(图 3.6(a))也可以是转动(图 3.6(b))。实际上,(a)方式是通过在一个圆柱形转子上刻有许多狭缝来完成的,转子的转轴平行于中子束流。对于(b)方式,转子的转轴垂直于中子束流。对于这两种方式,为了达到最佳透射效果,狭缝(镀上一层对中子不透明的材料)具有一定的弧度,以便在运动参考系中与中子的飞行路径相匹配。(a)方式允许所需速度范围内的中子连续透过,因此称为机械速度选择器。另一方面,(b)方式将束流斩断成脉冲,因此称为费米斩波器。

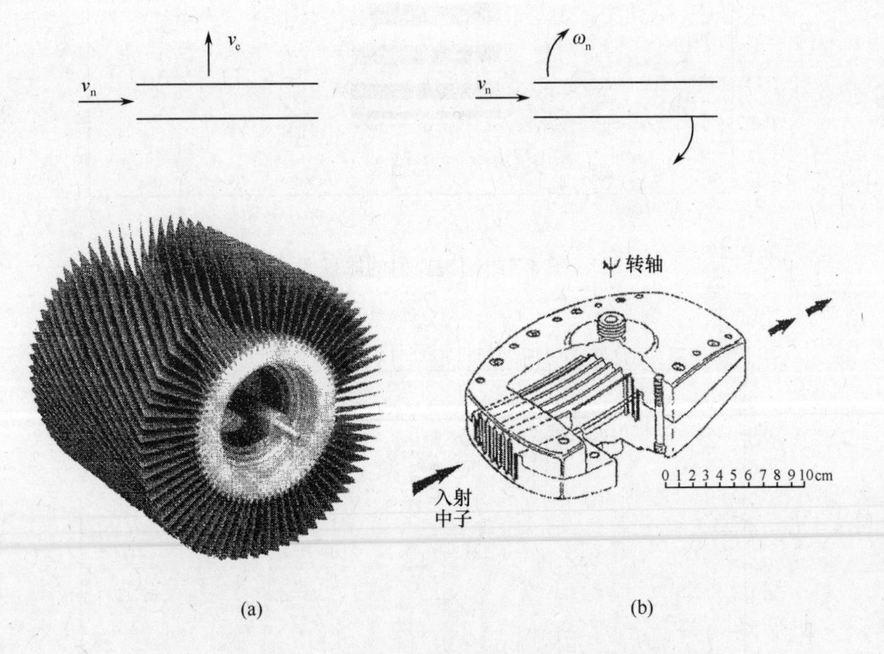

图 3.6 通过(a)平移或者(b)旋转准直器实现中子的单色化

飞行时间单色效应还可以通过带有透射狭缝的两块相距不远的斩盘来实现。两块斩盘对中子是不透明的,且相对旋转。为了更精确地定义起始时间,一般在斩盘附近放置一道静止狭缝(图 3.7),或者在第一块斩盘附近再使用一块与其旋转方向相反的斩盘。

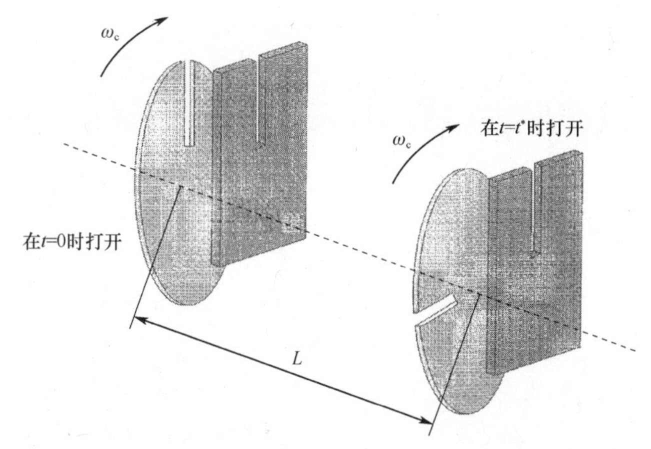

图 3.7 双转盘斩波器实现中子的单色化,转盘之间的距离为 L。第一块转盘只斩断中子束流,通过这两块转盘之间的相角来选择中子的速度区域

3.2.4 单色器(分析器)晶体

准直器限制并确定中子波矢 $\boldsymbol{k}$ 的方向,而单晶的布拉格反射则改变 $\boldsymbol{k}$ 的方向,如图 3.8 所示。将一块单晶置于一束沿固定方向 DO 传播的白光中子束流中,倒易晶格矢 $\boldsymbol{\tau}_{hkl}$ 与入射中子之间的角度为 φ。对于任一波矢 $\boldsymbol{k}$(记为 AO),不发生布拉格散射;只有当满足条件 $\tau = 2k\cos\varphi$(BO)时才发生布拉格散射。这是产生单色中子束流的标准方法,也称劳厄法。

对于某特定倒易晶格矢 $\boldsymbol{\tau}_{h,k,l}$,其倍数 $\boldsymbol{\tau}_{2h,2k,2l}$,$\boldsymbol{\tau}_{3h,3k,3l}$ 等通常也与其平行,因此 $\boldsymbol{k}$ 的倍数也满足布拉格条件,如图 3.8 所示。因此,劳厄法不止产生波矢 $\boldsymbol{k}$ 的单色中子,还产生波矢为 $2\boldsymbol{k}$,$3\boldsymbol{k}$ 等的高次谐波中子,即波长为目标波长的 1/2,1/3 等的中子。尽管如此,通过选择合适的过滤器(3.2.5 节),或者是没有二级布拉格反射的单晶(4.2 节)等方法来避免多级布拉格散射。

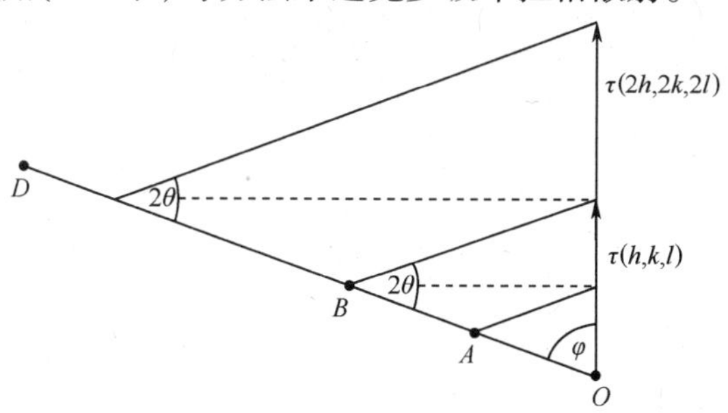

图 3.8 单晶的布拉格反射,入射束为白光中子束

单晶单色器系统通常还包括用来确定入射白光中子束流方向和出射单色中子束流方向的准直器。单色中子束流的波矢 $\boldsymbol{k}$ 分辨率受晶体的镶嵌度 η 以及准

直器角分辨 α 的影响：

$$dk_z \approx k_z \sqrt{\eta^2 + \alpha^2} \cot(\theta_B) d\theta_B \tag{3.5}$$

式中：θ_B 为布拉格散射角。

上述单晶系统也可用于分析被样品散射后的中子波矢 $\boldsymbol{k}'$，这种情况下该系统称为分析器晶体。

许多晶体谱仪配备了聚焦单色器系统，以使中子在样品处聚焦。Riste（Riste (1970)）和 Scherm 等（Scherm et al. (1977)）分别率先提出了固定垂直聚焦和水平聚焦的概念。Bührer 等（Bührer et al. (1981)）引入了灵活聚焦系统，也即是将所有的单晶排列成 $m \times n$ 的阵列并可进行单个调节。在这种设计中，中心位置的单晶是固定的，而邻近的 m 列和 n 行单晶分别绕垂直轴和水平轴对称旋转 $\pm\delta_h$，$\pm 2\delta_h$，…，以及 $\pm\delta_v$，$\pm 2\delta_v$，…。由于聚焦条件与能量有关，因此在三轴谱仪进行恒 Q 扫描等情况下，必须一直调整旋转角度 $\delta_{h,v}$。现代聚焦单色器系统可以将初始中子束流（典型截面为 $(20 \times 20)\,\mathrm{cm}^2$）聚焦到约 $(5 \times 2)\,\mathrm{cm}^2$ 的面积内，使得样品处的注量密度增大 1 个数量级，如图 3.9 所示。

图 3.9　由 13 × 9 单晶阵列组成的双聚焦单色器系统
（SwissNeutronics AG，CH－5313 Klingnau）

除了 3.2.3 节中讨论的机械飞行时间单色器之外，还有一种重要的单色器，称为旋转晶体单色器。单色器系统的晶体围绕与散射平面垂直的轴旋转，每一圈内只发生两次布拉格反射，发射短单色中子脉冲。在这种情况下，晶体的反射晶面是运动的，因此晶体具有多普勒效应，即散射中子的波数发生频移

$$\Delta k(r) = \frac{2\pi\nu m r}{\hbar} \sin\theta_B \tag{3.6}$$

式中:ν 为晶体旋转的频率;r 为到转轴的距离。

旋转晶体单色器对束流截面的净效应在于其比处于静止状态的晶体单色器造成更宽的波段偏移;另外,束流可以是聚焦的,也可以是非聚焦的,取决于晶体的旋转方向。

3.2.5 中子束流过滤器

正如上一节所述,自晶体单色器散射后的束流中不止含有波矢为 $\boldsymbol{k}$ 的中子,还可能受二级反射 $2\boldsymbol{k}$,三级反射 $3\boldsymbol{k}$ 等的污染(取决于这些反射的结构因子)。为了消除或者大幅降低这些不想要的反射束,通常在束流通道中放置一些材料,这些材料对所需波长的中子具有很好的透射性质,而对于不想要的中子则具有较大的截面。在共振吸收或者是在多晶中当 Ewald 球的直径与倒易晶格矢的大小一致时,中子截面会发生很大的变化。

最典型的多晶过滤器有铍和 BeO,它们的布拉格切断能量分别是 5mcV(4Å)和 3.8meV(4.6Å)。比切断能量高的中子将被完全散射,只有低于该能量的中子才能通过过滤器,这部分中子除了声子散射导致的损失以外几乎不受影响。通常可以将过滤器冷却到液氮(77K)温度来将声子散射的影响降到最低。Be 和 BeO 是冷中子实验的理想过滤器。

吸收过滤器的一个典型例子是^{239}Pu,它在 300meV 有很强的共振吸收,因此^{239}Pu 对于能量约为 75meV 的热中子来说是一个非常好的二级过滤器。

热解石墨(PG)是一个特例,它沿 c 轴有很好的单晶性质。然而,与 c 轴垂直的平面相互间是随机取向的,因此这些平面的布拉格点可以看作是绕($0\quad 0\quad l$)轴的布拉格环。对于特定能量的入射中子,Ewald 球将会与一个或者多个环相交。因此可同时有多个反射满足布拉格条件。对于这些能量,部分中子束将会被散射出入射束的方向,这一效应对于处在能区 13 ~ 15meV 内的波长为 $\lambda \approx 2.44$Å 和 $\lambda \approx 2.34$Å 的中子来说尤为显著。这些中子将会穿过过滤器且几乎不减弱,而二级和三级布拉格散射产生的波长为 $\lambda/2$ 和 $\lambda/3$ 的中子则会显著降低,如图 3.10 所示。

3.2.6 自旋极化器(自旋分析器)

大多数中子实验只关心散射中子的动量和能量的特定变化。然而,由于中子带有自旋,利用极化中子可以获得额外的一些信息(2.7 节)。这一节将介绍产生极化中子的技术(极化器);该技术同样可用于分析散射中子的自旋态(分析器)。有 3 种极化装置:

(1) 磁单晶的布拉格反射。对一种自旋态,磁散射与核散射振幅干涉相长;对另一种自旋态,磁散射与核散射干涉相消。最常用的晶体极化器是 Cu_2MnAl

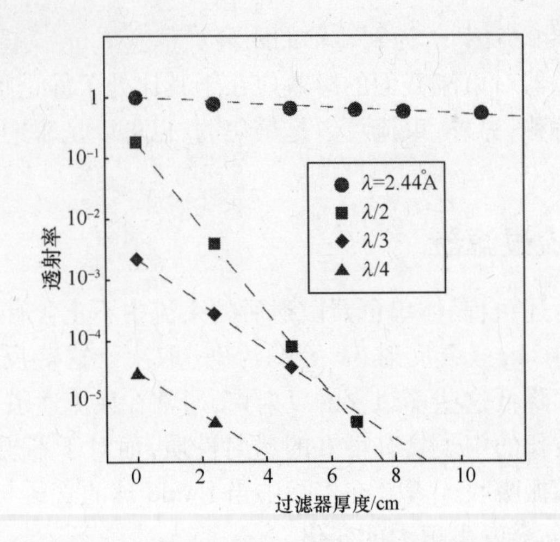

图 3.10　多级布拉格反射导致的中子衰减随 PG 过滤器厚度的变化(Hälg (1981))

Heusler 晶体,其(1,1,1)布拉格反射可实现约 95% 的极化。

(2) 镜子的全反射,或者是基于干涉相长/相消(1)的磁性层状结构——超镜的全反射。最好的极化系统是由 Fe/Si 多层膜组成的超镜,极化度大于 95%。

(3) 在透射时通过吸收或者消光产生极化中子束的过滤器。^{3}He 过滤器对于那些自旋与^{3}He 原子核自旋反平行排列的中子表现出强吸收,因而极其重要。中子透射率以及极化度可以通过改变气压来进行优化。目前,束流的极化率可达 80%。

3.2.7　引导场和自旋翻转器

一旦产生极化中子,则需要一个定义量子化轴的磁场来维持中子束的极化。中子自旋排列与磁场方向(反)平行。引导场的强度必须弱,不能太过影响样品的磁化,但同时还要比地磁场强。

极化中子用到的一个很重要的装置是自旋翻转器,如图 3.11 所示。可以利用线圈中的拉莫进动来翻转中子自旋。线圈中的磁场与中子极化和飞行方向均

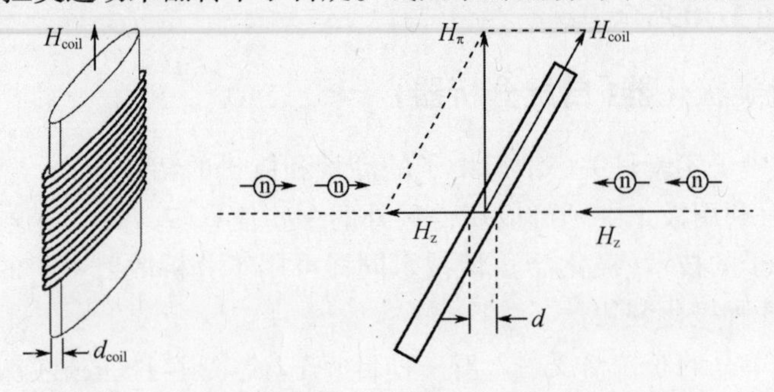

图 3.11　中子 π 翻转器(Mezei 线圈)的侧视图和俯视图。

垂直。必须将自旋翻转器放置于引导场内以避免去极化,但引导场的强度必须得到补偿,这可以通过将自旋翻转器放置在恰当的位置来实现。速度为 v 的中子穿过线圈(厚度 d)时将经历磁场的突变并产生进动。当满足以下条件时,可实现180°旋转(π 翻转):

$$\pi = \gamma_L \cdot \frac{d \cdot H_\pi}{v} \tag{3.7}$$

式中:拉莫系数 $\gamma_L = 2.916\text{kHz/Oe}$;$H_\pi$ 为进动磁场。

利用该技术,可以实现任意自旋翻转(例如 π/2 翻转器)。

还有一种较少使用的引导场,其磁场方向沿着中子飞行路径缓慢变化。只要磁场变化速度远小于相应的拉莫进动角速度,那么中子自旋就会绝热地随着磁场方向的改变而改变。

3.2.8 探测器

中子的探测是基于电流的测量。热中子能量较小且不带电荷,因此只能通过其与靶原子的核反应产生电离辐射或者电离粒子来间接测量。对于中子探测,最重要的反应如下:

$$^1_0\text{n} + ^3_2\text{He} \rightarrow ^3_1\text{H} + ^1_1\text{H} + 0.77\text{MeV}$$

$$^1_0\text{n} + ^6_3\text{Li} \rightarrow ^3_1\text{H} + ^4_2\text{He} + 4.77\text{MeV}$$

$$^1_0\text{n} + ^{10}_5\text{B} \rightarrow \begin{cases} ^4_2\text{He} + ^7_3\text{Li} + \gamma(0.48\text{MeV}) + 2.3\text{MeV} & (93\%) \\ ^4_2\text{He} + ^7_3\text{Li} + 2.79\text{MeV} & (7\%) \end{cases}$$

其中,^{3}He 和$^{10}BF_3$ 用于气体探测管,^{6}Li 用于闪烁探测器。

氦气体管如图3.12所示。钢管内充入气压为5~10bar① 的^{3}He 气体,构成阴极。高压(约1800V)阳极沿着圆柱体的轴线排布。核反应的电离粒子产生的电子被加速到阳极,引起进一步的电离和雪崩效应。气体放大增益因子可高达10^5,其与最初产生的电荷量成正比,因此这种类型的气体管称为正比计数

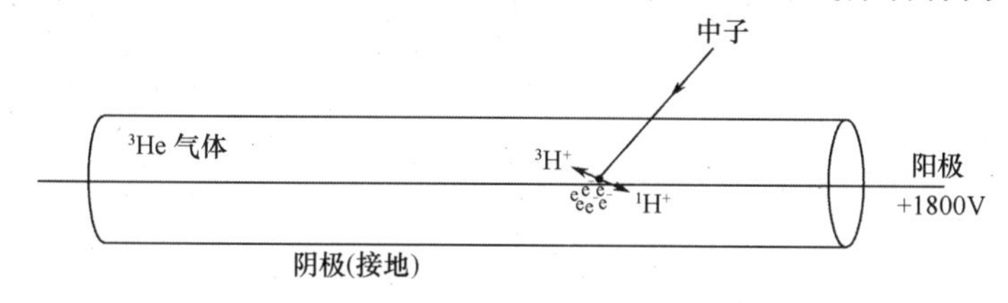

图3.12 ^{3}He 管的示意图

① 1bar = 10^5Pa。

器;也即是 Geiger 计数器。鉴于增益因子很高,可以很容易地探测到单个中子。^{3}He 管的优势在于可以很容易地甄别 γ 射线,并且不易受磁场影响。另一方面,它们的响应时间较慢,因此不适于高计数率应用。

Geiger 计数器还可用作位置灵敏探测器。为了探测单根管上的位置,中心阳极被一根电阻丝代替。电离过程中产生的电荷将向电阻丝的两端移动。根据两端所积累的电荷比值,可以确定中子撞击的位置,精度通常约为 10mm。还有一种探测器是将大量的细阳极丝联结成一个面并放置在由阴极条组成的两块平板之间;这种情况下,空间分辨率可达 1mm。

闪烁探测器是用多晶^{6}Li – ZnS 制成的固态探测器,计数率非常高。中子撞击时会发出一道闪光,被光电倍增光管记录下来,或者间接地通过镜片、光纤或镜子等光学技术记录下来。由于闪烁体材料比气体的密度大很多,光活性层非常薄(约 1mm),从而可以获得非常好的空间分辨率。局部计数率可高达几兆赫 1 毫米^{2}。但是闪烁体对光、γ 射线以及磁场都很敏感,因此需要很好地屏蔽。

所有的中子谱仪都需要束流监视器来测量入射注量。监视器不会降低中子的入射注量,一般可用闪烁体或者低压^{3}He 管。

3.3 中子散射谱仪

3.3.1 绪论

前面章节中介绍的谱仪部件可以根据要解决的科学问题进行各种组合,以便获得中子散射谱仪所需的性能。中子散射的能力和应用范围基于第 2 章介绍的散射律 $S(\boldsymbol{Q},\omega)$ 中的变量 $\boldsymbol{Q}$ 和 ω 的可变范围:大约可覆盖的 $\boldsymbol{Q}$ 范围为 10^{-4} ~ 10^{2} Å^{-1},ω 的范围为 10^{-8} ~ 10^{4} meV,每个 $\boldsymbol{Q}$,ω 范围都由特定的谱仪来实现。在众多的谱仪之中,这里集中介绍最重要的几类谱仪。

中子散射实验可分为弹性散射和非弹性散射。在弹性散射中,中子没有能量转移,因此不需要分析散射中子的能量。这类谱仪称为衍射谱仪,也包括小角散射谱仪和反射谱仪。对于非弹性散射,可依据能量范围对谱仪进行分类,包括能量分辨率在 10μeV ~ 10meV 的飞行时间谱仪和三轴谱仪,以及能量分辨率可到 1μeV 的背散射谱仪和自旋回波谱仪。

3.3.2 粉末衍射谱仪

利用中子衍射测定结构时,由于没有能量转移($\hbar\omega = 0$),散射强度只依赖于散射矢量 $\boldsymbol{Q}$。对于粉末样品的结构研究,主要有两种不同的衍射技术:角散方法(ADP)和能散方法(EDP),分别用于稳态和脉冲中子源。

在 ADP 测量中,单色中子束打在样品上。对于每个晶面间距 d_{hkl}(相应的布拉格角度 θ_{hkl}),在散射角 $2\theta_{hkl}$将出现弹性信号。粉末衍射谱仪配备了探测器阵列或者位置灵敏探测器以便同时覆盖一系列散射角度,而不是让单个探测器绕样品转动。图 3.13 是多计数器粉末衍射谱仪的示意图。粉末衍射图谱的角分辨很大程度上由式(3.5)定义,因此适合用大的单色器角度来得到小的线宽,从而避免相邻布拉格反射峰的重叠。

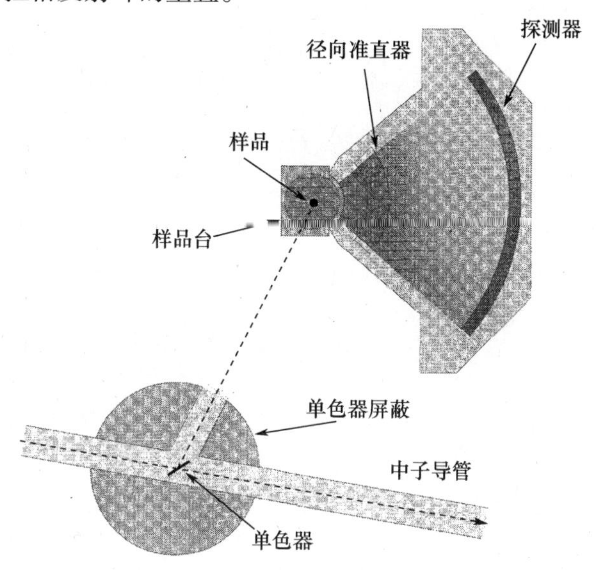

图 3.13 配置有多计数器探测器的角散粉末衍射谱仪的示意图

在 EDP 方法中,入射束是脉冲白光中子,但散射角是固定的。每个 d_{hkl}值对应于一个不同的飞行时间也即是不同的中子波长。飞行时间分析的分辨率 $\Delta t/t$ 依赖于慢化体的脉冲结构、飞行路径长度,以及散射角。因此,通常应用 50 ~ 100m 飞行路径及背散射几何。若有短脉冲中子源,慢化区域的脉冲宽度 Δt 与中子速度成反比,这使得整个衍射区域的分辨率是一样的,是 EDP 方法的主要优势之一。

3.3.3 单晶衍射谱仪

与粉末衍射相比,用单晶来研究晶体结构可以获取更多的信息:除了倒易晶格矢 $\boldsymbol{\tau}_{hkl}$的大小和结构因子以外,还可以测定它们在空间中的取向。为了满足所有 $\boldsymbol{\tau}_{hkl}$的布拉格条件,单晶衍射谱仪配备了一个特殊的测角器,包含 3 个独立的旋转,称为欧拉环。除了 ω 轴(垂直于散射平面)外,还有另外两个互相垂直的转轴 χ 和 ϕ(图 3.14)。χ 轴也与 ω 轴垂直。加上探测器的旋转轴(与 ω 轴平行),整个机械单元称为四圆测角器,这类谱仪也因此称为四圆衍射谱仪。对于特定的晶体,只有少数倒易晶格矢 $\boldsymbol{\tau}_{hkl}$ 同时满足布拉格条件,因此最多只需 3 个探测臂即可。利用位置灵敏探测器可以测定二维强度分布。

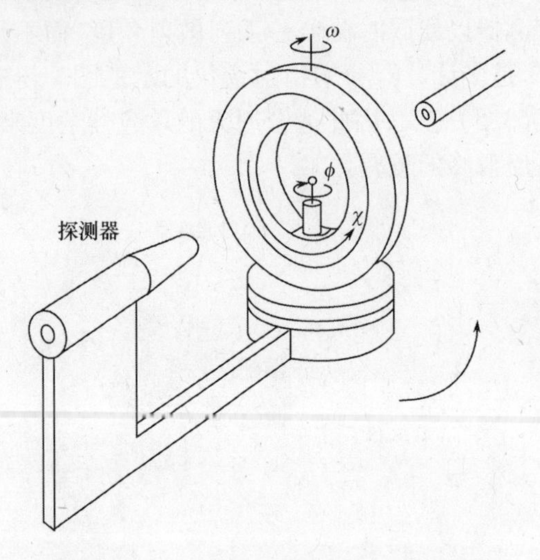

图 3.14　欧拉环的示意图(Heger(2000))

除了四圆衍射谱仪外,还有一种衍射仪——劳厄衍射仪,如图 3.15 所示。单晶放置在固定的位置,散射中子通常由样品周围的成像平板探测器记录。当入射中子束与晶体的高对称方向平行时,劳厄图也具有高对称性。例如,对于立

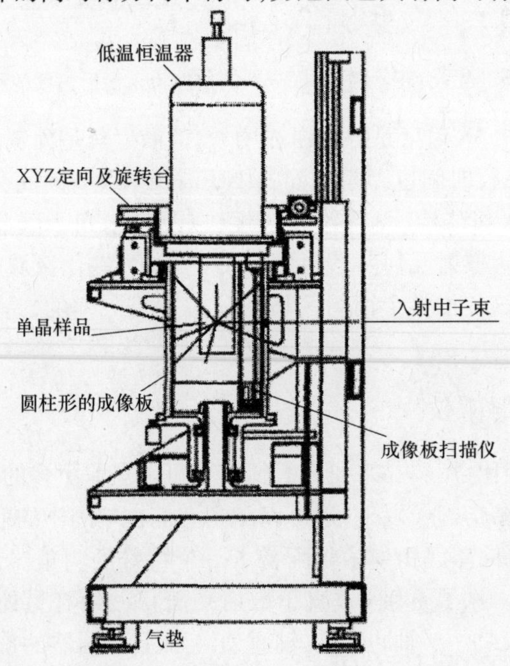

图 3.15　劳厄衍射仪的示意图,样品周围有一个圆柱形的成像板(McIntyre et al.（2006))

方晶体,入射束与晶胞的一边〈001〉或者体对角线〈111〉平行时,劳厄图谱分别显示4重对称性和3重对称性。

3.3.4 小角散射谱仪

以上章节中讨论的常规衍射谱仪能提供凝聚态物质中原子排布的结构信息。如果研究体系是介观物体,例如尺寸超过100Å的大分子,那么满足布拉格定律的散射角 2θ 将非常小。专为诸类问题而设计的谱仪称为小角散射谱仪(SANS)。

小角谱仪的原理图如图3.16所示。通过机械速度选择器(图3.6)可以获得波长分辨率 $\delta\lambda/\lambda$ 约为10%的冷中子束。中子束穿过两道光阑之后投射到样品上,小角度散射的中子被二维探测器(直径一般是1m)记录,而大部分束流都被探测器前面的中子阻挡片所吸收。实验的分辨函数为(Schwahn(2000))

$$\langle \delta Q^2 \rangle = \frac{k^2}{12}\left(\left(\frac{d_D}{L_D}\right)^2 + \left(\frac{d_E}{L_S}\right)^2 + d_S^2\left(\frac{1}{L_S} + \frac{1}{L_D}\right)^2 + \theta^2\left(\frac{\delta\lambda}{\lambda}\right)^2\right) \tag{3.8}$$

其中,距离 L_i(最大到20m),光阑 d_i(调节至样品尺寸 d_S)如图3.16所示。Q 范围及其分辨率 δQ 通常利用距离 L_D 来调节。Q 的范围为 $0.5 \sim 10^{-3}\text{Å}^{-1}$。

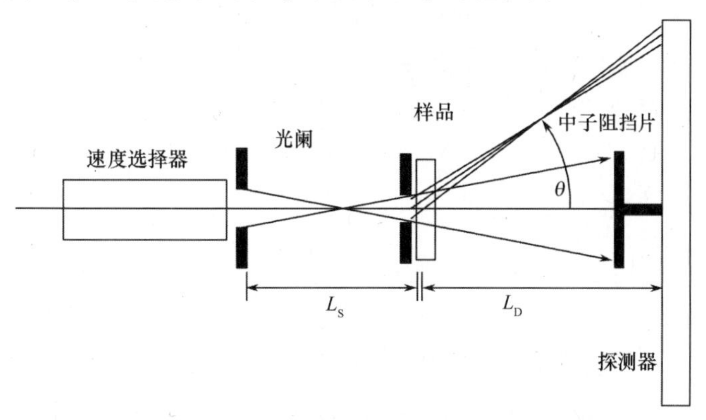

图3.16 针孔式小角谱仪的设计图(Schwahn(2000))

3.3.5 反射谱仪

反射谱仪利用中子的全反射来研究表面性质、薄膜、多层结构以及界面等。反射谱仪测量的是反射强度随散射矢量 $\boldsymbol{Q}$(与反射表面垂直)的变化。可以用单色中子束并对一系列入射角度进行扫描来实现,也可以固定散射角度利用宽波段中子飞行时间方法来实现。对于脉冲中子源,通常的做法是利用白光飞行时间方法来测量,而对于连续中子源来说,单色束的方法更合适。对于飞行时间方法,固定的样品几何确保了样品处的照度是恒定的,因而在整个可测的 Q 范

围内的 Q 分辨率也是一样的。一些反射谱仪还带有极化中子模式,用于研究磁性多层体系和薄膜;入射中子束的极化可以通过插入极化超镜(3.2.6 节)来实现。

反射谱仪通常设计为散射过程与水平面垂直,以便于液体表面的研究,如图 3.17所示。全反射的散射角 γ(式(2.63))非常小,因此需要约 2m 长的飞行路径,以及非常窄的准直束流,其典型尺寸为 40mm 宽,1mm 高。为了抑制周期重叠,可以通过附加的斩盘斩掉不需要的中子;也可以利用在硅衬底上镀镍的超镜,将不需要的中子从主束中反射掉。至于中子探测器,可以用简单的^{3}He 管或者是位置灵敏探测器。

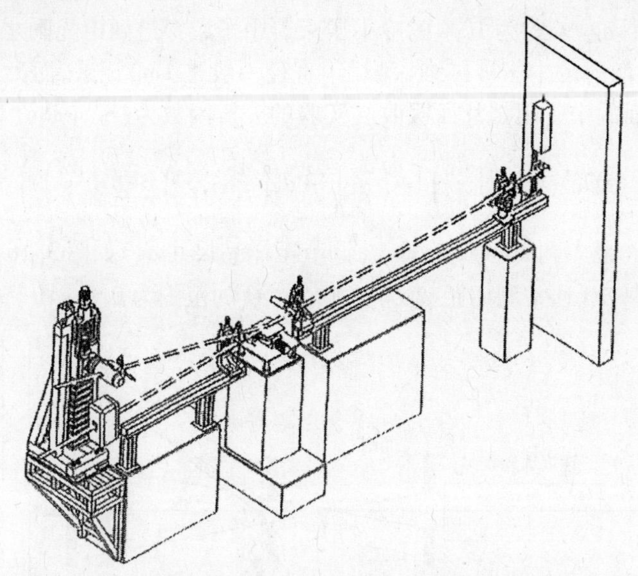

图 3.17 反射谱仪的示意图,包括准直狭缝(确定束流尺寸)、周期重叠抑制镜、样品位置以及探测器(Penfold et al. (1994))

一般将测量强度 I 简化为反射率 R,R 为散射矢量 $\boldsymbol{Q}$ 的函数:

$$R(Q)=f\frac{(I_{\mathrm{d}}(Q)-B_{\mathrm{d}})\varepsilon_{\mathrm{m}}(Q)}{(I_{\mathrm{m}}(Q)-B_{\mathrm{m}})\varepsilon_{\mathrm{d}}(Q)} \tag{3.9}$$

式中:下标 d,m 分别表示探测器和束流监视器(放置在样品前);$\varepsilon_{\mathrm{d,m}}$为与 Q 有关的效率;$B_{\mathrm{d,m}}$为本底;f 为实验测定的定标因子。绝对标定可以全反射区域为参考,对直穿束强度归一化后得到;也可以对某个标准样品(如 D_2O)表面反射率进行归一化得到。Q 的分辨率为

$$\frac{(\Delta Q)^2}{Q^2}=\frac{(\Delta x)^2}{x^2}+\frac{(\Delta\gamma)^2}{\gamma^2} \tag{3.10}$$

对于飞行时间方法，$x=t$；而对于单色束方法，$x=\lambda$。由于 $\Delta x/x \ll \gamma/\gamma$，$Q$ 分辨率主要取决于 $\Delta\gamma/\gamma$，在飞行时间方法中保持不变。

3.3.6 飞行时间谱仪

用于散射实验的中子速度通常在几百米每秒到几千米每秒的量级，通过测量中子穿过几米长的距离 L 所需的飞行时间 t 便可测定中子的能量。由于中子是通过核反应被探测到的(3.2.8节)，因此它们只能被探测一次，这意味着它们在特定位置的起始时间必须通过脉冲来确定。这还意味着飞行时间技术只能测量入射波矢 $\boldsymbol{k}$ 和散射波矢 $\boldsymbol{k}'$ 这两个物理量中的一个，另外一个量必须用3.2.3节和3.2.4节讨论的单色化方法来测量。利用飞行时间方法测量散射波矢 $\boldsymbol{k}'$ 和入射波矢 $\boldsymbol{k}$，分别称为正飞行时间方法和反飞行时间方法。图3.18是这两种技术的空间－时间图以及动量空间图，图3.19是正几何谱仪和反几何谱仪的示意图。反几何谱仪的特点是利用中子束过滤器作为简单的单色器，并优先选用布拉格切断能量低的铍过滤器(3.2.5节)，以便获得较高的分辨率。

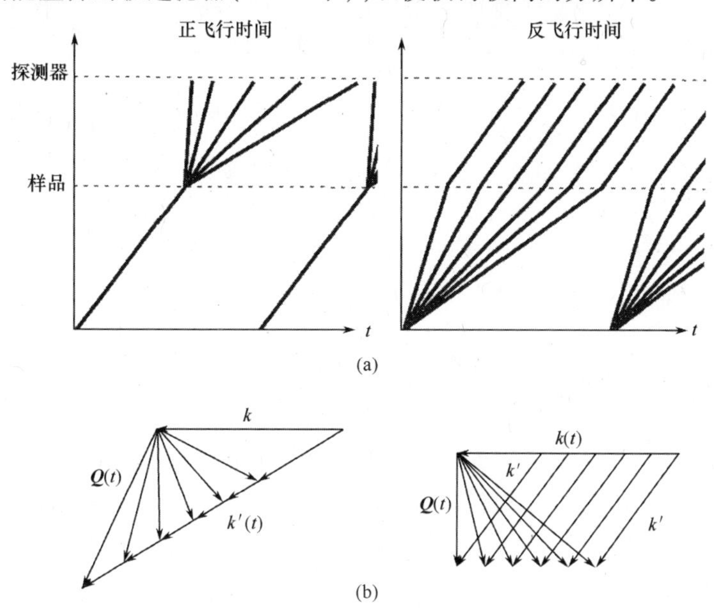

图3.18 正、反飞行时间技术的(a)相空间图及(b)动量示意图

飞行时间谱仪通常配备大的探测器阵列，覆盖的散射角范围为 $0 \leqslant 2\theta \leqslant \pi$。探测器采集的强度是原始数据 $I(2\theta,t)$，必须将其转换成散射律 $S(\boldsymbol{Q},\omega)$ 的形式。中子波矢为 $\boldsymbol{k}$ 和 $\boldsymbol{k}'$ 的飞行时间分别为 $t_0=L/v$ 和 $t=L/v'$，根据式(2.1)和式(2.2)，得

$$\omega(t)=\frac{m}{2\hbar}L^2\frac{t^2-t_0^2}{t^2t_0^2} \tag{3.11}$$

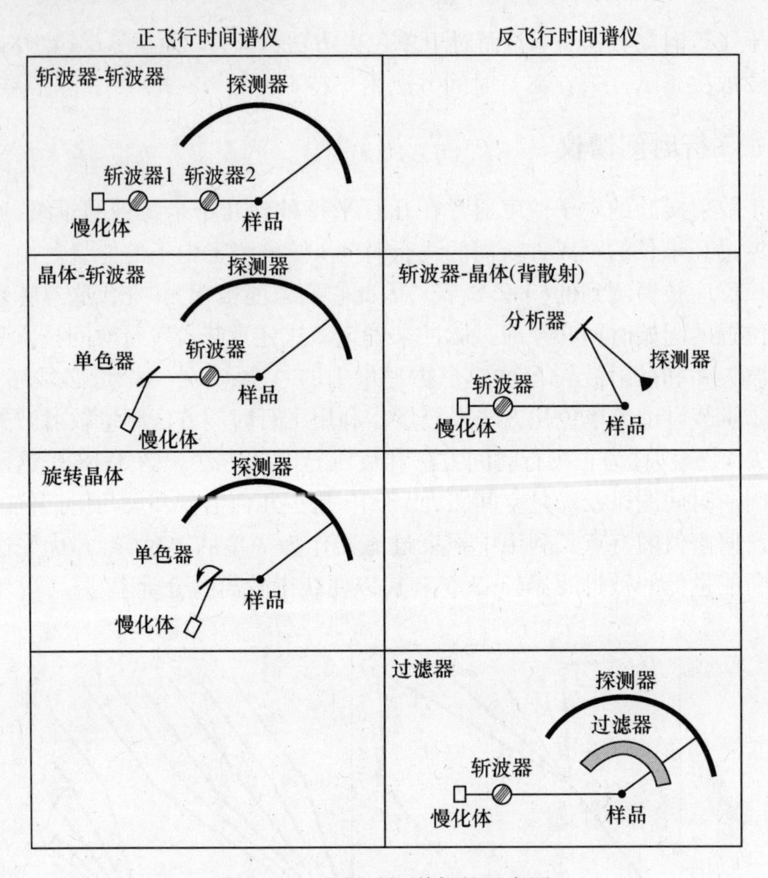

图 3.19　飞行时间谱仪的示意图

以及

$$Q=\frac{m}{\hbar}L\sqrt{\frac{t^2+t_0^2-2t_0t\cos(2\theta)}{t_0^2t^2}} \tag{3.12}$$

式(3.11)中时间到能量的非线性映射使得(等距)时间通道有一个较大的能宽变化。根据微分 $\mathrm{d}\omega/\mathrm{d}t\propto 1/t^3$,以及截面式(2.4)(其中 $k'/k=t_0/t$),得

$$S(\boldsymbol{Q},\omega)\propto I(2\theta,t)\cdot t^4 \tag{3.13}$$

式(3.13)中的因子 t^4 使早到达的中子强度显著提高,这与能量分辨率的相应降低密切相关。

式(3.13)表明原始数据 $I(2\theta,t)$ 非常粗糙,不能用于详细的数据解析。

3.3.7　三轴谱仪

对于非弹性中子散射实验,三轴谱仪是功能最多的一种谱仪。如图 3.20 所示,中子源的白光谱经单色器晶体(第一轴)单色化后获得波矢为 $\boldsymbol{k}$ 的入射中子束。单色束经样品(第二轴)散射后,散射束(波矢 $\boldsymbol{k}'$)的强度被分析器晶体(第三轴)反射到中子探测器,从而确定能量转移 $\hbar\omega$。

三轴谱仪最大的优势是可以测量倒易空间中的任一预设点(恒 $\boldsymbol{Q}$ 扫描),也可以在固定能量转移 $\hbar\omega$ 的情况下对倒易空间中特定 $\boldsymbol{Q}$ 方向进行扫描(恒 E 扫描),因此能够以可控的方式测量单晶的色散关系(5.2.3 节)。当然,对 $\boldsymbol{Q}$ 和 ω 进行一般扫描也是可行的。对于三轴谱仪,确定动量转移和能量转移(式(2.1)、式(2.2)以及图 2.1)的所有物理量($\boldsymbol{k},\boldsymbol{k}',\psi$)都是可调的,因此测量 $\boldsymbol{Q},\omega$ 空间中某一点的强度具有多种可能的方式。最常用的方法是固定 $\boldsymbol{k}'$的扫描,因其只需稍作修正即可将计数率转换成截面。

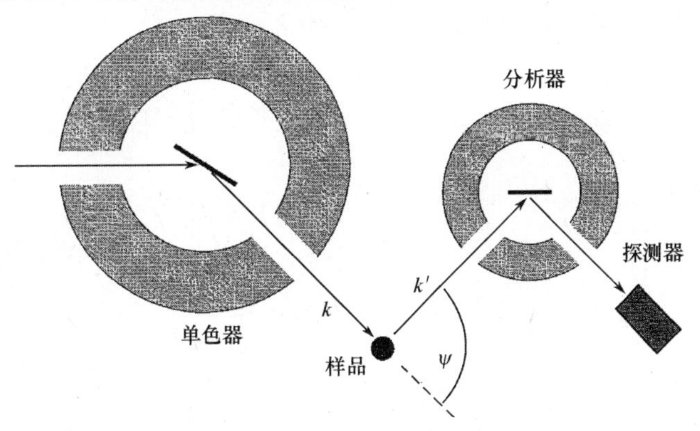

图 3.20 三轴谱仪的基本布置图

三轴谱仪的分辨率依赖于散射平面内经单色器晶体和分析器晶体透射过的相空间体积,以及拟测的激发的色散斜率。三轴谱仪有多种不同的中子路径构型,每个轴都可顺时针或者逆时针地旋转一定角度,以便达到最佳的分辨特征。Cooper 和 Nathans(Cooper,Nathans(1967))以及 Dorner(Dorner(1972))给出了分辨函数的一般特征包括解析表达式,以及实验测试手册。

3.3.8 背散射谱仪

在单晶反射实验中,如果希望获得极高的能量分辨率,则根据式(3.5)可知散射角 2θ 必须是 π(或者非常接近 π)。超高分辨谱仪的分析器利用了这一特性,从而可以极精确地测量 $\boldsymbol{k}'$。在这种情况下,大面积的近乎完美的晶体排列在样品周围的球形支架上。经样品散射且满足背散射条件的中子被反射到样品附近的一系列探测器上。分析器系统的能量是固定的。为了测量样品的能量转移,入射中子的能量变化必须同样具有非常高的分辨。可以通过下面几种方法来实现:

(1) 利用高分辨飞行时间单色器(斩波器)产生入射中子束,但需要脉冲装置到样品处的飞行路径在100m量级。

(2) 设计一种也可用于背散射的单色器,其晶格常数可以随时间变化,即通过改变温度来改变其晶格常数。

(3) 将背散射单色器安装在速度驱动器上,利用多普勒效应来产生增量 Δk(式(3.6))。

背散射谱仪的能量分辨在微电子伏范围。这几乎是基于晶体单色器和飞行时间设备的谱仪所能达到的极限分辨力了。

3.3.9 自旋回波谱仪

自旋回波谱仪基于中子自旋在磁场中的进动。中子自旋在穿过磁场的过程中将会发生一系列的旋转,通过反转散射中子的自旋方向,并探测其在穿过第二个进动场之后自旋取向的变化,就可以很好地分析其能量的变化。图3.21是自旋回波谱仪的示意图。

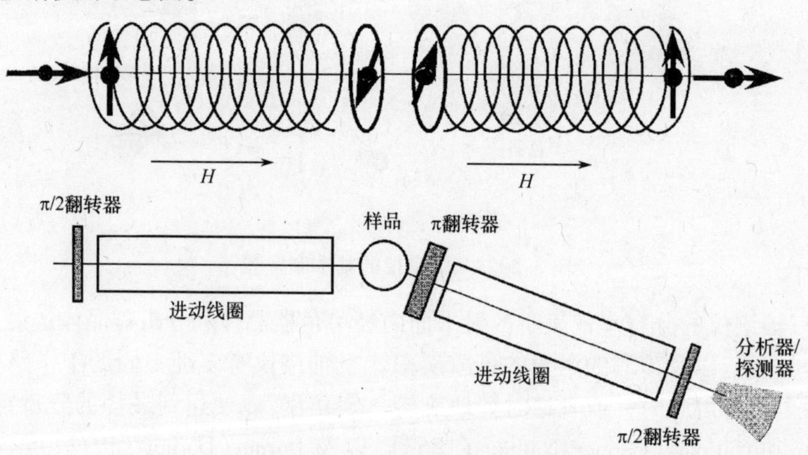

图3.21 自旋回波谱仪的示意图

纵向极化中子(速度 v,速度分布 $f(v)$)自左边进入谱仪。在第一个 $\pi/2$ 翻转器处,自旋发生旋转,出来的中子自旋垂直于进动路径的纵向磁场 H,得到初始极化 $P=1$。中子横穿过长度为 L 的第一个进动线圈时,总的进动角度为(式(3.7))

$$\phi = \gamma_{\mathrm{L}} \cdot \frac{L \cdot H}{v} \tag{3.14}$$

由于速度分布的原因,束流在进动线圈中存在去极化的问题,平均极化度为

$$P = \langle \cos\phi \rangle = \int f(v)\cos(\phi(v))\,\mathrm{d}v \tag{3.15}$$

然而,如果束流横穿过第二个一模一样但进动方向相反的线圈时,去极化可以被消除。为了反转进动方向,需要在两个进动线圈中放置一个 π 翻转器。最后,在第二个进动线圈的末端,将中子自旋翻转回初始的纵向方向,以便分析它的极化。只有当两个进动线圈完全一样,且中子在样品处没有能量变化的情况下才能得到完全极化的中子束。

如果中子在样品处有能量变化 $\hbar\omega$,也即是速度变化 Δv,则经过第二个进动线圈后的自旋取向将会偏离一个角度

$$\Delta\phi \approx \gamma_{\mathrm{L}} \frac{L \cdot H}{v^2} \Delta v \tag{3.16}$$

在自旋回波谱仪中,能量转移不像背散射谱仪(3.3.8 节)那样通过精确地测定 $\boldsymbol{k}$ 和 $\boldsymbol{k}'$ 来进行测量,而是根据式(3.16)直接分析散射前后中子速度的变化来测量。因此,在自旋回波实验中可以使用相对宽的中子波段(波长分辨量级为 $\delta\lambda/\lambda \sim 10^{-1}$),而在背散射中一般要求 $\delta\lambda/\lambda \leq 10^{-4}$。在自旋回波方法中,能量转移与中子能量是相互独立的量(不以牺牲中子强度为代价来提高能量转移分辨),能够分辨的最小能量低至纳电子伏。

3.4　样品环境

凝聚态物质的许多有趣物理性质都只在特定环境条件下显现,包括温度、外加磁场 H、压强 P、电场 E。此外,通过这些热力学变量的变化可以探测体系的相互作用势 V。T,H,P 和 E 的变化引起的效应是用于描述研究体系的理论模型的重要基准。

因此,在非常温常压条件下,能够在热力学变量的极大变化范围内开展测量的环境设备对于任何实验方法来说都是非常重要的,这也充分体现了样品环境的强大功能和通用性。

由于中子是电中性粒子,在工程材料中的穿透能力很强。与其他类似的实验技术如 X 射线散射相比,中子的出入窗口很容易实现。由于具有强中子吸收的同位素非均匀地遍布于元素周期表中,因此存在许多适合用于准直入射束和散射束的材料。例如,铝(Al)的吸收截面非常小且非相干截面几乎可忽略不计(附录 B),因此窗口通常是铝制的;其他具有良好的透射性质的材料包括 C 和 Al_2O_3。出于准直目的,一般使用中子强吸收材料,包括:镉,钆,硼,锂。

3.4.1　温度

大多数中子散射研究都需要变温。在研究物质的量子力学性质时需要低温环境,以便探明体系的基态。在高温下,热激发态粒子数增加,各自的性质发生

混合。在研究动力学性质例如扩散过程时,研究体系必须处于热激发态。

利用液氦浴低温恒温器可以将温度降低至1.8K。在样品腔内,样品与压强为几十毫巴的氦交换气体接触,因而一般可忽略温度梯度。低温恒温器使用很薄的铝壁作为样品腔、绝热屏以及绝缘真空容器的材料。图3.22是ILL型低温恒温器的示意图,该低温恒温器已广泛应用于世界各地的中子散射中心。通过蒸发^{3}He可以获得约300mK的低温(^{3}He制冷),利用^{3}He/^{4}He(稀释制冷)还可获得约10 mK的低温。在这两种情况下,样品腔被抽成真空,必须保证冷指与固定在冷指上的样品之间有良好的热接触。振动与热辐射必须降到最低,以尽可能地达到最低温度。

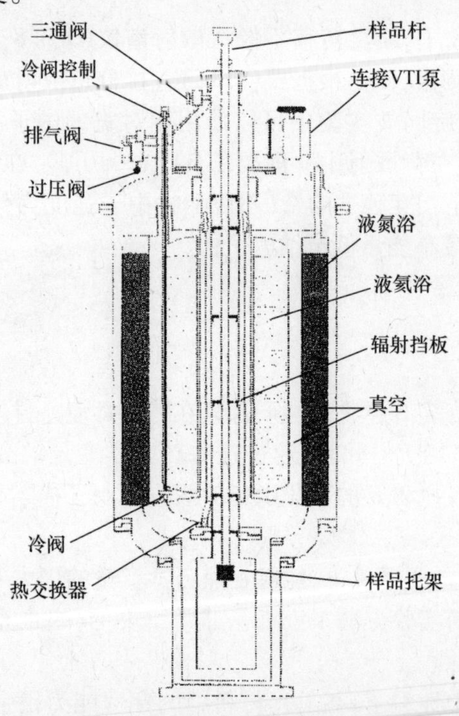

图3.22　用于中子散射研究的^{4}He低温恒温器(ILL型低温恒温器)

低温自然冷却避免或者降低了对液氦供给的依赖性,因此也越来越受欢迎。这种设备的制冷机制源于在一个封闭系统中对循环氦气进行缓慢压缩和快速解压。因而它们也称为CCR(闭循环制冷机)系统。温度通常能到4K,再加一级Joule/Thompson循环制冷可以达到1.5K。这些设备还可以结合液氦浴和^{3}He/^{4}He稀释制冷插件,分别达到约250mK和50mK的低温。CCR系统最主要的缺点在于气体压缩和膨胀时的振动。

高温可以通过电阻炉来实现:坩埚内的样品与电阻炉的加热点有良好的热接触,而真空使得样品与外部容器保持绝热。坩埚的材料必须谨慎选择,以免与样品发生化学反应。一般的电阻炉都可达到1600K左右的温度。

若要避免与样品的直接接触,例如化学反应样品或者是需要保持样品纯度(如研究过冷熔体)的情况下,可以利用浮置法。在这种情况下,利用电磁场或者静电场,声波或者气流来对样品(体积约10~100mm^3)进行升温。通过吸收微波或者激光加热可以实现约3000K的高温。

值得一提的是,可连续覆盖温度范围自几十开到1000℃的系统在材料科学研究中日益重要。改进的低温恒温器以及CCR系统均有广泛的应用。

3.4.2 磁场

外加磁场H_{ex}将直接影响研究体系的磁学性质。外磁场主要用于:①检验研究体系的理论模型;②区分磁散射与核散射;③改变体系的基态,使其与相邻激发态的能级交叉,引起场诱导的量子相变。利用超导线圈可以实现高达16T的磁场,这需要利用液氦来制冷。由于绝大多数情况下磁场是在低温下施加的,因此通常将磁体和低温恒温器合二为一(低温磁体)。^{3}He或者稀释制冷插件可以使低温磁体的工作温度低至1K以下。超过16T的磁场只能靠重大技术突破来实现,并且通常需要专用的固定基础设施(只能在专用束线上操作)。

中子散射中用到的磁体的磁场方向可以是垂直于(纵向)散射平面的,也可以是平行于(水平)散射平面的。要对设备进行优化,使得垂直(水平)开口尽可能最大,同时入射与出射窗口的壁要尽可能薄。对于垂直磁体,两个线圈之间是一个铝制圆筒,除了很小一块区域用于连接两个线圈的馈穿电缆外,在水平面内对于中子束流可实现360°开口。若要在很大的区域内实现均匀磁场,两个线圈必须充分隔开,因此需要更大的电流。需要优化磁体和低温磁体,以使磁体外的杂散场尽可能的弱,从而避免其对铁磁物体的作用,以及对电子学、^{3}He自旋过滤器及周围仪器的干扰。磁体的有源屏蔽可以用一对极性相反的线圈抵消偶极矩来实现。

3.4.3 压力

加压可以改变原子间(分子间)的距离,从而探测相互作用势。由于分子固体和典型氧化物的体弹模量B分别是几十吉帕和几百吉帕,因此需要几千巴和几吉帕的压力使得各自的原子间距发生1%的变化。在没有结构相变的情况下,体积V随着压强$P(P \ll B)$线性减小,而对于更高的压强P,体积与压强的关系由三阶Birch-Murnaghan状态方程(Poirier (2000))给出:

$$P = \frac{3}{2}B(x^{7/3} - x^{5/3})\left(1 - \frac{3}{4}(4 - B')(x^{2/3} - 1)\right) \tag{3.17}$$

式中:$x = V/V_0$为加压前后体积的比值;B'为一个无量纲的参数,对许多固体来说$B' \approx 4$。在面积A上产生压强P所需要的力可直接由$F = P \cdot A$给出。若要在直径为几毫米的样品上产生约1GPa的压强，则需要几吨的作用力。因此，在可实现的作用力的情况下，要产生极高的压强只能以牺牲样品体积为代价。与同步辐射技术不同，中子散射受制于中子源有限的亮度。因此，可用于中子散射技术的压强最大只能到几十吉帕。不过，得益于中子的深穿透性，它可以相对容易地穿透压力容器的厚壁。用于加压研究的装置称为压腔。下面回顾中子散射实验中最常用的几种压腔：

(1) 气体压腔。在这类压腔中，样品被填充到一个封闭压力容器里。气体压缩机通过一根固定在容器上的细管与容器相连来增大容器中的气压，进而压缩样品。气体起到传压介质的作用。通常使用的气体包括氦(降至低温)、氩和氮。这类压腔的优点在于：①可以原位变化压力；②不需要额外的传压介质(样品处于真正的静水压条件下)；③作用在样品上的压力与气压是相同的，易于测量和控制；④可以压缩较大的样品(体积可达几立方厘米)。由于其圆筒形几何结构，以及压缩气体中存储的高弹性能量，这类压腔的工作压强仅限于1GPa以内。

(2) 活塞圆筒式压腔。与气体压腔类似，样品放置于圆筒形容器中，而施加压力的方式有两种：直接对样品施加力，或者对放在传压介质中的样品施加力(图3.23)。活塞上的力通常用压机离位加载并用螺栓锁住。这类压腔最常用于压力低于2GPa的情况。由于活塞与圆筒之间可能存在很大的摩擦力；且由于压腔、样品以及传压介质的热膨胀，压强可能随温度而变化；所以施加在样品上的有效压强只能通过公式 $P=F/A$ 粗略地估算。测定压力最有效的方式是根

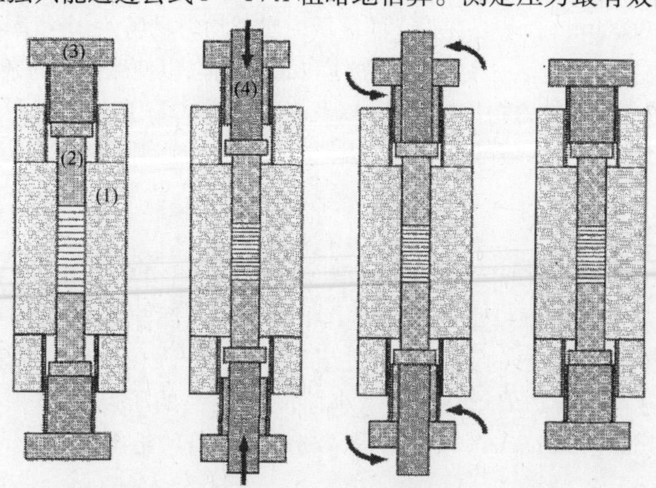

图3.23　活塞圆筒式压腔的使用：将样品放置于腔体(1)内，使用辅助活塞(4)对内活塞(2)施力，随后，在释放力和辅助活塞之前，用螺栓(3)将内活塞(2)锁住

据样品的状态方程测量样品的晶格参数,如果不知道样品的状态方程,则可以借助一些状态方程已知的压标,例如 NaCl,CsCl,Pb 等。

对于上述两种压腔,样品都放置于圆筒内,并承受内压。在圆筒爆裂之前的最大压力约等于圆筒材料的屈服强度 Y,且与外半径 R_a 和内半径 R_i 的比值无关($R_a/R_i>3$ 时)。利用增强技术,可达到的最大压力还可进一步提高至 Y 的 2 ~ 3 倍。通常用于压腔的材料包括钢以及各种合金,例如 CuBe,TiZr,其屈服强度 Y 都在 1 ~ 1.5GPa 范围内,这直接限制了圆筒式压腔的压力范围在 2 ~ 3GPa 以内。

(3) 对顶砧压腔。要达到 3GPa 以上的压强,必须摒弃圆筒式压腔的几何形状,取而代之的是对顶砧技术。这类压腔中最有名的是金刚石压砧(DAC):样品(及传压介质)放置在一个很薄的金属圆片(封垫)上钻出的孔内。当两个对顶的压砧挤压圆片的时候,在封垫与压砧之间会产生很大的摩擦力,这样可以极大地增加封垫材料的屈服强度而避免径向力致使封垫小孔的坍缩。若样品体积极小(几十立方微米),DAC 可获得几兆巴的压力。现今中子源的亮度有限,要求样品尺寸在几立方毫米,因而限制了压力产生装置所能产生的压强。大体积对顶砧压腔的优势在于球中心处可获得的压强翻倍($P=2F/A$)。这类压腔的压砧在中心处有一个用于放置样品的半球形凹槽和一个环向凹槽用来放置封垫。后者可以增加封垫的稳定性并相应地增加压砧与压砧之间的距离。压砧通常用碳化钨(WC)、氮化硼(BN),或者烧结的金刚石制成。图 3.24 是大体积对顶砧压腔的示意图。施加在压砧上的力是通过液压或者气压驱动的柱塞产生的,并可实现压力的原位变化。样品处的压强通常是利用样品或者压标的状态方程来确定的。

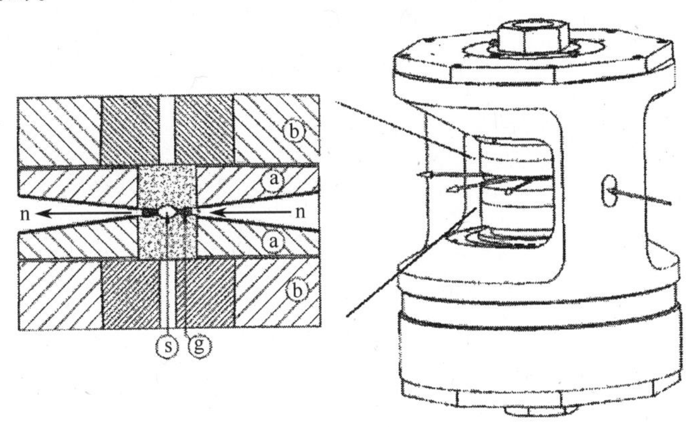

图 3.24 用于高压中子散射的凹曲面对顶砧装置(巴黎 - 爱丁堡压腔)
左:样品(s)放置在两个压砧(a)之间,侧面由封垫(g)限定;右:压机(柱塞)通过后座(b)对样品 - 砧组装(左图)施力。n 表示入射和散射中子束(Klotz et al. (2005b))

制作压腔的材料(或者封垫材料)须对中子弱吸收,并且屈服强度要高。铝合金满足这一条件,可以使圆筒式压腔的压强达到1.2GPa。若要更高的压力,则必须用硬化钢或者特殊合金(例如NiCrAl合金制成的圆筒式压腔,压强可达2.5GPa)。CuBe被广泛应用于高压研究,但它的缺点是由于含有少量Co而被活化且穿透性较差。在粉末衍射中,人们不希望观测到压腔的布拉格散射信号,这种情况下可以用TiZr合金。Ti的散射长度为负(附录B),与Zr结合以后可以获得零散射长度的合金(通常称为零衍射峰合金,或者零本底合金)。该合金没有相干布拉格散射,缺点是Ti造成了很强的非相干散射,导致衍射谱的本底增强。

3.5 扩展阅读

• G. S. Bauer, in *Neutron scattering*, ed. by A. Furrer (Proc. 93 - 01, ISSN 1019 - 6447, PSI Villigen, 1993), p. 331: *Neutron sources*

• G. S. Bauer and W. Bührer, in *Neutron scattering*, ed. by A. Furrer (Proc. 93 - 01, ISSN 1019 - 6447, PSI Villigen, 1993), p. 1: *Instruments for neutron scattering*

• P. Böni, in *Complementarity between neutron and synchrotron x - ray scattering*, ed. by A. Furrer (World Scientific, Singapore, 1998), p. 305: *Neutron beam optics*

• W. Bührer, in *Introduction to neutron scattering*, ed. by A. Furrer (Proc. 96 - 01, ISSN 1019 - 6447, PSI Villigen, 1996), p. 33: *Instruments*

• J. M. Carpenter and W. B. Yelon, in *Methods of experimental physics*, Vol. 23, Part A, ed. by D. L. Price and K. Sköld (Academic Press, London, 1986), p. 99: *Neutron sources*

• A. J. Dianoux and G. Lander, *ILL Neutron data booklet*, 2nd edition (Old City Publishing, Philadelphia, 2003)

• A. Furrer, in *Encyclopedia of condensed matter physics*, ed. by G. F. Bassani, G. L. Liedl and P. Wyder (Elsevier, Amsterdam, 2005), p. 69: *Neutron sources*

• F. Mezei, in *Encyclopedia of condensed matter physics*, ed. by G. F. Bassani, G. L. Liedl and P. Wyder (Elsevier, Amsterdam, 2005), p. 76: *History of neutrons and neutron scattering*

• F. Mezei, in *Neutron spin echo*, ed. by F. Mezei (Springer, Berlin, 1980), p. 3: *The neutron spin echo method*

• P. C. H. Mitchell, S. F. Parker, A. J. Ramirez - Cuesta and J. Tomkinson, in

Vibrational spectroscopy with neutrons (World Scientific, Singapore, 2005), p. 67: *Instrumentation and experimental methods*

- G. Shirane, S. M. Shapiro and J. M. Tranquada, *Neutron scattering with a triple-axis spectrometer* (Cambridge University Press, Cambridge, 2002)
- C. G. Windsor, in *Methods of experimental physics*, Vol. 23, Part A, ed. by D. L. Price and K. Sköld (Academic Press, London, 1986), p. 197: *Experimental techniques*

第4章 结构测定

4.1 截面

中子衍射或弹性中子散射技术用于结构测定。从基本截面式(2.17)出发：

$$\frac{d^2\sigma}{d\Omega d\omega} = \frac{k'}{k}\frac{1}{2\pi\hbar}\sum_{j,j'} b_j b_{j'}\int_{-\infty}^{\infty}\langle e^{-iQ\cdot\hat{R}_{j'}(0)} e^{iQ\cdot\hat{R}_j(t)}\rangle e^{-i\omega t}dt \tag{4.1}$$

由于结构研究的目的在于测定处于热平衡态的晶胞中所有原子的位置，因此可以不考虑算符$\hat{R}_j(t)$随时间的演化。利用式(A.6)可对时间进行积分：

$$\frac{1}{2\pi\hbar}\int_{-\infty}^{\infty} e^{-i\omega t}dt = \frac{1}{\hbar}\delta(\omega) = \delta(\hbar\omega) \tag{4.2}$$

这意味着弹性散射，$\hbar\omega=0$，也即是$k=k'$。通过对$\hbar\omega$积分，可以将双微分截面改写成单微分形式(参见式(A.1))：

$$\frac{d\sigma}{d\Omega} = \int_{-\infty}^{\infty}\frac{d^2\sigma}{d\Omega d\omega}d(\hbar\omega) = \sum_{j,j'} b_j b_{j'}\langle e^{-iQ\cdot\hat{R}_{j'}} e^{iQ\cdot\hat{R}_j}\rangle \tag{4.3}$$

由于原子位置$\boldsymbol{R}_j$是固定的，为了使问题简化，这里不用算符形式(这种简化在数学上是不太准确的，下文将会提到)。利用式(2.28)和式(2.29)，得到下面的中子弹性散射截面：

$$\left(\frac{d\sigma}{d\Omega}\right)_{coh} = \langle b\rangle^2\sum_{j,j'} e^{-iQ\cdot(R_{j'}-R_j)} \tag{4.4}$$

$$\left(\frac{d\sigma}{d\Omega}\right)_{inc} = (\langle b^2\rangle - \langle b\rangle^2)\sum_{j=j'} e^{-iQ\cdot(R_{j'}-R_j)} = N(\langle b^2\rangle - \langle b\rangle^2) \tag{4.5}$$

非相干弹性散射是各向同性的，并产生一个恒定的本底。另一方面，由于相因子的原因，相干弹性散射能够提供原子相对排列的信息，因此接下来只关注相干散射。通过代换$\boldsymbol{r}=\boldsymbol{R}_j-\boldsymbol{R}_{j'}$，式(4.4)简化为

$$\frac{d\sigma}{d\Omega} = N_0\langle b\rangle^2\sum_{\boldsymbol{r}} e^{iQ\cdot\boldsymbol{r}} \tag{4.6}$$

式中：N_0 为晶胞的数目。

应用式(A.10)得到 Bravais 格子的相干弹性散射截面：

$$\frac{\mathrm{d}\sigma}{\mathrm{d}\Omega} = N_0 \frac{(2\pi)^3}{v_0}\langle b\rangle^2 \sum_{\boldsymbol{\tau}} \delta(\boldsymbol{Q} - \boldsymbol{\tau}) \tag{4.7}$$

式中：$\boldsymbol{\tau}$ 为倒易晶格矢(附录 E)，δ 函数表明只有在 $\boldsymbol{Q} = \boldsymbol{\tau}$ 时发生布拉格散射。根据附录 E，倒易晶格矢 $\boldsymbol{\tau}$ 与相应的反射平面(由米勒指数(h,k,l)指标化)垂直，晶面间距为 $d_{hkl} = 2\pi/|\tau_{hkl}|$。再根据图 2.1 可得布拉格定律：

$$\boxed{\lambda = 2d\sin\theta} \tag{4.8}$$

式中：2θ 为散射角。

对于每个晶胞中原子个数大于 1 的体系，定义原子的位置矢量 $\boldsymbol{R}$ 为

$$\boldsymbol{R} = \boldsymbol{l}_j + \boldsymbol{d}_\alpha \tag{4.9}$$

式中：$\boldsymbol{l}_j$，$\boldsymbol{d}_\alpha$ 分别为第 j 个晶胞以及晶胞中第 α 个原子的位矢。

联合式(4.4)和式(4.9)得

$$\frac{\mathrm{d}\sigma}{\mathrm{d}\Omega} = \sum_{j,j'} \mathrm{e}^{\mathrm{i}\boldsymbol{Q}\cdot(\boldsymbol{l}_j - \boldsymbol{l}_{j'})} \sum_{\alpha,\alpha'} b_\alpha b_{\alpha'} \mathrm{e}^{\mathrm{i}\boldsymbol{Q}\cdot(\boldsymbol{d}_\alpha - \boldsymbol{d}_{\alpha'})} \tag{4.10}$$

令 $\boldsymbol{d} = \boldsymbol{d}_\alpha - \boldsymbol{d}_{\alpha'}$，利用关系式

$$\sum_{\alpha,\alpha'} b_\alpha b_{\alpha'} \mathrm{e}^{\mathrm{i}\boldsymbol{Q}\cdot(\boldsymbol{d}_\alpha - \boldsymbol{d}_{\alpha'})} = \left|\sum_{\boldsymbol{d}} b_{\boldsymbol{d}} \mathrm{e}^{\mathrm{i}\boldsymbol{Q}\cdot\boldsymbol{d}}\right|^2 \tag{4.11}$$

再应用式(A.10)，得

$$\frac{\mathrm{d}\sigma}{\mathrm{d}\Omega} = N_0 \frac{(2\pi)^3}{v_0} \left|\sum_{\boldsymbol{d}} b_{\boldsymbol{d}} \mathrm{e}^{\mathrm{i}\boldsymbol{Q}\cdot\boldsymbol{d}}\right|^2 \sum_{\boldsymbol{\tau}} \delta(\boldsymbol{Q} - \boldsymbol{\tau}) \tag{4.12}$$

因此相干弹性散射截面的一般表达式为

$$\frac{\mathrm{d}\sigma}{\mathrm{d}\Omega} = N_0 \frac{(2\pi)^3}{v_0} \sum_{\boldsymbol{\tau}} |S_\tau|^2 \delta(\boldsymbol{Q} - \boldsymbol{\tau}) \tag{4.13}$$

其中

$$\boxed{S_\tau = \sum_{\boldsymbol{d}} b_{\boldsymbol{d}} \mathrm{e}^{\mathrm{i}\boldsymbol{\tau}\cdot\boldsymbol{d}}} \tag{4.14}$$

S_τ称作结构因子。由于没考虑式(4.4)中原子位置 $\boldsymbol{R}_j$ 的算符特征，因而式(4.13)是不完备的，式中不含德拜－沃勒因子 $\mathrm{e}^{-2W(Q)}$。正确的处理将会在第 5 章里讲到。德拜－沃勒因子描述了原子偏离其平衡态位置的均方位移$\langle u^2\rangle$；对于具有立方对称性的 Bravais 晶体来说，有以下结果(Squires(1996))：

$$2W(\boldsymbol{Q}) = 2W(Q) = \frac{1}{3}Q^2\langle u^2\rangle \tag{4.15}$$

将式(4.15)代入式(4.13)得到相干弹性中子截面的最终表达式：

$$\boxed{\frac{\mathrm{d}\sigma}{\mathrm{d}\Omega} = N_0\frac{(2\pi)^3}{v_0}\mathrm{e}^{-2W(Q)}\sum_{\tau}|S_\tau|^2\delta(\boldsymbol{Q}-\boldsymbol{\tau})} \tag{4.16}$$

开展中子衍射实验有望获取三方面的信息：①通过测定散射角 2θ，获取晶胞的大小及形状（如对称性）的信息；②通过结构因子 $S_{\boldsymbol{\tau}}$ 分析布拉格反射强度，获取晶胞内原子位置的信息；③通过研究德拜－沃勒因子随 $\boldsymbol{Q}$ 的变化情况，获得原子移位 $\langle u\rangle$ 的信息。

4.2 结构因子的实例

1. 铜

铜晶体为面心立方结构（晶格常数 a），4 个铜原子分别位于

$$\boldsymbol{d}_1 = a(0,0,0), \boldsymbol{d}_2 = a(1/2,1/2,0), \boldsymbol{d}_3 = a(1/2,0,1/2), \boldsymbol{d}_4 = a(0,1/2,1/2)$$

倒易晶格矢 $\boldsymbol{\tau}_{hkl} = 2\pi/a\cdot(h,k,l)$，根据式(4.14)得到以下结构因子 S_{hkl}：

$$S_{100} = b_{\mathrm{Cu}}\cdot(1+\mathrm{e}^{\mathrm{i}\pi}+\mathrm{e}^{\mathrm{i}\pi}+1) = 0$$

$$S_{200} = b_{\mathrm{Cu}}\cdot(1+\mathrm{e}^{\mathrm{i}2\pi}+\mathrm{e}^{\mathrm{i}2\pi}+1) = 4b_{\mathrm{Cu}}$$

$$S_{111} = b_{\mathrm{Cu}}\cdot(1+\mathrm{e}^{\mathrm{i}2\pi}+\mathrm{e}^{\mathrm{i}2\pi}+\mathrm{e}^{\mathrm{i}2\pi}) = 4b_{\mathrm{Cu}}$$

$$S_{222} = b_{\mathrm{Cu}}\cdot(1+\mathrm{e}^{\mathrm{i}4\pi}+\mathrm{e}^{\mathrm{i}4\pi}+\mathrm{e}^{\mathrm{i}4\pi}) = 4b_{\mathrm{Cu}}$$

非零的结构因子构成了发生布拉格散射的选择定则。

2. 金刚石

金刚石晶体也是面心立方结构，每个晶胞内除了与 Cu 一样有 4 个碳原子位于 $\boldsymbol{d}_1,\boldsymbol{d}_2,\boldsymbol{d}_3,\boldsymbol{d}_4$ 以外，还有 4 个位于

$$\boldsymbol{d}_5 = a\left(\frac{1}{4},\frac{1}{4},\frac{1}{4}\right), \boldsymbol{d}_6 = a\left(\frac{3}{4},\frac{3}{4},\frac{1}{4}\right), \boldsymbol{d}_7 = a\left(\frac{3}{4},\frac{1}{4},\frac{3}{4}\right), \boldsymbol{d}_8 = a\left(\frac{1}{4},\frac{3}{4},\frac{3}{4}\right)$$

可得以下结构因子：

$$S_{111} = b_{\mathrm{C}}\cdot(4+\mathrm{e}^{\mathrm{i}\frac{3}{2}\pi}+3\mathrm{e}^{\mathrm{i}\frac{7}{2}\pi}) = 4(1-\mathrm{i})b_{\mathrm{C}}$$

$$|S_{111}|^2 = 16(1-\mathrm{i})(1+\mathrm{i})b_{\mathrm{C}}^2 = 32b_{\mathrm{C}}^2$$

$$S_{222} = b_{\mathrm{C}}\cdot(4+\mathrm{e}^{\mathrm{i}3\pi}+3\mathrm{e}^{\mathrm{i}7\pi}) = (4-4)b_{\mathrm{C}} = 0$$

可以看到布拉格反射(2,2,2)（布拉格反射(1,1,1)的二级反射）消失。这一效

应通常用于硅和锗单色器,避免入射中子束的次级干扰(3.2.4 节)。

4.3　多晶材料

关于粉末衍射谱仪的详细仪器介绍请参见 3.3.2 节。多晶(粉末)样品里面总会含有一些特定取向的晶粒,能满足布拉格反射条件式(4.8)。测量方法与 X 射线衍射中的 Debye - Scherrer 方法一样。只要研究体系的结构不是特别复杂,粉末中子衍射实验就能迅速地确定它的结构。值得注意的是对称性较低和(或)晶格常数较大的体系,通常受仪器分辨率的限制,测得的衍射图谱中布拉格峰出现部分重叠。此外,通常也不能准确地分析晶胞中原子数过多(一般 50 个)的体系。

图 4.1 是中子散射研究最早期的两个例子:面心立方结构 NaH 和 NaD 的粉末衍射图谱。利用同位素替换 H→D 获得的衍射图谱具有截然不同的特征,详细解释参见习题 4.2。由于仪器分辨率的影响,布拉格反射峰并没有呈现出截面式(4.16)所描述的 δ 函数形状;而是呈高斯线形,线宽为 Γ。对观测强度 I_i 进行分析一般是基于下面的表达式:

$$I_i = a + 2b\theta_i + m_{hkl}|S_{hkl}|^2 L(\theta_i)\exp\left(-4\ln2\left(\frac{2\theta_i - 2\theta_{hkl}}{\Gamma_i}\right)^2\right) \tag{4.17}$$

式中:a,b 为线性本底参数;m_{hkl}为布拉格反射(h,k,l)的多重性因子(例如,对于立方对称性,有 $m_{h00}=6$,$m_{hh0}=12$,$m_{hhh}=8$,等等);$L(\theta)=1/(\sin\theta\sin2\theta)$为洛仑兹因子,它在小散射角 θ 会极大地增强(习题 4.1),线宽 Γ 的变化遵从以下经验公式:

$$\Gamma(2\theta) = \sqrt{U\tan^2\theta + V\tan\theta + W} \tag{4.18}$$

其中参数 U,V,W 不仅依赖于单色器晶体的镶嵌度,还依赖于中子源到探测器之间的飞行路径的角发散度(Caglioti et al. (1958))。线宽的最小值往往发生在 $\theta\approx\theta_m$,其中 θ_m 是单色器晶体的布拉格反射角。

在粉末衍射图谱的现代分析方法中,Rietveld 方法(Rietveld (1969))是最常用的,它将观测强度 I_i^{obs} 与计算强度 I_i^{cal} 进行拟合,拟合过程中不断调整峰形参数和结构参数,直到计算强度与测量强度的差别最小:

$$\chi^2 = \sum_i \omega_i(I_i^{obs} - I_i^{cal})^2 \tag{4.19}$$

式中:$\omega_i = 1/\sigma^2(I_i^{obs})$为权重因子。

粉末衍射图谱的分析及结构参数的精修可以很方便地通过电脑程序来实现(例如,FULLPROF(Rodriguez - Carvajal (1993)),GSAS(Larson,Von Dreele (2000))),这些程序中有散射长度以及解磁结构所需要的磁形状因子的内部表。

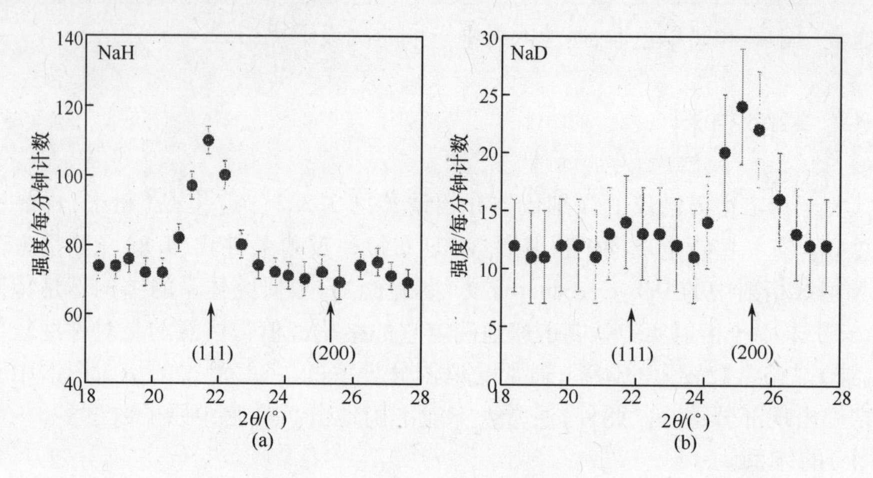

图 4.1　室温下测的 NaH 和 NaD 的中子衍射图谱(Shull et al.（1948))

(a) NaH；(b) NaD。

图 4.2 是对苯二酸氘代样品(化学式为 $DOOC-C_6D_4-COOD$)的低温中子衍射测量结果,实验样品为三斜结构。由于晶胞的对称性低,并且晶胞内原子数较多,需要使用高分辨粉末衍射谱仪,以便尽可能多地分辨出布拉格峰。

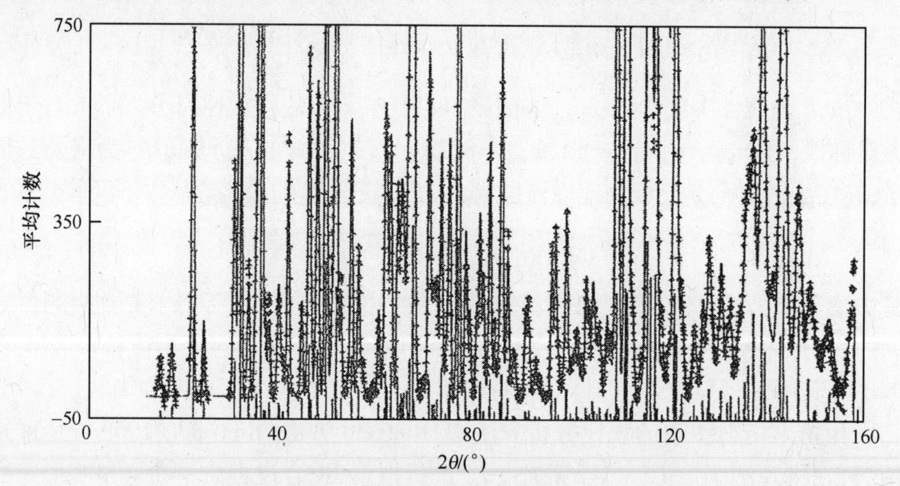

图 4.2　氘代对苯二酸的中子衍射图谱,$T=2K$,
布拉格反射的位置以基线标明(Meier(1984))

该研究的有趣之处在于氢键的结构特征随温度变化。图 4.3 是用 Rietveld 方法精修的 $T=2K$ 和 300K 时的晶体结构。在低温下,D_3 原子位于羧基官能团 COOD 内,但室温数据表明 D_3 原子几乎位于 O－D－O 键的中间。此外,D_3 原子在其平衡态位置附近有很强的热运动,证实了随着温度的升高,O－D⋯O 键内的质子跳跃活性会增强(15.2 节)。

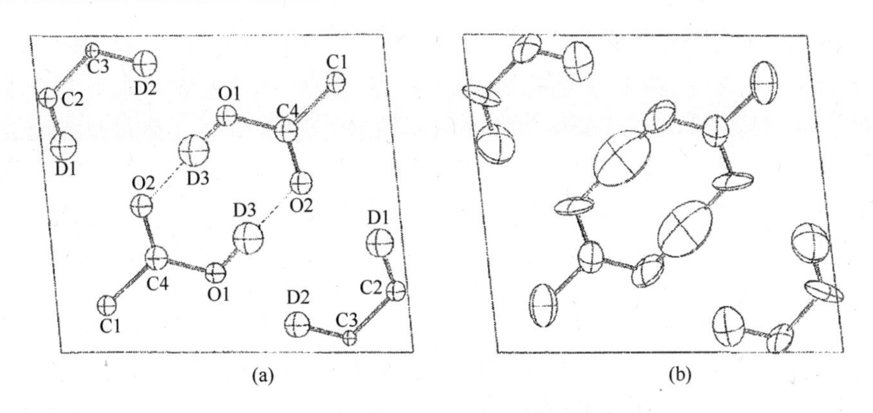

图 4.3　对苯二酸的晶体结构

(a) $T=2K$；(b) $T=300K$。

原子在其平衡位置附近的热运动用椭圆体表示

4.4　单晶

在单晶的中子衍射实验中，由于实验中 $\boldsymbol{Q}$ 与待测晶面的倒易晶格矢平行 $\boldsymbol{Q} \parallel \boldsymbol{\tau}$，只能观测到单个布拉格反射峰，从而不存在布拉格峰重叠这一问题。与 X 射线衍射类似，有两种方法来研究单晶，即旋转晶体法和劳厄法。

4.4.1　旋转晶体法

将单晶放置在波矢为 $\boldsymbol{k}$ 的单色中子束中。$\boldsymbol{k}$ 与倒易晶格矢 $\boldsymbol{\tau}$ 之间的角度为 φ，如图 4.4 所示。当晶体旋转的时候，角度 φ 改变，$\boldsymbol{\tau}$ 的端点在以 τ 为半径的圆上运动，这个圆称为 Ewald 圆。当 $\boldsymbol{\tau}$ 的端点经过 B 点时，满足布拉格条件式(4.8)。通过改变角度 φ 得到的衍射图谱称为摇摆曲线。单晶衍射实验的目的

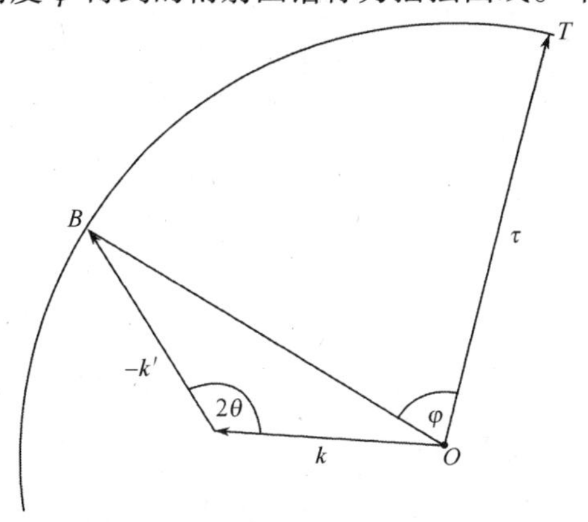

图 4.4　单晶衍射的旋转晶体法示意图

是记录足够多的布拉格反射峰以便于结构参数的可靠精修。对于由电脑控制的自动数据采集来说,需要知道晶格的详细信息。因此,单晶衍射实验是通过改变 χ 和 φ,并保持 $\omega=\theta$(关于欧拉角 χ,φ 和 ω 的定义,参见 3.3.3 节),系统地搜索布拉格反射峰。通常获得 20 个指标化的反射峰的精确角度位置之后,就可以确定单晶的晶格常数及取向矩阵了。然后通过 $\omega/2\theta$ 扫描来测定积分强度,其中 2θ 是探测器角度。

4.4.2 劳厄法

劳厄法的原理参见 3.3.3 节。该方法尤其适合研究小晶体、快速化学结晶学(如键长随温度的变化)、倒易空间测绘、孪晶和非公度性的确定,以及结构(磁)相变的研究等。在白光中子模式,它的效率是传统单色中子衍射谱仪的十倍到百倍;然而,精度不及后者。

关于倒易空间测绘,这里以矿物质 $FeTaO_6$ 的磁有序研究(Chung et al.(2004))为例。图 4.5 是在奈尔温度 $T_N=8K$ 之上和在奈尔温度之下测的劳厄衍射花样的差图。径向条纹在中心孔洞(允许透射中子束通过)交叉清楚地表明了 Fe 磁矩的二维反铁磁有序。

图 4.5 $FeTaO_6$ 的劳厄衍射差图(10-2K)(Chung et al.(2004))

4.5 消光和吸收

若一束单色中子入射到单晶上,该晶体的取向满足布拉格散射条件时,入射束将会相继被一系列晶面衍射,其强度也将随着其穿透晶体而逐渐衰减,如图 4.6(a)所示。因此,整个晶体内的入射强度是不同的,尤其是对于极完美的单晶来说,强度在近表面区域就有可能损耗殆尽。由衍射所导致的强度衰减称为初级消光。然而，大部分晶体都有缺陷，例如位错会将完美的区域分裂成许多以微小角度相互镶嵌的细小晶粒，降低了初级消光（图 4.6（b））。实际上，镶嵌结构对于 3.2.4 节讨论的单晶单色器来说非常重要。

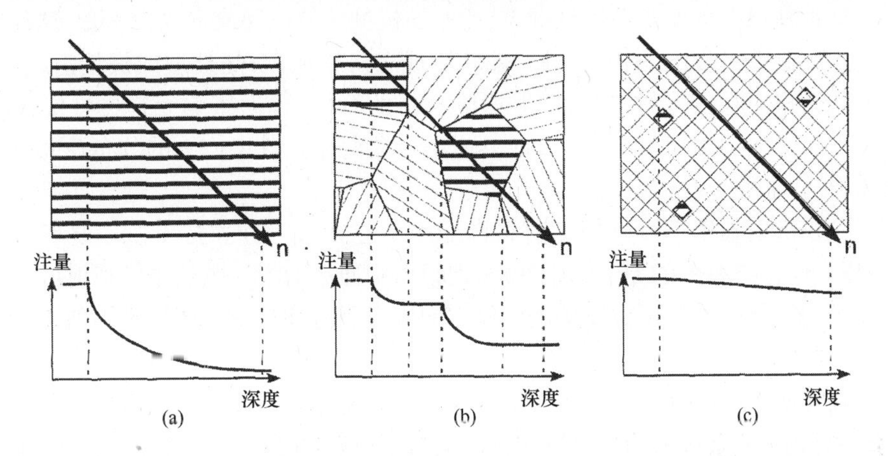

图 4.6　由初级消光（a）和次级消光（b）引起的透射中子注量损耗的示意图，只有阴暗部分的晶粒满足布拉格条件，（c）粉末样品几乎不受消光影响
（a）单晶；（b）多畴；（c）粉末。

对于多晶样品来说，初级消光不足为虑，如图 4.6（c）所示。由于晶粒呈随机分布，入射束入射到满足布拉格散射条件且取向相同的晶粒的概率很小，因此强度衰减很小。对于这种情况，以及单晶的镶嵌结构来说，用次级消光来描述这一束流强度衰减现象。

入射中子束的强度还会由于被吸收而减弱。中子束穿过厚度为 d 的样品后，强度降低为

$$I_{\mathrm{d}} = I_0 \mathrm{e}^{-\mu d} \tag{4.20}$$

式中：I_0 为初始中子束流强度；μ 为由吸收（以及使中子偏离束流的所有其他截面）引起的线性衰减因子。衰减长度 $d_\mu = \mu^{-1}$ 定义为入射中子注量下降 1/e 倍时的距离。原则上，衰减长度可以通过附录 B 中列出的特定元素的截面计算得到，但由于（多晶）样品的理论密度与实际密度存在差异，所以通常用一个简单的透射实验来测量。衰减效应与样品的几何形状有关（式（4.20）适用于薄片样品）；对于圆柱形样品，衰减因子由 Weber（1967）列出。

在分析观测强度时，必须将消光和吸收参数作为截面公式的修正因子考虑在内。对于单晶（小体积 $\approx 1\mathrm{mm}^3$）的衍射实验，消光起主导作用；而对于多晶样品（大体积 $\approx 1\mathrm{cm}^3$）的研究来说，吸收是非常重要的。中子衍射数据分析的程序（如 Rietveld 方法）中通常都考虑了消光和吸收效应。

4.6 残余应力的表征

即使在没有任何加载的情况下,所有的机械元件也都或多或少承受着应力。这是由于制造过程中的各个阶段,如轧制或者机械加工,热处理或焊接引起的。这些残余应力存在于材料内部,并影响材料的特性,进而影响元件的性能和寿命。在实际应用中,安全是首要的,因此弄清楚每个元件中应力的分布及大小非常重要。

中子散射技术是可以检测材料内部残余应力的一种独特手段。原理很简单:压力使得材料中的原子间距变短,而拉力则使之增大。既然中子衍射可以测量原子间距,那么,它就可以探测物体中的应力。这种应变成像技术不破坏材料即可绘制出应力图,其空间分辨率通常为 $1mm^3$。中子的穿透能力强,使得测量可以在几厘米厚的钢中进行。

原则上,残余应力测量可以用传统的粉末衍射谱仪(3.3.2 节)来实现:在样品前后选择合适的光阑尺寸来确定规范体积,如图 4.7 所示。但在实际中,使用专用谱仪来达到这一目的(Hutchings et al. (2005))。在最简单的情况下,单个探测器对(hkl)布拉格反射的 Debye - Scherrer 锥扫描,在布拉格角 θ_{hkl}具有最大强度,并根据布拉格定律(式(4.8))确定晶面间距 d_{hkl}。抽样体积内的平均晶面

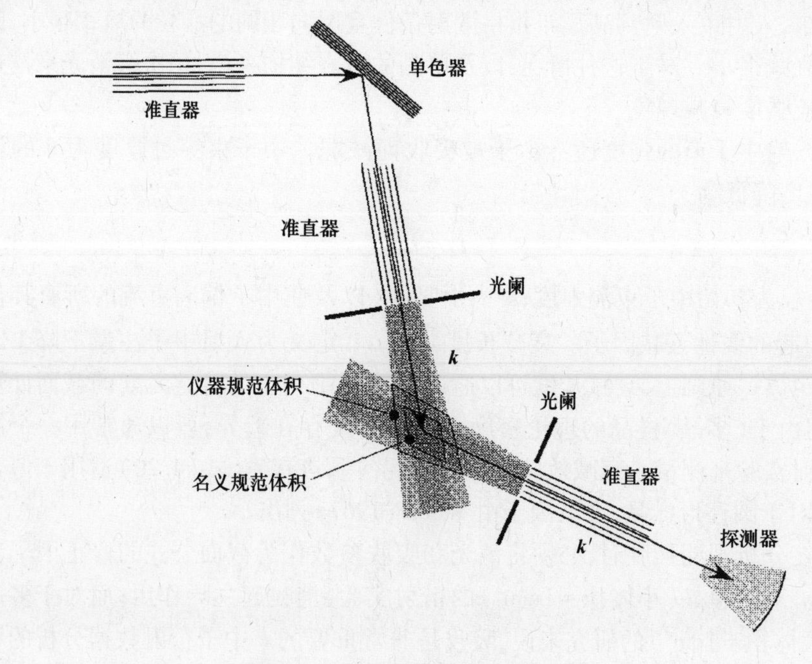

图 4.7 谱仪规范体积的剖面图

弹性应变 ε_{hkl} 为

$$\varepsilon_{hkl} = \frac{d_{hkl} - d_{hkl}^0}{d_{hkl}^0} = -(\cot\theta_{hkl}^0)(\theta_{hkl} - \theta_{hkl}^0) \tag{4.21}$$

式中:d_{hkl}^0 为具有相同材料组分的无应力样品的晶面间距;θ_{hkl}^0 为相应的布拉格散射角。

晶面应变 ε_{hkl} 的测量方向与散射矢量 $\boldsymbol{Q}$ 平行。为了测定不同方向的应变,样品必须绕着规范体积的中心精确地旋转。

图 4.8 是残余应力实验的一个例子。利用 1mm^2 中子束斑对焊接到 TIG 板上的 Al 珠周围 $(40\times20)\text{mm}^2$ 区域内的应变场进行表征(Owen et al. (2003))。将实验数据与有限元模型的结果进行比较,证实了中子衍射是测试并提高这类模型可靠性的极为有用的方法。

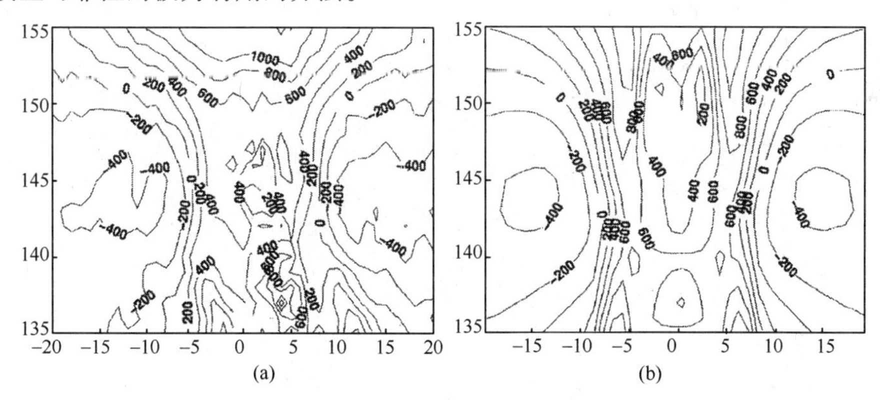

图 4.8　Al 珠周围 $(40\times20)\text{mm}^2$ 区域内的纵向残余应变分量的等值线图,单位是 10^{-6}
(a) 衍射数据得到的结果;(b)与有限元计算结果进行比较(Owen et al. (2003))。

4.7　扩展阅读

- G . E. Bacon, *Neutron diffraction* (Clarendon Press, Oxford, 1975)
- H. Dachs, *Neutron diffraction*, Topics in current physics, VoL 6 (Springer Berlin 1978)
- G. Heger, in *Introduction to neutron scattering*, ed. by A. Furrer (Proc. 96 - 01, ISSN 1019 - 6447, PSI Villigen 1996) p. 52: *Neutron diffraction*
- G. Heger, in *Neutron scattering*, ed. by A. Furrer (Proc. 93 - 01, ISSN 1019 - 6447, PSI Villigen, 1993), p. 97: *Neutron diffraction on single crystals*
- M. T Hutchings, P J. Withers, T. M. Holden and T Lorentzen, *Introduction to the characterization of residual stress by neutron diffraction*(Taylor and Francis, Bo-

ca Raton 2005)

• L. Liang, R. Rinaldi and H. Schober (Eds.), *Neutron applications in earth, Energy and environment science* (Springer, Berlin, 2009)

• J Rodriguez - Carvajal, in *Neutron scattering*, ed. by A. Furrer (Proc. 93 - 01, ISSN 1019 - 6447, PSI Villigen 1993) p. 73: *Neutron diffraction from polycrystalline materials*

• V. F. Sears, *Neutron optics* (Oxford University Press, Oxford 1989)

• B. T. M. Willis (Ed.), *Thermal neutron diffraction* (Oxford University Press, Oxford 1970)

• C. C. Wilson, *Single crystal neutron diffraction from molecular materials* (World Scientific, Singapore, 2000)

4.8 习题

习题 4.1

推导式(4.17)中的洛伦兹因子 $L(\theta)=1/(\sin\theta\sin2\theta)$。洛伦兹因子的来源有两部分:①必须考虑多晶样品中晶粒的统计分布;②Debye - Scherrer 锥描述了多晶材料的布拉格散射,但是探测器所"见"到的只是 Debye - Scherrer 锥的一部分。如图 4.9 所示,散射中子的波矢 $\boldsymbol{k}'$ 位于一个圆锥上,即 Debye - Scherrer 锥,锥的轴沿着入射中子波矢 $\boldsymbol{k}$ 的方向,θ 是布拉格角。

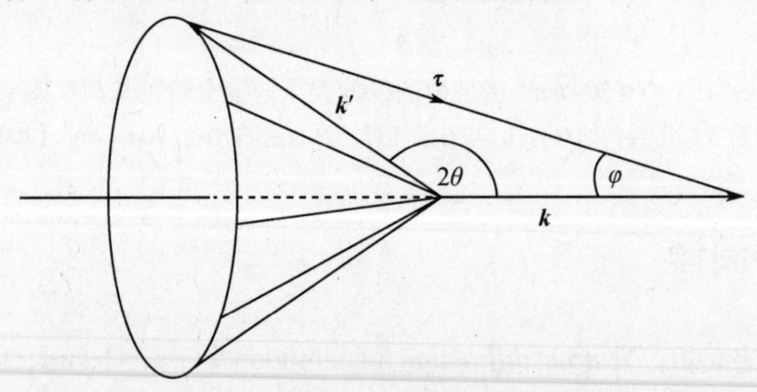

图 4.9　多晶材料布拉格散射的 Debye - Scherrer 锥

习题 4.2

验证图 4.1 的衍射图谱。面心立方结构 NaH 和 NaD 晶胞中的原子位置为

$\boldsymbol{d}_{\mathrm{Na}}=a(0,0,0),a(1/2,1/2,0),a(1/2,0,1/2),a(0,1/2,1/2)$;

$\boldsymbol{d}_{\mathrm{H/D}}=a(1/2,0,0),a(0,1/2,0),a(0,0,1/2),a(1/2,1/2,1/2)$。

习题 4.3

中子散射为研究高温超导材料提供了非常重要的信息(第 11 章)。中子散射的首次贡献在于确定化合物 $YBa_2Cu_3O_{6+x}$ 中氧原子的位置。当 $x=0$ 时,人们最初提出了两种可能的四方结构,如图 4.10 所示。由于氧的散射强度很弱,X 射线粉末衍射数据很难区分这两种模型,但是通过分析中子粉末衍射数据(Santoro et al.(1987)),可以很明确地排除模型 1。

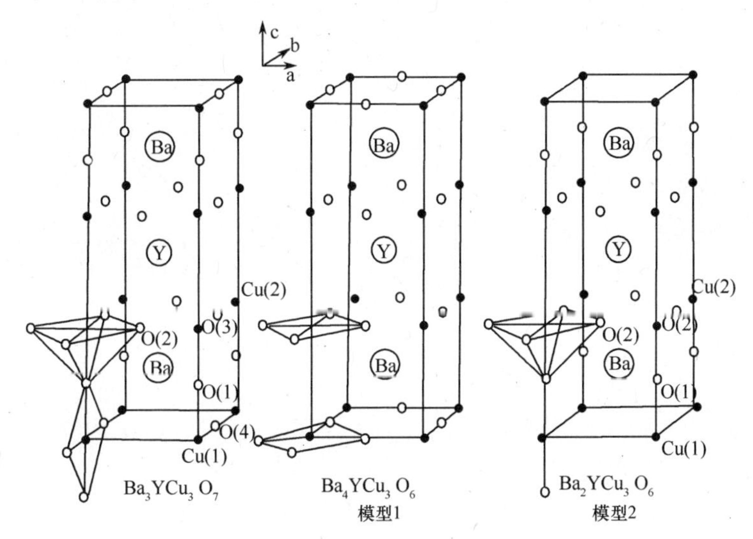

图 4.10　$YBa_2Cu_3O_{6+x}$ 的晶胞示意图。对于 $x=0$ 的四方结构化合物,通过 X 射线数据分析,最初提出了两种可能的模型(Santoro et al.(1987))

(a)算出 $YBa_2Cu_3O_6$ 可能的布拉格反射(h,k,l),其空间群为 P4/mmm,晶格常数 $a=b=3.854$Å,$c=11.818$Å。四方晶胞中的原子位置如下:

Y:(1/2,1/2,1/2)

Ba:(1/2,1/2,z),(1/2,1/2,1 $-z$),$z=0.1944$

Cu(1):(0,0,0)

Cu(2):(0,0,z),(0,0,1 $-z$),$z=0.3602$

O(1):(0,0,z),(0,0,1 $-z$),$z=0.1511$

O(2):(1/2,0,z),(0,1/2,z),(1/2,0,1 $-z$),(0,1/2,1 $-z$),$z=0.3791$

O(4):(1/2,0,0),(0,1/2,0)

(b) 根据式(4.17),计算出两种四方模型的(0,0,1),(0,0,2),(0,0,3)和(1,0,0)布拉格反射的强度,波长为 $\lambda=1.7$Å。将结果进行比较,论证中子粉末衍射在测定氧原子的准确位置的能力。散射长度详见附录 B。

(c) 增大氧的含量 x,当 $x\approx0.4$ 时出现超导态,其转变温度为 $T_c\approx60$K。当 $x\approx0.7$ 时,临界温度逐渐上升到 $T_c\approx90$K。随着临界温度的升高,氧离子 O(1)的位置明显沿着 z 轴方向移动(Cava et al.(1990)),计算出哪些布拉格反射最适合用于确定氧离子 O(1)的位置。

习题 4.4

吸附在石墨衬底上的氩单层的中子衍射结果表明其在低温下形成了有序的二维三角氩晶格(Taub et al.(1977)),如图4.11(a)所示。对于氩单层,有两种可能的构型,即与石墨晶格公度或者非公度,如图4.11(b)所示。

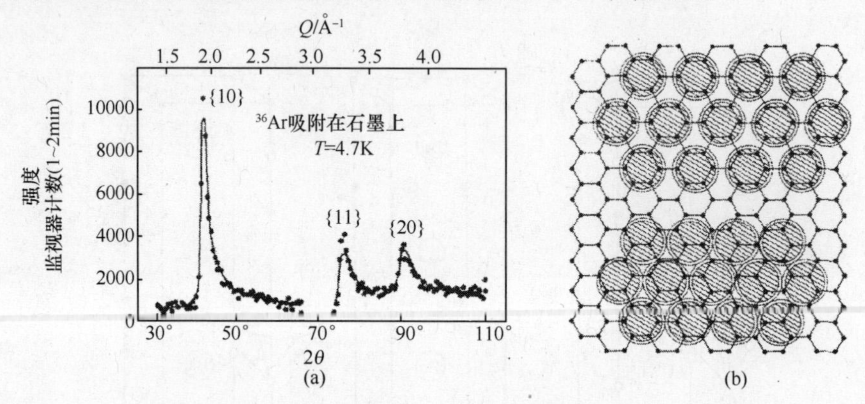

图4.11 (a)二维Ar单层(吸附在石墨上)的衍射图谱,(1,0),(1,1),和(2,0)布拉格反射峰以及(b)Ar单层相的(上)公度和(下)非公度结构示意图((Taub et al.(1977))

(a) 解释图4.11(a)中布拉格峰的非对称锯齿轮廓。

(b) 根据图4.11(a)中观测到的布拉格反射峰,判断氩单层与石墨晶格是公度还是非公度的。在石墨的六角面中,碳原子的最近邻间距 $a_C = 2.46Å$。

4.9 答案

习题 4.1

首先考虑多晶样品中晶粒的统计分布。根据图4.12,可以得知那些取向满足布拉格定律式(4.8)的晶粒所占的比例。在以 τ 为半径的球内,倒易晶格矢位于虚线标记的区域内的所有晶粒都对散射有贡献。有效表面积为 $2\pi\tau^2\cos\theta d\theta$,因而取向满足布拉格定律的晶粒占总面积的 $2\pi\tau^2\cos\theta d\theta/4\pi\tau^2 = \cos\theta d\theta/2$。Debye - Scherrer 锥的总散射为

$$\sigma_{\text{cone}} \propto \int_0^{\pi/2} \delta(k' - k)\cos\theta d\theta \tag{4.22}$$

式中:$\delta(k' - k)$ 仅对弹性散射求积分。利用几何示意图4.9,可得

$$k'^2 - k^2 = \tau^2 - 2\tau k\cos\varphi = \tau^2 - 2\tau k\sin\theta = (k' + k)(k' - k) \tag{4.23}$$

其中用到了关系式 $\theta = \pi/2 - \varphi$。令 $k' \approx k$,得

$$k' - k = \frac{1}{2k}(\tau^2 - 2\tau k\sin\theta) \tag{4.24}$$

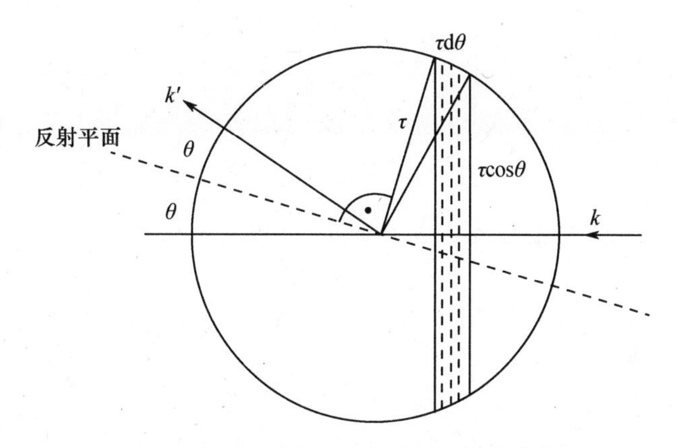

图 4.12 满足布拉格条件的部分晶粒的示意图

联合式(4.22)和式(4.24),得

$$\sigma_{\text{cone}} \propto \int_0^{\frac{\pi}{2}} \delta(\tau^2 - 2\tau k\sin\theta)\cos\theta \mathrm{d}\theta \tag{4.25}$$

利用代换 $x = 2\tau k\sin\theta$,求积分式(4.25),得

$$\sigma_{\text{cone}} \propto \int_0^{\frac{\pi}{2}} \delta(\tau^2 - x)\frac{1}{2\tau k}\mathrm{d}x = \frac{1}{2\tau k} \tag{4.26}$$

根据布拉格定律,令 $\tau = 2k\sin\theta$,得

$$\sigma_{\text{cone}} \propto \frac{1}{\sin\theta} \tag{4.27}$$

如果中子探测器(直径为 d)与样品之间的距离为 r,它会探测到锥的一部分,即 $q = \mathrm{d}/2\pi r\sin(2\theta)$。用 q 乘以式(4.27)中的 σ_{cone}就得到洛伦兹因子的最终结果:

$$L(\theta) = \frac{1}{\sin(\theta)\sin(2\theta)} \tag{4.28}$$

习题 4.2

根据式(4.14),以及 $\tau_{hkl} = (h,k,l)$,计算(1,1,1)和(2,0,0)布拉格反射的结构因子如下:

$$S_{111} = b_{\text{Na}}\mathrm{e}^{\mathrm{i}\boldsymbol{\tau}_{111}\cdot\boldsymbol{d}_{\text{Na}}} + b_{\text{H/D}}\mathrm{e}^{\mathrm{i}\boldsymbol{\tau}_{111}\cdot\boldsymbol{d}_{\text{H/D}}} = b_{\text{Na}}(1 + 3\mathrm{e}^{2\pi\mathrm{i}}) + 4b_{\text{H/D}}\mathrm{e}^{\pi\mathrm{i}} = 4(b_{\text{Na}} - b_{\text{H/D}})$$

$$S_{200} = 2b_{\text{Na}}(1 + \mathrm{e}^{2\pi\mathrm{i}}) + 2b_{\text{H/D}}(1 + \mathrm{e}^{2\pi\mathrm{i}}) = 4(b_{\text{Na}} + b_{\text{H/D}})$$

代入附录 B 中的散射长度,得到的结果如表 4.1 所列。由于 b_{Na}和 b_{H} 的大小相同但符号相反,因此 NaH 的(111)反射的强度几乎为零。图 4.1 还表明了同位素替代 H→D 在降低由非相干散射($\sigma_i(\text{H}) \gg \sigma_i(\text{D})$)引起的本底时的重要性。

表 4.1　NaH 和 NaD 结构因子的平方

$\lvert S_{hkl}\rvert^2$	NaH	NaD
$\lvert S_{111}\rvert^2$	$8.69\times10^{-24}\mathrm{cm}^2$	$1.48\times10^{-24}\mathrm{cm}^2$
$\lvert S_{200}\rvert^2$	$0.002\times10^{-24}\mathrm{cm}^2$	$17.11\times10^{-24}\mathrm{cm}^2$

习题 4.3

(a) 根据《国际晶体学表》(Kluwer, Dordrecht, 2002, p. 431),所有(h,k,l)布拉格反射都是允许的。

(b) 表 4.2 列出的结果表明模型 1 和 2 的散射强度截然不同,因此中子粉末衍射实验可以清楚地测定氧的位置。如图 4.13 所示,模型 2 的计算通过其同构化合物 $TmBa_2Cu_3O_{6.11}$ 的衍射数据加以证实(Tm 的散射长度为 $b_c=7.07\mathrm{fm}$,与 Y 的散射长度 $b_c=7.75\mathrm{fm}$ 很接近)。

表 4.2　根据式(4.17)计算出的模型 1 和 2 的散射强度

(h,k,l)	$\theta/(^\circ)$	$L(\theta)$	m	模型 1		模型 2	
				$\lvert S_{hkl}\rvert^2$	$I/10^3\mathrm{fm}^2$	$\lvert S_{hkl}\rvert^2$	$I/10^3\mathrm{fm}^2$
(0,0,1)	4.12	96.9	2	135	26.2	272	52.7
(0,0,2)	8.27	24.5	2	312	15.3	5.32	0.3
(0,0,3)	12.46	11.0	2	985	21.7	75.1	1.7
(1,0,0), (0,1,0)	12.74	10.5	2	27.7	0.6	285	6.0

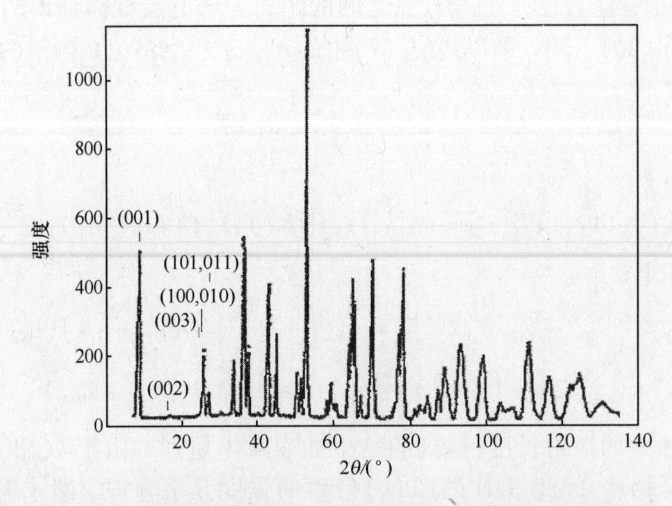

图 4.13　$TmBa_2Cu_3O_{6.11}$ 的中子衍射图谱,$T=10\mathrm{K}$,$\lambda=1.7\text{Å}$(Guillaume et al. (1994))。如表 4.2 所预测,(0,0,2)反射峰强极弱,掩没在本底中

(c) $|S_{hkl}|^2$ 随着O(1)的位置参数 z 的变化情况如图4.14所示。(1,0,0)和(0,1,0)反射不受 z 的影响,(0,0,2)反射的强度极弱,(0,0,3)反射在 z 值附近呈抛物线状,因而只有(0,0,1)反射适用于参数 z 的精确测定。

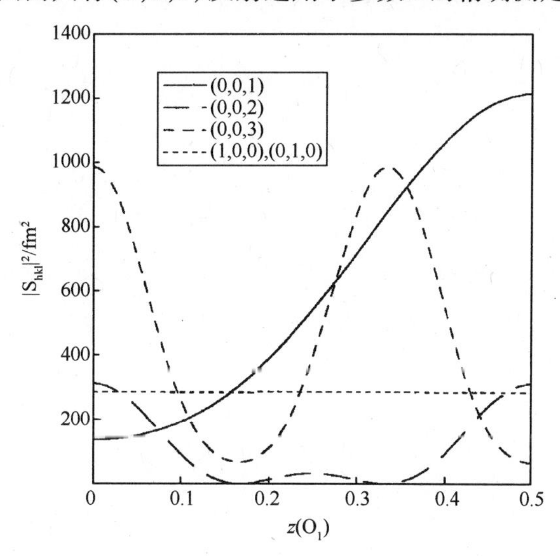

图4.14　$YBa_2Cu_3O_6$ 的 $|S_{hkl}|^2$ 随O(1)的位置参数 z 的变化

习题4.4

(a) 二维晶体的倒易晶格是一个与散射平面正交的有序棒阵。在衍射实验中,对于每对米勒指数 (h,k),散射角都有一个最小值 $2\theta=2\theta_B$,其中 θ_B 是式(4.8)中的布拉格角。与阵列的尺寸有关,当散射角大于 $2\theta_B$ 时,衍射强度是一个连续分布。这将产生一个特征"锯齿"线形,在低角度一边会有一个尖锐的上升沿,后沿延伸至高散射角度。衍射强度 I_{hk} 的最大值发生在散射角 $2\theta_B$。关于线形的详细计算可参考Warren的经典文章(Warren (1941)),他得到以下结果:

$$I_{hk}=\frac{m_{hk}|S_{hk}|^2L(\theta)}{\sin\theta\sqrt{\sin^2\theta-\sin^2\theta_B}} \tag{4.29}$$

里面用到的记号与式(4.17)一样。

(b) 根据附录E中的表达式,二维六角晶格的倒易晶格矢为

$$\tau_1=\frac{2\pi a}{f_0}(\sqrt{3}/2,1/2),\tau_2=\frac{2\pi a}{f_0}(0,1),f_0=\frac{\sqrt{3}}{2}a^2 \tag{4.30}$$

其中 a 是最近邻间距。在 $Q=1.9\text{Å}^{-1}$、3.3Å^{-1} 和 3.8Å^{-1} 观测到的峰分别被指标化为(1,0)、(1,1)和(2,0)布拉格反射,根据式(4.8)可得 $a_{Ar}=3.82\text{Å}$。这比图4.11(b)所示的公度相的间距 $\sqrt{3}a_C=4.26\text{Å}$ 小很多,因此氩单层与下面的石墨

衬底明显是非公度的。$a_{Ar}=3.82\text{Å}$ 是固态氩的 Lennard - Jones 势 $\Phi(r)=-Ar^{-6}+Br^{-12}$ 的极小值。我们推断氩单层的结构主要由氩原子之间的耦合决定，氩与衬底之间的相互作用是次要的。

第 5 章　晶格动力学

5.1　单声子散射截面

从式(2.17)出发,位置算符$\hat{\boldsymbol{R}}_j(t)$为

$$\hat{\boldsymbol{R}}_j(t)=\boldsymbol{l}_j+\hat{\boldsymbol{u}}_j(t) \tag{5.1}$$

式中:$\boldsymbol{l}_j$ 为平衡态位置;$\boldsymbol{u}_j(t)$为偏离 $\boldsymbol{l}_j$ 的一个微小的含时位移。将式(5.1)代入式(2.17)得到

$$\frac{\mathrm{d}^2\sigma}{\mathrm{d}\Omega\mathrm{d}\omega}=\frac{k'}{k}\frac{1}{2\pi\hbar}\sum_{j,j'}b_jb_{j'}\mathrm{e}^{\mathrm{i}\boldsymbol{Q}\cdot(\boldsymbol{l}_j-\boldsymbol{l}_{j'})}\int_{-\infty}^{\infty}\langle\mathrm{e}^{-\mathrm{i}\boldsymbol{Q}\cdot\hat{\boldsymbol{u}}_{j'}(0)}\mathrm{e}^{\mathrm{i}\boldsymbol{Q}\cdot\hat{\boldsymbol{u}}_j(t)}\rangle\mathrm{e}^{-\mathrm{i}\omega t}\mathrm{d}t \tag{5.2}$$

利用简谐近似,位移算符$\hat{\boldsymbol{u}}_j(t)$可以用一系列简正模式来表示

$$\hat{\boldsymbol{u}}_j(t)=\sqrt{\frac{\hbar}{2MN}}\sum_{s,\boldsymbol{q}}\frac{\boldsymbol{e}_s(\boldsymbol{q})}{\sqrt{\omega_s(\boldsymbol{q})}}\left(\hat{a}_s(\boldsymbol{q})\mathrm{e}^{\mathrm{i}[\boldsymbol{q}\cdot\boldsymbol{l}_j-\omega_s(\boldsymbol{q})t]}+\hat{a}_s^\dagger(\boldsymbol{q})\mathrm{e}^{-\mathrm{i}[\boldsymbol{q}\cdot\boldsymbol{l}_j-\omega_s(\boldsymbol{q})t]}\right) \tag{5.3}$$

式中:$\boldsymbol{q}$ 为简正模式的波矢;s 为极化指数(对于 Bravais 格子,$s=1,2,3$);$\omega_s(\boldsymbol{q})$和 $e_s(\boldsymbol{q})$分别为本征值和本征矢;M 为原子质量。

对第一布里渊区内的 N 个 $\boldsymbol{q}$ 值进行求和。$\hat{a}_s(\boldsymbol{q})$和$\hat{a}_s^\dagger(\boldsymbol{q})$分别是声子湮灭算符和产生算符,满足对易关系

$$[\hat{a}_s(\boldsymbol{q}),\hat{a}_{s'}^\dagger(\boldsymbol{q}')]=\delta_{ss'}\delta_{\boldsymbol{q}\boldsymbol{q}'} \tag{5.4}$$

定义算符$\hat{A}$和$\hat{B}$:

$$\begin{cases}\hat{A}=-\mathrm{i}\boldsymbol{Q}\cdot\hat{\boldsymbol{u}}_{j'}(0)=-\mathrm{i}\sum\limits_{s,\boldsymbol{q}}[\alpha_s(\boldsymbol{q})\hat{a}_s(\boldsymbol{q})+\alpha_s^*(\boldsymbol{q})\hat{a}_s^\dagger(\boldsymbol{q})]\\ \hat{B}=\mathrm{i}\boldsymbol{Q}\cdot\hat{\boldsymbol{u}}_j(t)=\mathrm{i}\sum\limits_{s,\boldsymbol{q}}[\beta_s(\boldsymbol{q})\hat{a}_s(\boldsymbol{q})+\beta_s^*(\boldsymbol{q})\hat{a}_s^\dagger(\boldsymbol{q})]\end{cases} \tag{5.5}$$

其中

$$\begin{cases}\alpha_s(\boldsymbol{q})=\sqrt{\dfrac{\hbar}{2MN}}\sum\limits_{s,\boldsymbol{q}}\dfrac{\boldsymbol{Q}\cdot\boldsymbol{e}_s(\boldsymbol{q})}{\sqrt{\omega_s(\boldsymbol{q})}}\mathrm{e}^{\mathrm{i}\boldsymbol{q}\cdot\boldsymbol{l}_{j'}}\\ \beta_s(\boldsymbol{q})=\sqrt{\dfrac{\hbar}{2MN}}\sum\limits_{s,\boldsymbol{q}}\dfrac{\boldsymbol{Q}\cdot\boldsymbol{e}_s(\boldsymbol{q})}{\sqrt{\omega_s(\boldsymbol{q})}}\mathrm{e}^{\mathrm{i}[\boldsymbol{q}\cdot\boldsymbol{l}_j-\omega_s(\boldsymbol{q})t]}\end{cases} \tag{5.6}$$

那么,式(5.2)中的算符项可以简写成$\langle e^{\hat{A}} e^{\hat{B}} \rangle$这种形式。因为$\hat{A}$和$\hat{B}$为厄米算符,所以对易子$[\hat{A},\hat{B}]$是一个复数。再利用式(5.4)~式(5.6),得

$$\langle e^{\hat{A}} e^{\hat{B}} \rangle = \langle e^{\hat{A}+\hat{B}} \rangle e^{\frac{1}{2}[\hat{A},\hat{B}]} \tag{5.7}$$

接下来计算式(5.7)中的期望值$\langle e^{\hat{A}+\hat{B}} \rangle$。在简谐近似中,原子偏离其平衡态位置很小一段距离 u 的概率遵从高斯分布:

$$p(u) = \frac{1}{\sqrt{2\pi}\sigma} e^{-\frac{u^2}{2\sigma^2}}$$

$$\text{式中}: \sigma^2 = \frac{\hbar}{2M\omega} \coth\left(\frac{\hbar\omega}{2k_B T}\right) \tag{5.8}$$

根据式(5.8)可得以下期望值:

$$\langle u^2 \rangle = \int u^2 p(u) \mathrm{d}u = \sigma^2, \ \langle e^u \rangle = \int e^u p(u) \mathrm{d}u = e^{\frac{1}{2}\sigma^2} \tag{5.9}$$

因而有如下关系式:

$$\langle e^u \rangle = e^{\frac{1}{2}\langle u \rangle^2} \tag{5.10}$$

联合式(5.7)和式(5.10),得

$$\langle e^{\hat{A}} e^{\hat{B}} \rangle = e^{\frac{1}{2}\langle (\hat{A}+\hat{B})^2 \rangle} e^{\frac{1}{2}[\hat{A},\hat{B}]} = e^{\frac{1}{2}\langle \hat{A}^2 + \hat{A}\hat{B} + \hat{B}\hat{A} + \hat{B}^2 + \hat{A}\hat{B} - \hat{B}\hat{A} \rangle} = e^{\frac{1}{2}\langle \hat{A}^2 + \hat{B}^2 + 2\hat{A}\hat{B} \rangle} \tag{5.11}$$

由此可知 $e^{\langle \hat{A}^2 \rangle}$ 就是晶格热振动的德拜-沃勒因子:

$$e^{\langle \hat{A}^2 \rangle} = e^{-2W(Q)} \tag{5.12}$$

对于 Bravais 格子,$\langle \hat{A}^2 \rangle = \langle \hat{B}^2 \rangle$,因此式(5.11)可以写为

$$\langle e^{\hat{A}} e^{\hat{B}} \rangle = e^{\langle \hat{A}^2 \rangle} e^{\langle \hat{A}\hat{B} \rangle} = e^{-2W(Q)} e^{\langle \hat{A}\hat{B} \rangle} \tag{5.13}$$

将式(5.13)代入式(5.2),得

$$\frac{\mathrm{d}^2\sigma}{\mathrm{d}\Omega \mathrm{d}\omega} = \frac{k'}{k} \frac{1}{2\pi\hbar} e^{-2W(Q)} \sum_{j,j'} b_j b_{j'} e^{\mathrm{i}\boldsymbol{Q}\cdot(\boldsymbol{l}_j - \boldsymbol{l}_{j'})} \int_{-\infty}^{\infty} e^{\langle \hat{A}\hat{B} \rangle} e^{-\mathrm{i}\omega t} \mathrm{d}t \tag{5.14}$$

在上述推导中,假设位移 $\boldsymbol{u}_j(t)$ 的模与晶格参数相比非常小,因此 $\boldsymbol{Q} \cdot \boldsymbol{u}_j(t) \ll 1$,这意味着可以将式(5.14)中的算符项用泰勒级数展开:

$$e^{\langle \hat{A}\hat{B} \rangle} = 1 + \langle \hat{A}\hat{B} \rangle + \frac{1}{2}\langle \hat{A}\hat{B} \rangle^2 + \cdots + \frac{1}{n!}\langle \hat{A}\hat{B} \rangle^n + \cdots \tag{5.15}$$

对于弹性散射,泰勒级数的第一项$\langle \hat{A}\hat{B} \rangle = 0$,因而$\langle \boldsymbol{u}_j(t) \rangle = 0$。这在第 4 章中已经讨论过,推导过程中遗漏了德拜-沃勒因子(参见式(4.7)和式(4.13))。

接下来研究式(5.15)中的线性项。利用式(5.5)计算矩阵元$\langle \lambda_n | \hat{A}\hat{B} | \lambda_n \rangle$,其中$|\lambda_n\rangle$是体系的本征函数。这一步分别得到了产生算符$\hat{a}_s^\dagger(\boldsymbol{q})$和湮灭算符$\hat{a}_s(\boldsymbol{q})$的乘积项。根据对易关系式(5.4),只有$\hat{a}_s(\boldsymbol{q})\hat{a}_s^\dagger(\boldsymbol{q})$和$\hat{a}_s^\dagger(\boldsymbol{q})\hat{a}_s(\boldsymbol{q})$对矩阵元有贡献,所以

$$\langle \lambda_n | \hat{A}\hat{B} | \lambda_n \rangle = \langle \lambda_n | \sum_{s,\boldsymbol{q}} [\alpha_s(\boldsymbol{q})\beta_s^*(\boldsymbol{q})\hat{a}_s(\boldsymbol{q})\hat{a}_s^\dagger(\boldsymbol{q}) + \alpha_s^*(\boldsymbol{q})\beta_s(\boldsymbol{q})\hat{a}_s^\dagger(\boldsymbol{q})\hat{a}_s(\boldsymbol{q})] | \lambda_n \rangle \tag{5.16}$$

我们精确地计算了简谐振子的矩阵元,这些简谐振子的本征值呈阶梯排列

$$E_n = \left(n + \frac{1}{2}\right)\hbar\omega, n = 0, 1, 2, \cdots \tag{5.17}$$

算符$\hat{a}_s^\dagger(\boldsymbol{q})$和$\hat{a}_s(\boldsymbol{q})$分别是升降算符,作用在本征函数$|\lambda_n\rangle$上分别得到$|\lambda_{n+1}\rangle$和$|\lambda_{n-1}\rangle$,

$$\begin{cases} \hat{a}_s^\dagger(\boldsymbol{q}) | \lambda_n \rangle = \sqrt{n+1} | \lambda_{n+1} \rangle \\ \hat{a}_s(\boldsymbol{q}) | \lambda_n \rangle = \sqrt{n} | \lambda_{n-1} \rangle \end{cases} \tag{5.18}$$

因此

$$\begin{cases} \langle \lambda_n | \hat{a}_s(\boldsymbol{q})\hat{a}_s^\dagger(\boldsymbol{q}) | \lambda_n \rangle = n_s(\boldsymbol{q}) + 1 \\ \langle \lambda_n | \hat{a}_s^\dagger(\boldsymbol{q})\hat{a}_s(\boldsymbol{q}) | \lambda_n \rangle = n_s(\boldsymbol{q}) \end{cases} \tag{5.19}$$

其中

$$n_s(\boldsymbol{q}) = \left[\exp\left(\frac{\hbar\omega_s(\boldsymbol{q})}{k_{\mathrm{B}}T}\right) - 1\right]^{-1} \tag{5.20}$$

是玻色爱因斯坦占有数。将式(5.6)、式(5.19)和式(5.20)代入式(5.16),并利用代换$\boldsymbol{l} = \boldsymbol{l}_j - \boldsymbol{l}_{j'}$(类似于第 4 章中式(4.6)的推导过程)并只考虑相干散射($j \neq j'$),可得

$$\frac{\mathrm{d}^2\sigma}{\mathrm{d}\Omega\mathrm{d}\omega} = \frac{1}{4\pi M}\frac{k'}{k}\langle b \rangle^2 \mathrm{e}^{-2W(\boldsymbol{Q})} \sum_{s,\boldsymbol{q}} \frac{(\boldsymbol{Q}\cdot\boldsymbol{e}_s(\boldsymbol{q}))^2}{\omega_s(\boldsymbol{q})} \times \left[(n_s(\boldsymbol{q}) + 1)\sum_{l} \mathrm{e}^{\mathrm{i}(\boldsymbol{Q}-\boldsymbol{q})\cdot\boldsymbol{l}} \int_{-\infty}^{\infty} \mathrm{d}t \mathrm{e}^{\mathrm{i}(\omega_s(\boldsymbol{q})-\omega)t} + n_s(\boldsymbol{q}) \sum_{l} \mathrm{e}^{\mathrm{i}(\boldsymbol{Q}+\boldsymbol{q})\cdot\boldsymbol{l}} \int_{-\infty}^{\infty} \mathrm{d}t \mathrm{e}^{-\mathrm{i}(\omega_s(\boldsymbol{q})+\omega)t}\right] \tag{5.21}$$

应用式(A.6)和式(A.10),将上述积分以及晶格求和转换为δ函数,就得到了 Bravais 格子的单声子相干散射截面:

$$\frac{\mathrm{d}^2\sigma}{\mathrm{d}\Omega\mathrm{d}\omega} = \frac{4\pi^3}{v_0 M} \cdot \frac{k'}{k}\langle b \rangle^2 \mathrm{e}^{-2W(\boldsymbol{Q})} \sum_{s,\boldsymbol{q}} \frac{(\boldsymbol{Q}\cdot\boldsymbol{e}_s(\boldsymbol{q}))^2}{\omega_s(\boldsymbol{q})}$$

$$\times\left[(n_s(\boldsymbol{q})+1)\delta(\omega-\omega_s(\boldsymbol{q}))\sum_{\tau}\delta(\boldsymbol{Q}-\boldsymbol{q}-\boldsymbol{\tau})+n_s(\boldsymbol{q})\delta(\omega+\omega_s(\boldsymbol{q}))\sum_{\tau}\delta(\boldsymbol{Q}+\boldsymbol{q}-\boldsymbol{\tau})\right] \quad (5.22)$$

将式(5.14)中的 $\boldsymbol{l}_j$ 替换为 $\boldsymbol{l}_j+\boldsymbol{d}_\alpha$,式(5.22)可以推广到非 Bravais 晶格的情况,与式(4.9)的推导过程类似。单声子相干散射截面的通式为

$$\boxed{\begin{aligned}\frac{\mathrm{d}^2\sigma}{\mathrm{d}\Omega\mathrm{d}\omega}=&\frac{4\pi^3}{v_0}\cdot\frac{k'}{k}\sum_{s,q}\frac{1}{\omega_s(\boldsymbol{q})}\left|\sum_{d}\frac{\langle b_d\rangle}{\sqrt{M_d}}\mathrm{e}^{-W_d(\boldsymbol{Q})}\mathrm{e}^{\mathrm{i}\boldsymbol{Q}\cdot\boldsymbol{d}}(\boldsymbol{Q}\cdot\boldsymbol{e}_{d,s}(\boldsymbol{q}))\right|^2\\&\times\left[(n_s(\boldsymbol{q})+1)\delta(\omega-\omega_s(\boldsymbol{q}))\sum_{\tau}\delta(\boldsymbol{Q}-\boldsymbol{q}-\boldsymbol{\tau})\right.\\&\left.+n_s(\boldsymbol{q})\delta(\omega+\omega_s(\boldsymbol{q}))\sum_{\tau}\delta(\boldsymbol{Q}+\boldsymbol{q}-\boldsymbol{\tau})\right]\end{aligned}} \quad (5.23)$$

上述截面公式中的[·]括号内包括两项,分别对应于散射过程中由中子引起的声子发射(第一项)和声子吸收(第二项),即 Stokes 过程和反 Stokes 过程;从中子的角度来说,则分别对应着能量损耗过程和能量吸收过程(2.5 节)。根据式(5.23)中 δ 函数性质,可以得到能量和动量守恒定律:

$$\pm\hbar\omega_s(\boldsymbol{q})=\hbar\omega=\frac{\hbar^2}{2m}(|\boldsymbol{k}|^2-|\boldsymbol{k}'|^2) \quad (5.24)$$

$$\pm\boldsymbol{q}=\boldsymbol{Q}-\boldsymbol{\tau}=\boldsymbol{k}-\boldsymbol{k}'-\boldsymbol{\tau} \quad (5.25)$$

5.2 声子色散关系和声子极化矢量

5.2.1 单原子线性链

考虑单原子线性链,如图 5.1 所示,每个原子偏离其平衡位置的含时移位为 u_n。在最近邻近似中,作用在第 n 个原子上的力为

$$F_n=\beta(u_{n+1}-u_n)-\beta(u_n-u_{n-1}) \quad (5.26)$$

式中:β 为力常数。

利用式(5.26),可以写出第 n 个原子的运动方程为

$$M\ddot{u}_n=\beta(u_{n+1}+u_{n-1}-2u_n) \quad (5.27)$$

式中:M 为原子质量。

微分式(5.27)的解为

$$u_n=\xi\mathrm{e}^{\mathrm{i}(\omega t+qna)} \quad (5.28)$$

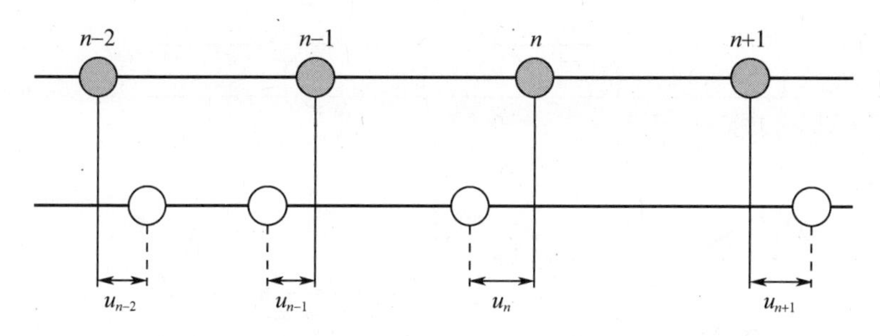

图 5.1　单原子线性链的示意图,平衡态原子位置以及偏离平衡态原子位置分别用实心圆和空心圆表示

将式(5.28)代入式(5.27),得

$$-\omega^2 M=\beta(e^{iqa}+e^{-iqa}-2)=\beta(e^{i\frac{qa}{2}}-e^{-i\frac{qa}{2}})^2$$
$$=-4\beta\sin^2\frac{qa}{2} \tag{5.29}$$

由此可得如图 5.2 所示的色散关系:

$$\omega=\pm\sqrt{\frac{4\beta}{M}}\sin\frac{qa}{2} \tag{5.30}$$

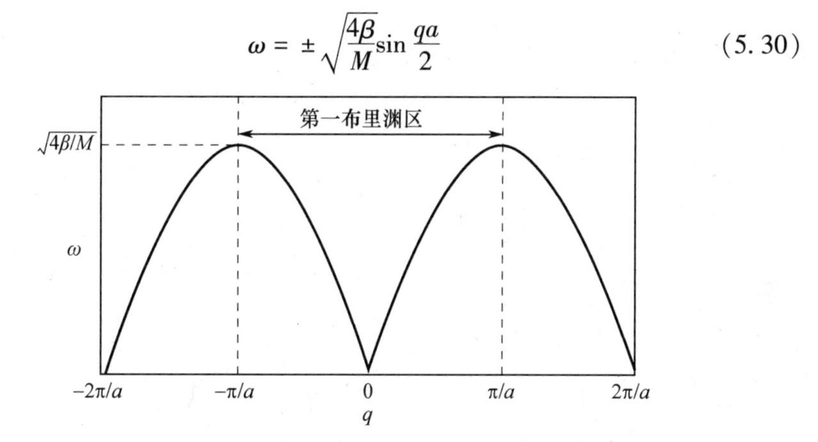

图 5.2　单原子线性链的声子色散曲线图

当声子的波矢 q 很小时 ($q\ll\pi/a$),色散曲线可以用德拜模型来描述:

$$\omega\approx\sqrt{\frac{\beta}{M}}qa=\sqrt{\frac{c}{\rho}}q=vq \tag{5.31}$$

式中:$\rho=M/a$ 为(一维)线密度;$c=\beta a$ 为弹性常数;v 为声速。

图 5.3 是原子位移图,$u_n/u_{n+1}=e^{-iqa}$ 为相邻原子位移的比值;对于 $q=0$ (布里渊区中心),$u_n/u_{n+1}=1$;对于 $q=\pm\pi/a$ (布里渊区边界),$u_n/u_{n+1}=-1$。$q=0$ 对应于所有原子以相同位移矢量进行的平移运动,也即是零能量运动($\omega=0$)。对于 $q=\pm\pi/a$,相邻原子的位移方向是相反的。

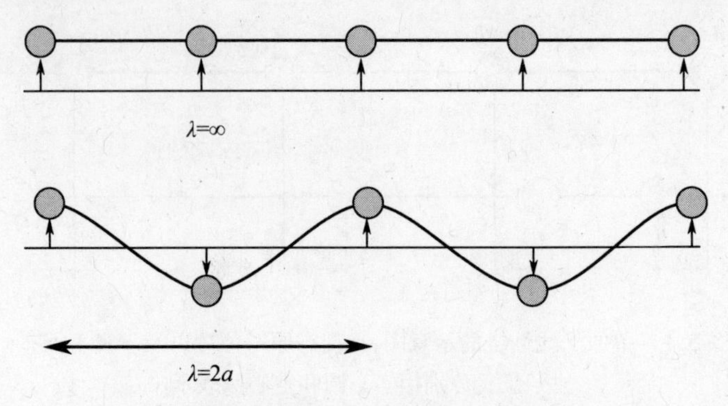

图 5.3　线性链的原子位移图，声子波矢 $q=0$（布里渊区中心），$q=\pi/a$（布里渊区边界）

5.2.2　一维双原子线性链

图 5.4 是由质量为 M 和 m 的两种不同原子组成的双原子线性链的位移图。其运动方程为

$$\begin{aligned} m\ddot{u}_{2n} &= \beta(u_{2n+1}+u_{2n-1}-2u_{2n}) \\ M\ddot{u}_{2n+1} &= \beta(u_{2n+2}+u_{2n}-2u_{2n+1}) \end{aligned} \tag{5.32}$$

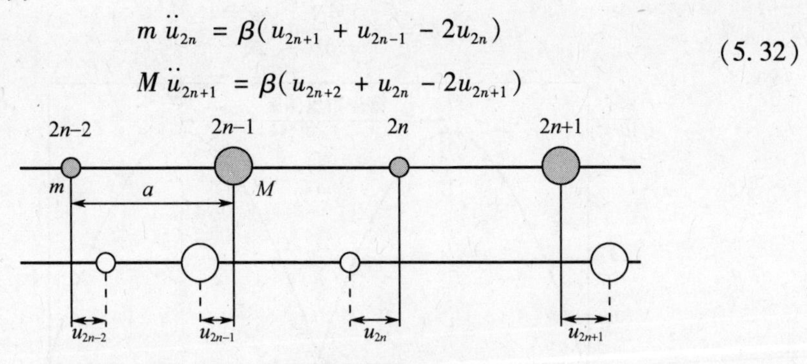

图 5.4　一维双原子线性链的示意图

代入以下通解

$$u_{2n}=\xi \mathrm{e}^{\mathrm{i}(\omega t+2nqa)};\quad u_{2n+1}=\eta \mathrm{e}^{\mathrm{i}(\omega t+(2n+1)qa)} \tag{5.33}$$

并解出系数 ξ 和 η，得到如图 5.5 所示的色散关系，即

$$\omega_{\pm}^{2}=\beta\left(\frac{1}{m}+\frac{1}{M}\right)\pm\beta\sqrt{\left(\frac{1}{m}+\frac{1}{M}\right)^{2}-\frac{4\sin^{2}qa}{mM}} \tag{5.34}$$

由于每个晶胞内有两个原子，声子色散关系由声学支和光学支组成。原子位移图可由位移比值 $u_{2n}/u_{2n+1}=\xi/\eta\cdot\mathrm{e}^{-\mathrm{i}qa}$ 得到，图 5.6 展示了若干声子波矢的情况。对于离子晶体来说，布里渊区中心的光学声子的位移图会产生电子极化，并影响光学散射实验的信号。这也解释了“光学声子”的历史渊源。

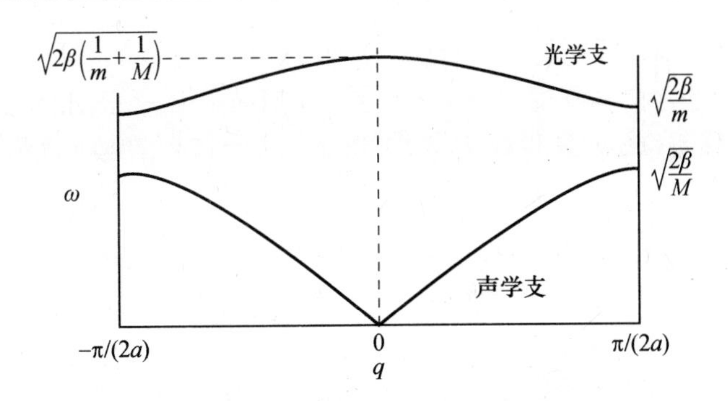

图 5.5　一维双原子线性链（$M=2m$）的声学支和光学支

原子位移图直接给出了声子极化矢量 $e_{d,s}(\boldsymbol{q})$ 的信息，声子极化矢量是截面式(5.23)中一个非常重要的物理量。从图 5.6 给出的例子中，可以得到：

(1) 对于布里渊区中心的声学支：$e_{d,s}(\boldsymbol{q})=(1,1)$；

(2) 对于布里渊区中心的光学支：$e_{d,s}(\boldsymbol{q})=(1,-1)$；

(3) 对于布里渊区边界的声学支：$e_{d,s}(\boldsymbol{q})=(0,1)$；

(4) 对于布里渊区边界的光学支：$e_{d,s}(\boldsymbol{q})=(1,0)$。

对于二维和三维晶体来说，情况更为复杂；当声子的波矢沿主对称性方向时，这种简单的原子位移图是部分适用的。

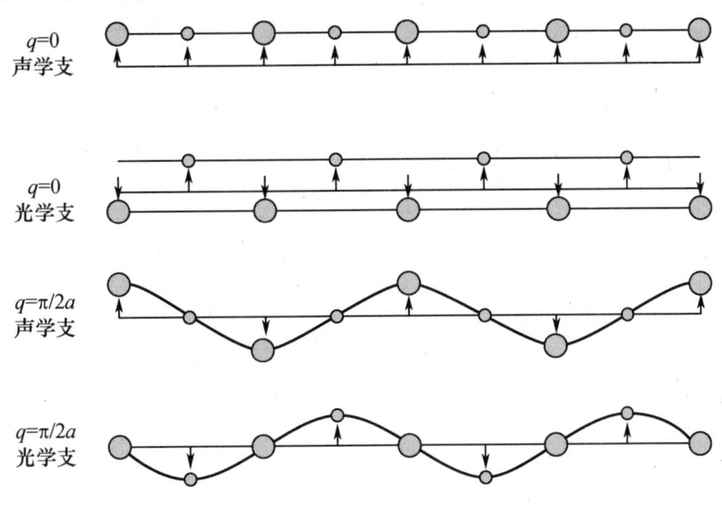

图 5.6　当 $q=0$ 和 $q=\pi/2a$ 时，一维双原子线性链的原子位移图

5.2.3　实验

测定声子色散关系 $\omega_s(\boldsymbol{q})$ 时，必须同时保证能量和动量守恒。因此，实验必须使用单晶样品。这类实验可以借助 3.3.7 节中介绍的三轴谱仪。在实验中，

三轴谱仪总是可以让变量 $\boldsymbol{Q}=\boldsymbol{q}+\boldsymbol{\tau}$（或 $\boldsymbol{q}$）或者 ω 保持不变，也即是可在倒易空间中的任一点进行精确测量。图 5.7 是恒 $-q$ 扫描和恒 $-\omega$ 扫描图。对于恒 $-q$ 扫描，动量转移 $\boldsymbol{Q}$（或 $\boldsymbol{q}$）是保持固定的，当 $\omega=\omega_s(\boldsymbol{q})$ 时，散射强度最大。

利用 $(\boldsymbol{Q}\cdot\boldsymbol{e}_s(\boldsymbol{q}))^2$（式(5.22)）还可以确定极化矢量。原则上，$\boldsymbol{e}_s(\boldsymbol{q})$ 与 $\boldsymbol{Q}$ 的方向之间并不存在简单的关系。

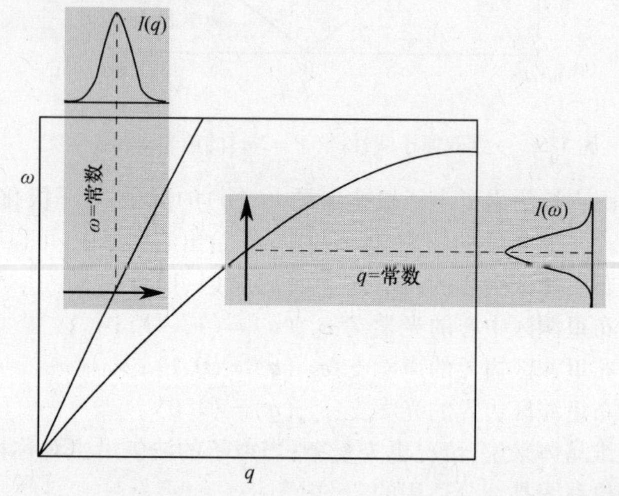

图 5.7 恒 $-\omega$ 扫描和恒 $-q$ 扫描：由声子支的斜率来决定优先使用哪种模式

图 5.8 是冰 I_h（普通冰）的低能声子模式。为了使得 $\boldsymbol{Q}$ 的方向尽可能地与极化矢量 $\boldsymbol{e}_s(\boldsymbol{q})$ 平行，以区分纵向支和横向支并使散射强度（式(5.22)）达到最大，各声子支是在不同布里渊区内测量的。

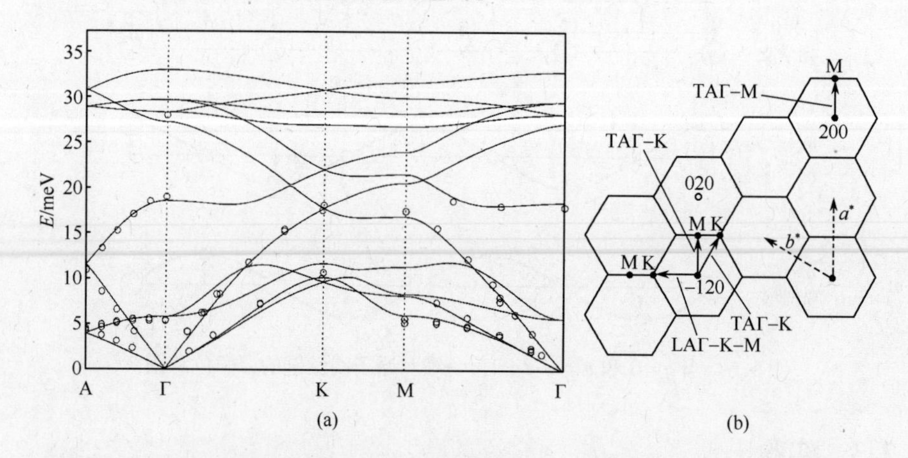

图 5.8 (a)D_2O 冰 I_h（普通冰）的声子色散关系，$T=140\mathrm{K}$（Strässle et al. (2004b)）。圆圈表示测量数据，实线是用晶格动力学模型（Born – von – Kármán）拟合得到的以及(b)纵向声学支(LA)和横向声学支(TA)的倒易空间示意图

在实际测量中,观测到的激发线宽通常不为零。这是由仪器的能量分辨率有限以及由非谐相互作用引起的内禀展宽造成的。如果非谐性很弱,则可以沿用5.1 节中的公式,将色散关系替换为

$$\omega_s(\boldsymbol{q}) \rightarrow \omega_s(\boldsymbol{q}) + \Delta_s(\boldsymbol{q},\omega) + \mathrm{i}\Gamma_s(\boldsymbol{q},\omega) \tag{5.35}$$

式中:$\Delta_s(\boldsymbol{q},\omega)$,$\Gamma_s(\boldsymbol{q},\omega)$分别为声子的能量变化及寿命的倒数。

式(5.22)和式(5.23)中的 δ 函数必须换成半高宽为 $\Gamma_s(\boldsymbol{q},\omega)$ 的洛伦兹分布,即

$$\delta(\omega - \omega_s(\boldsymbol{q})) \rightarrow \frac{\Gamma_s(\boldsymbol{q},\omega)}{(\omega - \omega_s(\boldsymbol{q}) - \Delta_s(\boldsymbol{q},\omega))^2 + \Gamma_s^2(\boldsymbol{q},\omega)} \tag{5.36}$$

5.3　非相干散射:声子态密度

利用式(5.1)~式(5.14)所得的结果,可以计算非相干散射截面。由 $j=j'$,可得

$$\frac{\mathrm{d}^2\sigma}{\mathrm{d}\Omega\mathrm{d}\omega} = \frac{k'}{k}\frac{1}{2\pi\hbar}\mathrm{e}^{-2W(Q)}\sum_j b_j^2\int_{-\infty}^{\infty}\mathrm{e}^{\langle\hat{A}\hat{B}\rangle}\mathrm{e}^{-\mathrm{i}\omega t}\mathrm{d}t \tag{5.37}$$

同样地,只考虑 $\mathrm{e}^{\langle\hat{A}\hat{B}\rangle}$ 泰勒展开式中的$\langle\hat{A}\hat{B}\rangle$项(式(5.15)),忽略弹性散射和多声子散射过程(5.4 节)。对于单声子散射,$\mathrm{e}^{\langle\hat{A}\hat{B}\rangle} = \langle\hat{A}\hat{B}\rangle$;由 $j=j'$ 以及式(5.5)、式(5.6)、式(5.16)、式(5.20),可得

$$\langle\hat{A}\hat{B}\rangle = \frac{\hbar}{2MN}\sum_{s,\boldsymbol{q}}\frac{(\boldsymbol{Q}\cdot\boldsymbol{e}_s(\boldsymbol{q}))^2}{\omega_s(\boldsymbol{q})} \times\left[\mathrm{e}^{\mathrm{i}\omega_s(\boldsymbol{q})t}(n_s(\boldsymbol{q})+1) + \mathrm{e}^{-\mathrm{i}\omega_s(\boldsymbol{q})t}n_s(\boldsymbol{q})\right] \tag{5.38}$$

将式(5.38)代入式(5.37),并根据式(A.6),最终可得

$$\frac{\mathrm{d}^2\sigma}{\mathrm{d}\Omega\mathrm{d}\omega} = \frac{1}{2M}\frac{k'}{k}(\langle b^2\rangle - \langle b\rangle^2)\mathrm{e}^{-2W(Q)}\sum_{s,\boldsymbol{q}}\frac{(\boldsymbol{Q}\cdot\boldsymbol{e}_s(\boldsymbol{q}))^2}{\omega_s(\boldsymbol{q})} \times\left[(n_s(\boldsymbol{q})+1)\delta(\omega-\omega_s(\boldsymbol{q})) + n_s(\boldsymbol{q})\delta(\omega+\omega_s(\boldsymbol{q}))\right] \tag{5.39}$$

同样,散射截面式(5.39)也包括声子发射项和吸收项。对于相干散射截面,必

须满足能量守恒定律而不是动量守恒定律。因此,能量为 ω_s 的所有声子都将对散射做出贡献,与它们的波矢无关。在这种情况下,可以用态密度 $g(\omega)$ 进行描述,其定义为每个能量段的声子数目,对于三维 Bravais 格子,对态密度进行归一化,有

$$\int_0^\infty g(\omega)\mathrm{d}\omega = 3N \tag{5.40}$$

根据式(5.39),得

$$\boxed{\begin{aligned}\frac{\mathrm{d}^2\sigma}{\mathrm{d}\Omega\mathrm{d}\omega} &= \frac{1}{4M}\frac{k'}{k}(\langle b^2\rangle - \langle b\rangle^2)\mathrm{e}^{-W(\boldsymbol{Q})} \\ &\quad \times \langle(\boldsymbol{Q}\cdot\boldsymbol{e}_s(\boldsymbol{q}))^2\rangle\cdot\frac{g(\omega)}{\omega}\cdot\left[\coth\frac{\hbar\omega}{2k_\mathrm{B}T}\pm 1\right]\end{aligned}} \tag{5.41}$$

式中:$(\coth(\hbar\omega/2k_\mathrm{B}T)\pm 1)/2$ 分别为声子发射和声子吸收的玻色-爱因斯坦占据因子。

对于立方 Bravais 格子,$\langle(\boldsymbol{Q}\cdot\boldsymbol{e}_s(\boldsymbol{q}))^2\rangle = \frac{1}{3}Q^2$,因此

$$\frac{\mathrm{d}^2\sigma}{\mathrm{d}\Omega\mathrm{d}\omega} = \frac{1}{12M}\frac{k'}{k}(\langle b^2\rangle - \langle b\rangle^2)\mathrm{e}^{-W(\boldsymbol{Q})}Q^2\times\frac{g(\omega)}{\omega}\cdot\left[\coth\frac{\hbar\omega}{2k_\mathrm{B}T}\pm 1\right] \tag{5.42}$$

这一方法最适用于以非相干散射为主的样品。这类样品的附加相干散射截面的计算十分困难。此外,还必须考虑多声子散射过程,尽管它们并不能提供有用的信息,而是会导致本底增强(随 Q 增大而增大)。

然而,只有对于 Bravais 格子的情况,$g(\omega)$ 才与截面方程式(5.42)直接关联。对于其他情况,实验测量的是总声子态密度:对晶胞中每个原子的态密度的加权求和得到

$$G(\omega) = \sum_i \frac{1}{M_i}(\langle b_i^2\rangle - \langle b_i\rangle^2)\mathrm{e}^{-2W_i}g_i(\omega) \tag{5.43}$$

式中:指数 i 表示晶胞中第 i 个原子的相关参数。

原则上,式(5.43)中还需要引入一个权重因子来将平均值 $\langle(\boldsymbol{Q}\cdot\boldsymbol{e}_s(\boldsymbol{q}))^2\rangle$ 考虑在内。如果某种原子的各种同位素的非相干散射截面截然不同,那么测量含不同的同位素组分的样品的 $G(\omega)$ 可以提取分态密度 $g_i(\omega)$。图 5.9 为对苯二酸 HOOC-C_6H_4-COOH 的中子散射谱,包括全是氕原子的情况、全部氘代的情况、部分氘代苯酰(C_6H_4)或羧基官能团(COOH)的情况。氘代会极大地抑制非相干散射截面(附录 B)。将不同氘代样品的结果进行比较,可以很清楚地看

到,在 16meV 的峰是苯酰官能团的振动激发,而低于 12meV 的峰则是羧基官能团的振动模式。

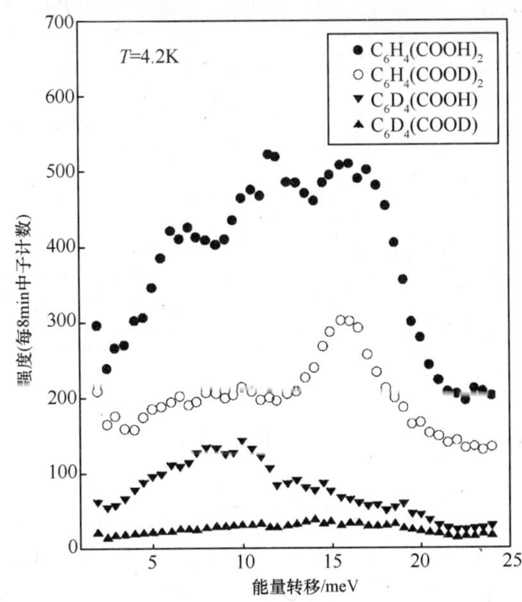

图 5.9　未被氘代、部分氘代及全部氘代的对苯二酸 HOOC – C_6H_4 – COOH 多晶样品的中子散射谱,上方的两条能谱的强度标度增大了 100 个计数（Zolliker et al. （1983））

5.4　多声子过程:相干散射

回顾式(5.15),之前只考虑了线性项,这里将讨论高次项。首先考虑二次项$\frac{1}{2}\langle\hat{A}\hat{B}\rangle^2$。根据式(5.16)中$\langle\cdot|\hat{A}\hat{B}|\cdot\rangle$的定义,表达式中代入两个 δ 函数就得到以下守恒定律:

$$\hbar[\pm\omega_{s_1}(\boldsymbol{q}_1)\pm\omega_{s_2}(\boldsymbol{q}_2)]=\hbar\omega=\frac{\hbar^2}{2m}(|\boldsymbol{k}|^2-|\boldsymbol{k}'|^2)$$

$$\pm\boldsymbol{q}_1\pm\boldsymbol{q}_2=\boldsymbol{Q}-\boldsymbol{\tau}=\boldsymbol{k}=\boldsymbol{k}'-\boldsymbol{\tau} \tag{5.44}$$

在散射过程中,同时产生或湮灭两个声子,或者产生一个声子的同时另外一个声子被湮灭。可以清楚地看到,对于固定的 $\boldsymbol{Q}$ 和 ω,大量的声子会发生这种双声子过程,因此不能观测到尖锐的峰,且本底增大。

泰勒展开式(5.15)中的通项$\frac{1}{n!}\langle\hat{A}\hat{B}\rangle^n$ 描述了 n 声子散射过程。

5.5 扩展阅读

- B. Dorner, *Coherent inelastic neutron scattering in lattice dynamics* (Spring, Berlin, 1982)
- B. Dorner, in *Neutron scattering*, ed. By A. Furrer (Proc. 93 - 01, ISSN 1019 - 6447, PSI Villigen, 1999), p. 111: Structural excitations
- C. Stassis, in *Methods of experimental physics*, Vol. 23, Part A, ed. By D. L. Price and K. Sköld (Academic Press, London, 1986), p. 369: Lattice dynamics

5.6 习题

习题 5.1

许多“简单”化合物的声学支可以很好地用正弦色散关系式(5.30)来描述。然而,实验发现锗的横向声学支在靠近布里渊区边界的时候,色散曲线异常平缓,如图5.10所示。锗是一种半导体,共价键一般由两个电子形成,每个原子贡献一个电子参与成键。这些电子趋于部分地局域在两个原子的中间,并构成键电荷,如图5.11所示。依照5.2.2节中介绍的一维双原子链的理论,推导一维链的声子色散曲线。

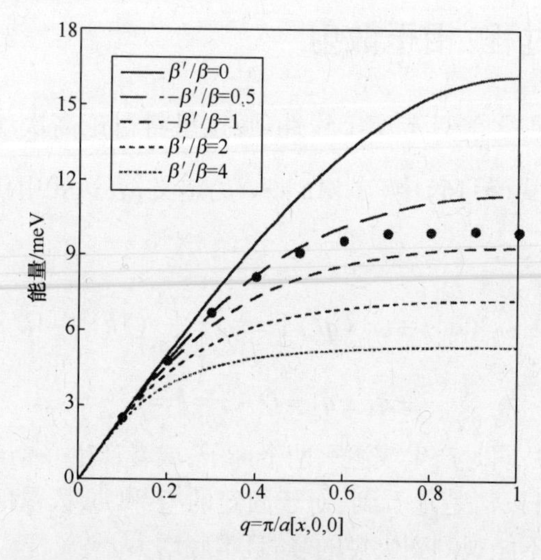

图5.10 在[100]方向测的锗的低能横向声学支的色散关系,$T=80\mathrm{K}$(Nellin, Nilsson (1972)),线条是式(5.49)给出的计算结果

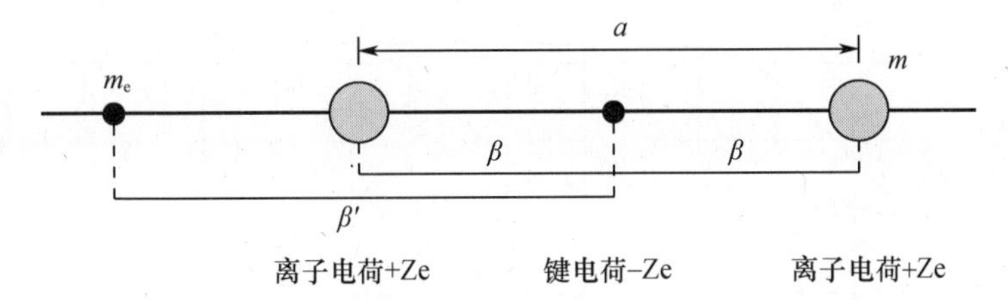

图 5.11　离子和键电荷交替形成的一维线性链，键电荷与近邻的离子及键电荷之间的有效力常数分别是 β 和 β'

习题 5.2

图 5.12 是用三轴谱仪测的离子化合物 AgCl 的声子色散关系（Vijayaraghavan et al.（1970））。AgCl 是简单立方结构晶体，离子位于 $\boldsymbol{d}_{\mathrm{Ag}}=(0,0,0)$，$\boldsymbol{d}_{\mathrm{Cl}}=a(1/2,1/2,1/2)$。根据下面的动力学结构因子来分析中子散射强度，可以对恒 Q 扫描观测的峰进行准确的指认

$$g_s^2(\boldsymbol{q},\boldsymbol{\tau})=\frac{1}{\omega_s(\boldsymbol{q})}\left|\sum_d \frac{\langle b_d\rangle}{\sqrt{M_d}}\mathrm{e}^{-W_d(\boldsymbol{Q})}\mathrm{e}^{\mathrm{i}\boldsymbol{Q}\cdot\boldsymbol{d}}(\boldsymbol{Q}\cdot\boldsymbol{e}_{d,s}(\boldsymbol{q}))\right|^2 \tag{5.45}$$

式中：$\boldsymbol{Q}=\boldsymbol{\tau}+\boldsymbol{q}$（式(5.25)）。

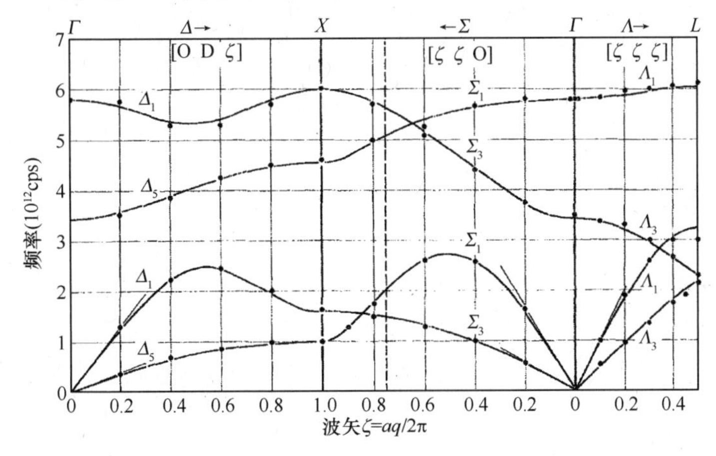

图 5.12　AgCl 的声子色散关系，$T=78\mathrm{K}$（Vijayaraghavan et al.（1970））

当声学支与光学支，以及横向支与纵向支出现交叉的时候，结构因子的计算尤为重要，例如在 AgCl 的实验中观测到了[ζ ζ 0]和[ζ ζ ζ]方向的声子交叉。结构因子与极化矢量 $\boldsymbol{e}_{d,s}(\boldsymbol{q})$ 密切相关，人们一般会采用一些理论模型来重现实验测得的声子能量，而极化矢量则可由这些模型得到。图 5.13 是基于壳模型计算出的 AgCl 的结构因子（Vijayaraghavan et al.（1970））。

利用 5.2.2 节中得到的极化矢量 $\boldsymbol{e}_{d,s}(\boldsymbol{q})$ 来估算结构因子，并检验图 5.13 的基本特征。原子量 $M_{\mathrm{Ag}}=107.88$，$M_{\mathrm{Cl}}=35.46$。相干散射长度可在附录 B 中查到。

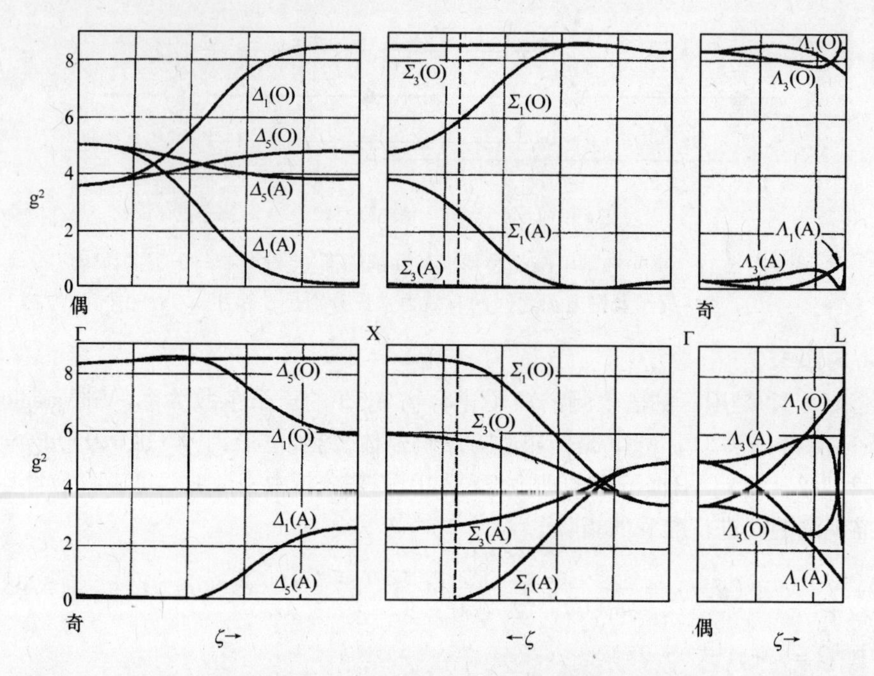

图 5.13　AgCl 的动力学结构因子，分别计算了米勒指数求和为偶数($h+k+l=2n$)和奇数($h+k+l=2n+1$)这两种情况，结构因子的单位是$[(\boldsymbol{e}_s\cdot\boldsymbol{Q})b_{\mathrm{Cl}}]^2/(\omega_s(\boldsymbol{q})M_{\mathrm{Cl}})$ (Vijayaraghavan et al. (1970))

5.7　答案

习题 5.1

如图 5.11 所示，β 表示原子(质量为 m)和键电荷(质量为 m_e)之间的力常数。另外，引入力常数 β' 来描述两个键电荷之间的相互作用。与 5.2.2 节类似，运动方程为

$$m\dot{u}_{2n}=\beta(u_{2n+1}+u_{2n-1}-2u_{2n}) \tag{5.46}$$

$$m_e\ddot{u}_{2n+1}=\beta(u_{2n+2}+u_{2n}-2u_{2n+1})+\beta'(u_{2n+3}+u_{2n-1}-2u_{2n+1})=0$$

由于 $m_e\ll m$，可令 $m_e=0$，将拟设 u_{2n+1}(式(5.33))代入式(5.46)，得

$$m\omega^2\eta=2\beta\left(\eta-\xi\cos\left(\frac{qa}{2}\right)\right)$$

$$\beta\left(\eta\cos\left(\frac{qa}{2}\right)-\xi\right)+\beta'\xi(\cos(qa)-1)=0 \tag{5.47}$$

由此得到 ξ 和 η 之间的关系式为

$$\xi = \frac{\beta\cos\left(\frac{qa}{2}\right)}{\beta + 2\beta'\sin^2\left(\frac{qa}{2}\right)}\eta \tag{5.48}$$

将式(5.48)代入式(5.47),得(Brüesch (1982))

$$\omega(q) = \sqrt{\frac{1}{m}\cdot\frac{2\beta(\beta+2\beta')\sin^2\left(\frac{qa}{2}\right)}{\beta+2\beta'\sin^2\left(\frac{qa}{2}\right)}} \tag{5.49}$$

当 $q \ll \pi/a$ 时,式(5.49)变为

$$\omega(q) = \sqrt{\frac{\beta+2\beta'}{2m}}qa = \sqrt{\frac{c}{\rho}}q = vq \tag{5.50}$$

图 5.10 是根据式(5.49)计算出的不同比值 β/β' 的色散曲线,但是对所有曲线来说,弹性常数 $c \sim \beta(1+2\beta'/\beta)$ 都是一样的。在 $0.5 < \beta'/\beta < 1$ 这一范围内,锗的声学支可以通过理论模型(式(5.49))来描述。

习题 5.2

以[0,0,1]方向传播的纵向声子的动力学结构因子计算为例,倒易晶格矢 $\boldsymbol{\tau}_{hkl} = 2\pi/a\cdot(h,k,l)$。根据图 5.6,位于布里渊区中心(ZC)和边界(ZB)的极化矢量 $\boldsymbol{e}_s = (\boldsymbol{e}_{Ag}, \boldsymbol{e}_{Cl})$ 分别如下:

(a) 声学支,ZC,$\boldsymbol{q} = (0,0,0) \to \boldsymbol{e}_{Ag} = \xi(0,0,1), \boldsymbol{e}_{Cl} = \eta(0,0,1)$;

(b) 声学支,ZB,$\boldsymbol{q} = \frac{2\pi}{a}(0,0,1) \to \boldsymbol{e}_{Ag} = (0,0,1), \boldsymbol{e}_{Cl} = (0,0,0)$;

(c) 光学支,ZC,$\boldsymbol{q} = (0,0,0) \to \boldsymbol{e}_{Ag} = \xi(0,0,1), \boldsymbol{e}_{Cl} = \eta(0,0,-1)$;

(d) 光学支,ZB,$\boldsymbol{q} = \frac{2\pi}{a}(0,0,1) \to \boldsymbol{e}_{Ag} = (0,0,0), \boldsymbol{e}_{Cl} = (0,0,1)$。

极化矢量是单位矢量,因此 $\xi^2 + \eta^2 = 1$。由于 AgCl 中 Ag^+ 和 Cl^- 离子的均方位移 $\langle u^2 \rangle$ 大致相同(Vijayaraghavan et al. (1970)),因此可近似得到 $\xi = \eta = 1/\sqrt{2}$。

为了简化,令式(5.45)中的 $e^{-W_d(Q)} = 1, \omega_s(\boldsymbol{q}) = 1$。对于情形(a),得

$$g_s(\boldsymbol{q},\boldsymbol{\tau}) = \frac{\langle b_{Ag}\rangle}{\sqrt{M_{Ag}}}e^{i(\boldsymbol{\tau}_{hkl}+\boldsymbol{q})\cdot \boldsymbol{d}_{Ag}}((\boldsymbol{\tau}_{hkl}+\boldsymbol{q})\cdot\boldsymbol{e}_{Ag}) + \frac{\langle b_{Cl}\rangle}{\sqrt{M_{Cl}}}e^{i(\boldsymbol{\tau}_{hkl}+\boldsymbol{q})\cdot \boldsymbol{d}_{Cl}}((\boldsymbol{\tau}_{hkl}+\boldsymbol{q})\cdot\boldsymbol{e}_{Cl})$$

$$
\begin{aligned}
&= \frac{\langle b_{\mathrm{Ag}} \rangle}{\sqrt{M_{\mathrm{Ag}}}} \frac{2\pi}{a} \frac{l}{\sqrt{2}} \\
&\quad + \frac{\langle b_{\mathrm{Cl}} \rangle}{\sqrt{M_{\mathrm{Cl}}}} \frac{2\pi}{a} \frac{l}{\sqrt{2}} (\cos(\pi(h+k+l)) + \mathrm{i}\sin(\pi(h+k+l)))
\end{aligned} \tag{5.51}
$$

写成以下无量纲的表达式：

$$
\begin{aligned}
\frac{a\sqrt{M_{\mathrm{Ag}}}}{2\pi\langle b_{\mathrm{Ag}} \rangle} g_s(\boldsymbol{q},\boldsymbol{\tau}) = \frac{l}{\sqrt{2}} [1 + \gamma(\cos(\pi(h+k+l)) \\
+ \mathrm{i}\sin(\pi(h+k+l)))]
\end{aligned} \tag{5.52}
$$

式中：$\gamma = (\langle b_{\mathrm{Cl}} \rangle \sqrt{M_{\mathrm{Ag}}}) / (\langle b_{\mathrm{Ag}} \rangle \sqrt{M_{\mathrm{Cl}}}) = 2.82$。米勒指数 h,k,l 的和从偶数($h+k+l=2n$)变成奇数($h+k+l=2n+1$)时，余弦函数会有一个正负号的变化，而正弦函数则一直为零。因此，在布里渊区内，米勒指数之和为偶数时的动力学结构因子比米勒指数之和为奇数时的动力学结构因子要大很多，因此可以很方便地确定特定的声子模式。

对于(b)、(c)、(d)的情况，也采用上述方法。表5.1列出了相应的结果，与图5.13中的动力学结构因子较为一致。

表5.1 AgCl中若干纵向声子(传播方向沿[0,0,1]方向)的动力学结构因子计算值，以式(5.52)中 $g_s(\boldsymbol{q},\boldsymbol{\tau})$ 前面的系数为单位。

声子模式		$g_s^2(\boldsymbol{q},\boldsymbol{\tau})$	
		$h+k+l=2n$	$h+k+l=2n+1$
声学	$\boldsymbol{q}=(0,0,0)$	$\frac{1}{2}(l(1+\gamma))^2$	$\frac{1}{2}(l(1-\gamma))^2$
声学	$\boldsymbol{q}=\frac{2\pi}{a}(0,0,1)$	$(l+1)^2$	$(l+1)^2$
光学	$\boldsymbol{q}=(0,0,0)$	$\frac{1}{2}(l(1-\gamma))^2$	$\frac{1}{2}(l(1+\gamma))^2$
光学	$\boldsymbol{q}=\frac{2\pi}{a}(0,0,1)$	$(\gamma(l+1))^2$	$(\gamma(l+1))^2$

第6章　液体及非晶材料

6.1　绪论

物质以固态、液态或者气态形式存在。对于(晶体)固态和气态,分别存在一种很接近真实物质的理想模型:理想晶格模型和理想气体模型。对于前者,重点在于描述受原子热运动影响的结构有序,而后者则基于随机原子位置和运动来描述原子的热运动。这两种模型都不能描述液体。从液态到固态的相变通常意味着相界线相交,但从液态到气态的相变却并非如此,因为在特定温度/压力范围内,会出现两相共存。这表明液态和气态之间有相似之处。另一方面,从液态到气态的相变伴随着很大的体积变化,然而固-液相变前后的体积变化却很小,也即是说,液体和固体都会尽可能地将原子紧密地聚集在一起。通过比较液态锌的结构因子 $S(Q)$ 和多晶锌的中子衍射图谱可以很好地证实这一点,如图6.1(a)所示。液态锌结构因子的第一个最大值所在位置近似地对应于多晶

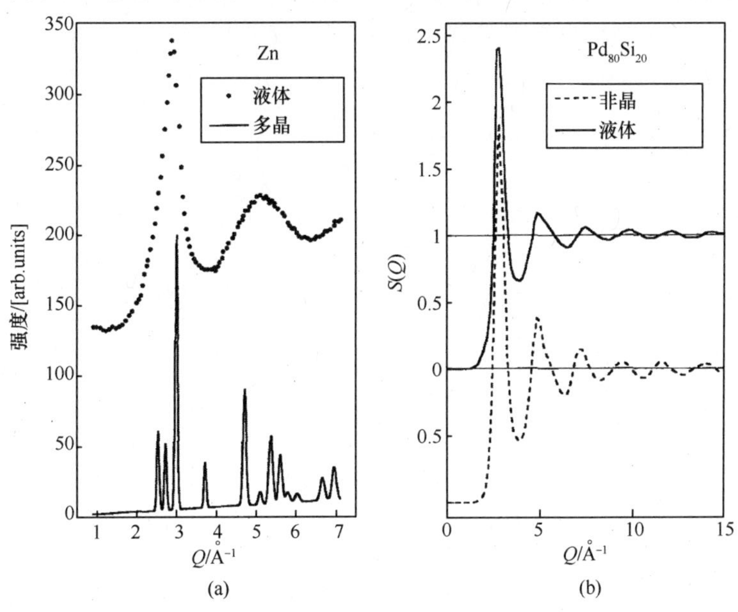

图6.1　(a)液态锌($T=789$K)和多晶锌($T=293$K)的中子衍射谱,入射中子波长为1.3Å (Fischer,Stoll (1968))以及(b)液态($T=1253$K)及非晶态(室温)合金 $Pd_{80}Si_{20}$ 的结构因子(Suzuki (1987))

材料的前3个布拉格反射的位置,这意味着固态锌和液态锌中的最近邻原子间距大体一致。

图6.1(b)是实验观测到的液态及非晶态合金 $Pd_{80}Si_{20}$ 的结构因子 $S(\boldsymbol{Q})$。两组数据很接近,因此非晶态可以看作是冷冻液态,因而本章中关于液体的理论也适用于非晶材料和玻璃态。

接下来将讨论静态结构因子 $S(Q)$ 和动力学结构因子 $S(\boldsymbol{Q},\omega)$ $(\omega\to0)$,后者提供了液体中扩散机制的信息。本章不讨论 $\omega\gg0$ 的情况;可分别参考12.2.2节和12.3.2节中介绍的液态 ^{4}He 和 ^{3}He 激发谱的例子。此外,关于振动动力学的详细研究,通常需要对原子间相互作用势进行第一性原理赝势处理,超出了本章的讨论范围。

6.2 静态结构因子

从中间散射函数 $I(\boldsymbol{Q},t)$ 出发,它由式(2.20)的傅里叶逆变换得到:

$$I(\boldsymbol{Q},t) = \hbar\int S(\boldsymbol{Q},\omega)\,\mathrm{e}^{\mathrm{i}\omega t}\,\mathrm{d}\omega \tag{6.1}$$

由于 $S(\boldsymbol{Q},\omega)$ 的量纲是能量的倒数,因此 $I(\boldsymbol{Q},t)$ 是无量纲的。只考虑弹性散射的情况,即 $t\to\infty$ 时的 $I(\boldsymbol{Q},t)$。如图6.2所示,将 $I(\boldsymbol{Q},t)$ 分为两部分,即

$$I(\boldsymbol{Q},t) = I(\boldsymbol{Q},\infty) + I'(\boldsymbol{Q},t) \tag{6.2}$$

将式(6.2)代入式(2.20),并利用式(A.2)和式(A.5)得

$$\begin{aligned} S(\boldsymbol{Q},\omega) &= \frac{1}{2\pi\hbar}\int\left(I(\boldsymbol{Q},\infty) + I'(\boldsymbol{Q},t)\right)\mathrm{e}^{-\mathrm{i}\omega t}\,\mathrm{d}t \\ &= \frac{1}{\hbar}\delta(\omega)I(\boldsymbol{Q},\infty) + \frac{1}{2\pi\hbar}\int I'(\boldsymbol{Q},t)\,\mathrm{e}^{-\mathrm{i}\omega t}\,\mathrm{d}t \end{aligned} \tag{6.3}$$

第一项和第二项分别描述弹性散射和非弹性散射。根据式(2.28)可得相干弹性散射截面

$$\left(\frac{\mathrm{d}^2\sigma}{\mathrm{d}\Omega\mathrm{d}\omega}\right)_{\text{coh. el.}} = N\langle b\rangle^2 S(\boldsymbol{Q},\omega) = \frac{N}{\hbar}\langle b\rangle^2\delta(\omega)I(\boldsymbol{Q},\infty) \tag{6.4}$$

利用式(A.1)对 ω 积分,得

$$\left(\frac{\mathrm{d}\sigma}{\mathrm{d}\Omega}\right)_{\text{coh}} = N\langle b\rangle^2 I(\boldsymbol{Q},\infty) = N\langle b\rangle^2\int G(\boldsymbol{r},\infty)\,\mathrm{e}^{\mathrm{i}\boldsymbol{Q}\cdot\boldsymbol{r}}\,\mathrm{d}\boldsymbol{r} \tag{6.5}$$

根据 $G(\boldsymbol{r},\infty)$ 的定义式(2.23),当 $t\to\infty$ 时,$\boldsymbol{R}_{j'}(0)$ 和 $\boldsymbol{R}_j(t)$ 之间的关联不复存在,因此:

$$G(\boldsymbol{r},\infty) = \frac{1}{N}\sum_{j,j'}\int_{-\infty}^{\infty}\langle\delta(\boldsymbol{r}' - \boldsymbol{R}_{j'})\rangle\langle\delta(\boldsymbol{r}' + \boldsymbol{R}_j - \boldsymbol{r})\rangle \mathrm{d}\boldsymbol{r}' \tag{6.6}$$

对 δ 函数求和恰好是粒子密度 $n(\boldsymbol{r})$，因此可以得到类似于 X 射线散射中的帕特森函数：

$$G(\boldsymbol{r},\infty) = \frac{1}{N}\int_{-\infty}^{\infty}\langle n(\boldsymbol{r}')\rangle\langle n(\boldsymbol{r}' - \boldsymbol{r})\rangle \mathrm{d}\boldsymbol{r}' \tag{6.7}$$

对于液体，密度 $n(\boldsymbol{r})$ 与位置 $\boldsymbol{r}$ 无关

$$\langle n(\boldsymbol{r}')\rangle = \langle n(\boldsymbol{r}' - \boldsymbol{r})\rangle = n_0 = \frac{N}{V} \tag{6.8}$$

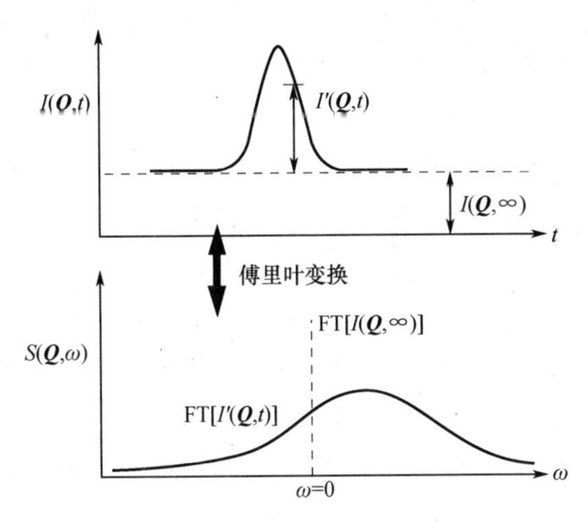

图 6.2　中间散射函数 $I(\boldsymbol{Q},\infty)$，$I'(\boldsymbol{Q},t)$ 与动力学结构因子 $S(\boldsymbol{Q},\omega=0)$，$S'(\boldsymbol{Q},\infty)$ 的关系

式中：N 为体积 V 内的原子数。

联合式(6.7)和式(6.8)，得

$$G(\boldsymbol{r},\infty) = \frac{1}{N}n_0^2 V = n_0 \tag{6.9}$$

因此 $G(\boldsymbol{r},\infty)$ 是一个常数。将其代入式(6.5)，得

$$\left(\frac{\mathrm{d}\sigma}{\mathrm{d}\Omega}\right)_{\mathrm{coh}} = N\langle b\rangle^2 n_0 \int \mathrm{e}^{\mathrm{i}\boldsymbol{Q}\cdot\boldsymbol{r}}\mathrm{d}\boldsymbol{r} = (2\pi)^3 N\langle b\rangle^2 n_0 \delta(\boldsymbol{Q}) \tag{6.10}$$

只有在 $Q=0$ 时才可能发生弹性散射，然而这并不能算是一个散射过程，只不过是入射中子束沿正向透射。因此，可以推断出液体中没有相干弹性散射。当然实际情况并非如此，这是因为对关联函数 $G(\boldsymbol{r},\infty)$（式(6.6)）与粒子的分布有关。式(6.9)只适用于均匀体系。

与其利用粒子密度 $n(\boldsymbol{r})$，倒不如考虑用其平均值 $\langle n(\boldsymbol{r})\rangle$ 进行推导。定义

函数：

$$G'(\boldsymbol{r}) = \frac{1}{N}\int_{-\infty}^{+\infty}\langle (n(\boldsymbol{r}'-\boldsymbol{r}) - \langle n(\boldsymbol{r}'-\boldsymbol{r})\rangle)(n(\boldsymbol{r}') - \langle n(\boldsymbol{r}')\rangle)\rangle \mathrm{d}\boldsymbol{r}' \tag{6.11}$$

联合式(6.8)和式(6.11)，得

$$\begin{aligned}
G'(\boldsymbol{r}) &= \frac{1}{N}\int_{-\infty}^{+\infty}\langle (n(\boldsymbol{r}'-\boldsymbol{r}) - n_0)(n(\boldsymbol{r}') - n_0)\rangle \mathrm{d}\boldsymbol{r}' \\
&= \frac{1}{N}\int_{-\infty}^{+\infty}(\langle n(\boldsymbol{r}'-\boldsymbol{r})n(\boldsymbol{r}')\rangle - \langle n(\boldsymbol{r}'-\boldsymbol{r})n_0\rangle \\
&\quad - \langle n_0 n(\boldsymbol{r}')\rangle + n_0^2)\mathrm{d}\boldsymbol{r}' \\
&= \frac{1}{N}\int_{-\infty}^{+\infty}(\langle n(\boldsymbol{r}'-\boldsymbol{r})n(\boldsymbol{r}')\rangle - n_0^2)\mathrm{d}\boldsymbol{r}' \\
&= G(\boldsymbol{r},\infty) - \frac{V}{N}n_0^2 \\
&= G(\boldsymbol{r},\infty) - n_0
\end{aligned} \tag{6.12}$$

将 $G'(\boldsymbol{r})$代入截面式(6.5)，消除前向散射：

$$\left(\frac{\mathrm{d}\sigma}{\mathrm{d}\Omega}\right)_{\mathrm{coh}} = N\langle b\rangle^2\int (G(\boldsymbol{r},\infty) - n_0)\mathrm{e}^{\mathrm{i}\boldsymbol{Q}\cdot\boldsymbol{r}}\mathrm{d}\boldsymbol{r} \tag{6.13}$$

在式(6.6)中，只有当两个 δ 函数都不为零的时候，即 $\boldsymbol{r} = \boldsymbol{R}_{j'} - \boldsymbol{R}_j$ 时，积分自变量才明显不为零。对于式(6.7)中的积分，必须要对这些“巧合”事件进行求和，数学上可表述为 $\delta(\boldsymbol{r} - (\boldsymbol{R}_{j'} - \boldsymbol{R}_j))$：

$$\begin{aligned}
G(\boldsymbol{r},\infty) &= \frac{1}{N}\sum_{j,j'}\delta(\boldsymbol{r} - (\boldsymbol{R}_{j'} - \boldsymbol{R}_j)) \\
&= \frac{1}{N}\left(\sum_{j=j'}\delta(\boldsymbol{r} - (\boldsymbol{R}_{j'} - \boldsymbol{R}_j)) + \sum_{j\neq j'}\delta(\boldsymbol{r} - (\boldsymbol{R}_{j'} - \boldsymbol{R}_j))\right) \\
&= \delta(\boldsymbol{r}) + \frac{1}{N}\sum_{j\neq j'}\delta(\boldsymbol{r} - (\boldsymbol{R}_{j'} - \boldsymbol{R}_j))
\end{aligned} \tag{6.14}$$

其中，第二项度量了具有相同的粒子间距 $\boldsymbol{r}$ 的粒子对的数目，也就是对关联函数 $g(\boldsymbol{r})$。将式(6.14)代入截面式(6.13)，得

$$\begin{aligned}
\left(\frac{\mathrm{d}\sigma}{\mathrm{d}\Omega}\right)_{\mathrm{coh}} &= N\langle b\rangle^2\int (\delta(\boldsymbol{r}) + g(\boldsymbol{r}) - n_0)\mathrm{e}^{\mathrm{i}\boldsymbol{Q}\cdot\boldsymbol{r}}\mathrm{d}\boldsymbol{r} \\
&= N\langle b\rangle^2\left(1 + \int (g(\boldsymbol{r}) - n_0)\mathrm{e}^{\mathrm{i}\boldsymbol{Q}\cdot\boldsymbol{r}}\mathrm{d}\boldsymbol{r}\right)
\end{aligned}$$

$$= N\langle b\rangle^2 S(\boldsymbol{Q}) \tag{6.15}$$

式中：$S(\boldsymbol{Q})$为静态结构因子。

液体是各向同性的，因此$g(\boldsymbol{r})$只依赖于$r=|\boldsymbol{r}|$。通过对含有内积$\boldsymbol{Q}\cdot\boldsymbol{r}$的项求平均，得

$$\boxed{\begin{aligned} S(Q) &= 1+2\pi\int_0^{\infty}(g(r)-n_0)r^2\int_{-1}^{1}\mathrm{e}^{\mathrm{i}Qr\cos\theta}\mathrm{d}(\cos\theta)\mathrm{d}r \\ &= 1+4\pi\int_0^{\infty}(g(r)-n_0)\frac{\sin(Qr)}{Qr}r^2\mathrm{d}r \end{aligned}} \tag{6.16}$$

式(6.16)是利用中子散射测定结构因子的重要公式。通过式(6.16)的傅里叶逆变换可以得到对关联函数$g(\boldsymbol{r})$，因此获取$Q\to0$和$Q\to\infty$时$S(Q)$的值都极为重要。对于后者，式(6.16)右边的第二项趋于0，因此

$$\lim_{Q\to\infty}S(Q)=1 \tag{6.17}$$

当$Q\to0$时得到如下结果(Squires (1996))：

$$\lim_{Q\to0}S(Q)=n_0\boldsymbol{\kappa}_T k_{\mathrm{B}}T \tag{6.18}$$

式中：$\boldsymbol{\kappa}_T$为等温压缩率。

以液态钠为例，结构因子如图6.3(a)所示。根据式(6.16)～式(6.18)，可以得到对关联函数$g(\boldsymbol{r})$，如图6.3(b)所示。

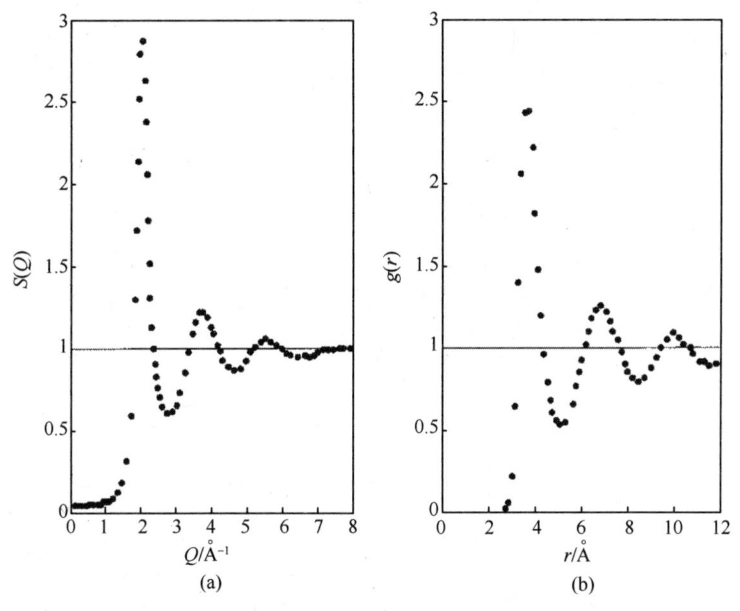

图 6.3　(a)液态 Na 的结构因子$S(Q)$，$T=373\mathrm{K}$以及(b)由结构因子得到液态 Na 的对关联函数$g(r)$(Hayter et al. (1983))

对于由 N_A 个 A 原子和 N_B 个 B 原子组成的二元液体，必须考虑 3 个分结构因子 $S_{AA}(Q)$，$S_{BB}(Q)$ 和 $S_{AB}(Q)$。与 X 射线散射不同，在中子散射实验中，分结构因子可以用同位素替代（A→A′，A″等）来测定。为此，至少需要准备同位素成分不同的 3 个样品，如（A′B′，A″B′，A′B″），（A′B，A″B，A‴B）等。对于后者，其截面可以很容易地通过式（6.5）求得：

$$\left(\frac{d\sigma}{d\Omega}\right)_{A'B} = \frac{N_A^2}{N_A + N_B}\langle b_{A'}\rangle^2 S_{AA}(Q) + \frac{N_B^2}{N_A + N_B}\langle b_B\rangle^2 S_{BB}(Q) + \frac{2N_A N_B}{N_A + N_B}\langle b_{A'}\rangle\langle b_B\rangle S_{AB}(Q)$$

$$\left(\frac{d\sigma}{d\Omega}\right)_{A''B} = \frac{N_A^2}{N_A + N_B}\langle b_{A''}\rangle^2 S_{AA}(Q) + \frac{N_B^2}{N_A + N_B}\langle b_B\rangle^2 S_{BB}(Q) + \frac{2N_A N_B}{N_A + N_B}\langle b_{A''}\rangle\langle b_B\rangle S_{AB}(Q) \tag{6.19}$$

$$\left(\frac{d\sigma}{d\Omega}\right)_{A'''B} = \frac{N_A^2}{N_A + N_B}\langle b_{A'''}\rangle^2 S_{AA}(Q) + \frac{N_B^2}{N_A + N_B}\langle b_B\rangle^2 S_{BB}(Q) + \frac{2N_A N_B}{N_A + N_B}\langle b_{A'''}\rangle\langle b_B\rangle S_{AB}(Q)$$

在液态合金 Cu_6Sn_5（Enderby et al.（1966））的实验中，一共研究了天然锡分别与天然铜、铜的同位素 ^{63}Cu（99% 丰度）和 ^{65}Cu（99% 丰度）制成的 3 种合金样品。相应的散射强度 $\langle b_{Cu}\rangle^2$ 分别为 1、0.69 和 1.89（附录 B）。其分结构因子如图 6.4 所示。值得注意的是，Cu – Cu 和 Sn – Sn 关联的极值分别与纯铜和纯锡的关联非常相近，只有在硬球随机密排模型中，才会出现这种情况。然而，Cu –

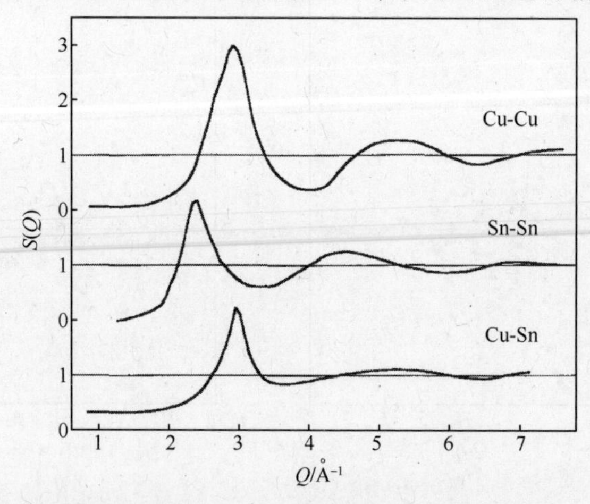

图 6.4　液态合金 Cu_6Sn_5 的中子散射实验得到的 Sn – Sn、Cu – Cu 以及 Cu – Sn 关联的分结构因子（Enderby et al.（1966））

Sn 关联的第一个峰并没有像硬球模型所预测的那样落在 Cu - Cu 和 Sn - Sn 关联的中间。另一个有趣的特征是，当 $Q\to 0$ 时，Cu - Sn 关联 $S(Q)$ 的值仍然可观，这或许体现了长程涨落在体系中的重要性。

6.3　扩散

图 6.5 展示了不同的散射矢量 Q 时的液态氩的中子散射谱。散射过程是非相干的，因此实验测的是动力学结构因子 $S_{\mathrm{inc}}(Q,\omega)$（式(2.29)）。能谱以弹性散射位置($\omega=0$)为中心并呈洛伦兹峰形，其线宽随 Q 增大而增加。这是液体非相干中子散射的一个典型例子。

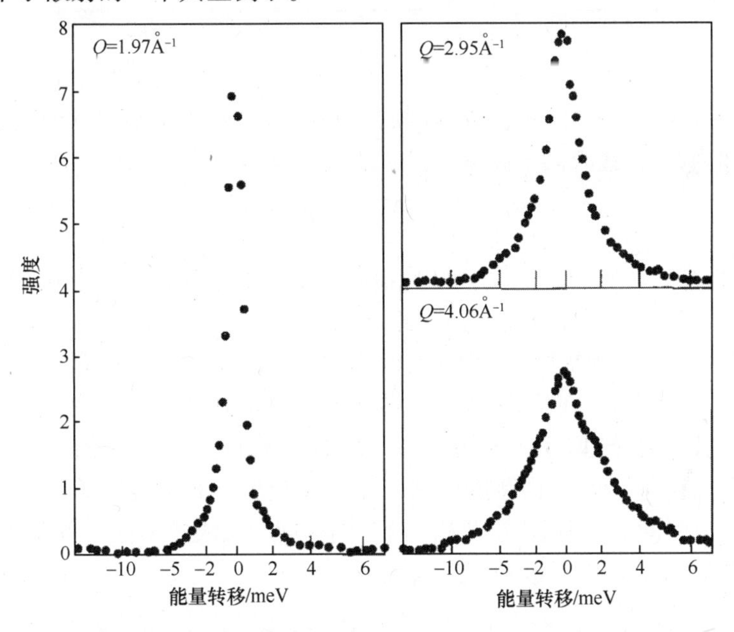

图 6.5　液态氩的中子散射谱，$T=85\mathrm{K}$（Sköld et al.（1972））

根据式(2.19)和式(2.20)，$S_{\mathrm{inc}}(Q,\omega)$ 和 $G_s(\boldsymbol{r},t)$ 通过傅里叶变换联系起来。因此，Q 值较大时 $S_{\mathrm{inc}}(Q,\omega)$ 的形式依赖于 r 值较小时 $G_s(\boldsymbol{r},t)$ 的形式。对于大 Q，$S_{\mathrm{inc}}(Q,\omega)$ 延伸至高频 ω 范围；也即是 $G_s(\boldsymbol{r},t)$ 在 $t\to 0$ 是一个尖锐的峰，因此液体在短时间内的行为类似于自由原子的行为（理想气体行为）。对另一种极端情况，即 Q 和 ω 的值都很小时，$S_{\mathrm{inc}}(Q,\omega)$ 依赖于 r 和 t 的值都很大时 $G_s(\boldsymbol{r},t)$ 的行为。由于长时间内原子间会发生大量的碰撞，因而液体的长时间行为由扩散过程决定。扩散的典型时间尺度为 $t\geqslant 10^{-12}\mathrm{s}$，而对于理想气体行为则为 $t\leqslant 10^{-13}\mathrm{s}$。

粒子的扩散行为遵从 Fick 定律：

$$\frac{\partial n(\boldsymbol{r},t)}{\partial t}=D\nabla^2 n(\boldsymbol{r},t) \tag{6.20}$$

式中:$n(\boldsymbol{r},t)$为原子数密度;D 为扩散系数。

根据定义,可以用 $G_s(\boldsymbol{r},t)$ 替换 $n(\boldsymbol{r},t)$。对于各向同性扩散,式(6.20)的解如下:

$$G_s(\boldsymbol{r},t)=(4\pi Dt)^{-3/2}\mathrm{e}^{-\frac{r^2}{4Dt}} \tag{6.21}$$

并同时满足边界条件 $G_s(\boldsymbol{r},0)=\delta(\boldsymbol{r})$ 和 $G_s(\boldsymbol{r},\infty)=0$。式(6.21)进行傅里叶变换,得

$$I_s(\boldsymbol{Q},t) = \int G_s(\boldsymbol{r},t)\mathrm{e}^{\mathrm{i}\boldsymbol{Q}\cdot\boldsymbol{r}} = \mathrm{e}^{-Q^2Dt} \tag{6.22}$$

$$\boxed{S_{\mathrm{inc}}(Q,\omega) = \frac{1}{2\pi\hbar}\int I_s(Q,t)\mathrm{e}^{-\mathrm{i}\omega t}\mathrm{d}t = \frac{1}{\pi\hbar}\frac{DQ^2}{\omega^2+(DQ^2)^2}} \tag{6.23}$$

正如实验所测(图6.5),式(6.23)的右边是以 $\hbar\omega=0$ 为中心的洛伦兹函数。在能量空间内,洛伦兹峰的半高宽为

$$\boxed{\Gamma^{\mathrm{fwhm}}=2\hbar DQ^2} \tag{6.24}$$

因此,根据准弹性峰的半高宽,可以直接得到扩散系数 D。但式(6.24)只适用于 $Q^{-1}\gg a$ 的情况,其中 a 是液体中相邻原子间距的平均值。

$Q^{-1}\approx a$ 时,宏观扩散理论失效,因为在这种情况下,中子可以“看到”扩散过程中的微观细节。在微观层面上,跳跃-扩散机制已被证明是一个非常成功的模型。其背后的理论是扩散原子在一段时间 τ_0 内会在其平衡位置附近振动,随后在一段跳跃时间 τ_1 内跳跃到另一个平衡位置。原子会在新的平衡位置附近振动一段时间 τ_0,而后再次跳跃到下一个格点上,依此类推。假设 $\tau_1\ll\tau_0$,将跳跃扩散机制引入 Fick 定律,有

$$\frac{\partial G_s(\boldsymbol{r},t)}{\partial t}=\frac{\text{涨落}}{\text{弛豫时间}}=\frac{\frac{1}{n}\sum_{l}\left(G_s(\boldsymbol{r}+\boldsymbol{l},t)-G_s(\boldsymbol{r},t)\right)}{\tau_0} \tag{6.25}$$

式中:$\boldsymbol{l}$ 为跳跃矢量;n 为跳跃的格点数目。

对式(6.25)进行傅里叶变换,得

$$\int\frac{\partial G_s(\boldsymbol{r},t)}{\partial t}\mathrm{e}^{\mathrm{i}\boldsymbol{Q}\cdot\boldsymbol{r}}\mathrm{d}\boldsymbol{r}=\frac{1}{\tau_0 n}\sum_{l}\int\left(G_s(\boldsymbol{r}+\boldsymbol{l},t)-G_s(\boldsymbol{r},t)\right)\mathrm{e}^{\mathrm{i}\boldsymbol{Q}\cdot\boldsymbol{r}}\mathrm{d}\boldsymbol{r} \tag{6.26}$$

积分之后,得到中间散射函数:

$$\frac{\partial I_s(\boldsymbol{Q},t)}{\partial t}=-f(\boldsymbol{Q})I_s(\boldsymbol{Q},t) \tag{6.27}$$

式中

$$\boxed{f(\boldsymbol{Q}) = \frac{1}{n\tau_0}\sum_{l}(1 - e^{-i\boldsymbol{Q}\cdot\boldsymbol{l}})} \tag{6.28}$$

微分方程式(6.27)的解为

$$I_s(\boldsymbol{Q},t) = e^{-f(\boldsymbol{Q})t} \tag{6.29}$$

其满足边界条件 $G_s(\boldsymbol{r},0) = \delta(\boldsymbol{r})$ 和 $I_s(\boldsymbol{Q},0) = \int \delta(\boldsymbol{r}) e^{i\boldsymbol{Q}\cdot\boldsymbol{r}} d\boldsymbol{r} = 1$（后者根据式(A.8)得到）。对式(6.29)进行傅里叶变换得到散射律：

$$\boxed{\begin{aligned} S_{\text{inc}}(\boldsymbol{Q},\omega) &= \frac{1}{2\pi\hbar}\int I_s(\boldsymbol{Q},t)e^{-i\omega t}dt \\ &= \frac{1}{2\pi\hbar}\int e^{-f(\boldsymbol{Q})t}\cos\omega t = \frac{1}{\pi\hbar}\frac{f(\boldsymbol{Q})}{\omega^2 + f^2(\boldsymbol{Q})} \end{aligned}} \tag{6.30}$$

式(6.30)也是洛伦兹函数，半高宽为

$$\Gamma^{\text{fwhm}} = 2\hbar f(\boldsymbol{Q}) \tag{6.31}$$

对于液体，接下来计算函数 $f(\boldsymbol{Q})$（式(6.28)）。假设一个随机取向的跳跃矢量 $\boldsymbol{l}$，其长度为连续分布函数 $\alpha(l)$。在空间中对式(6.28)求平均，得

$$\begin{aligned} f(Q) &= \frac{1}{\tau_0}\frac{\iiint(1 - e^{iQl\cos\theta})\alpha(l)l^2 dl d(\cos\theta)d\varphi}{\iiint\alpha(l)l^2 dl d(\cos\theta)d\varphi} \\ &= \frac{1}{\tau_0}\frac{\int\left(1 - \dfrac{\sin(Ql)}{Ql}\right)\alpha(l)l^2 dl}{\int\alpha(l)l^2 dl} \end{aligned} \tag{6.32}$$

将函数 $\alpha(l)$ 写成随机分布的形式：

$$\alpha(l) = e^{-l/l_0} \tag{6.33}$$

联合式(6.32)和式(6.33)，得

$$f(Q) = \frac{1}{\tau_0}\left(1 - \frac{1}{(1 + (Ql_0)^2)^2}\right) \tag{6.34}$$

人们感兴趣的是 $Q\to\infty$ 和 $Q\to 0$ 时的情况：

$$\lim_{Q\to\infty} f(Q) = \frac{1}{\tau_0} \tag{6.35}$$

$$\lim_{Q\to 0} f(Q) = \frac{2}{\tau_0}(Ql_0)^2 \tag{6.36}$$

当 $Q\to 0$ 时又回到经典行为。比较式(6.23)和式(6.30)，可知 $f(Q) = DQ^2$；利用式(6.36)，可以将扩散系数 D 写成跳跃扩散模型参数的形式：

$$D = \frac{2l_0^2}{\tau_0} \tag{6.37}$$

此外,函数 $\alpha(l)$(式(6.33))中的参数 l_0 与跳跃长度均方值之间的关系为

$$\langle l^2 \rangle = \frac{\iiint l^2 \alpha(l) l^2 \mathrm{d}l \mathrm{d}(\cos\theta) \mathrm{d}\varphi}{\iiint \alpha(l) l^2 \mathrm{d}l \mathrm{d}(\cos\theta) \mathrm{d}\varphi} = \frac{\int l^4 \mathrm{e}^{-l/l_0} \mathrm{d}l}{\int l^2 \mathrm{e}^{-l/l_0} \mathrm{d}l} = 12 l_0^2 \tag{6.38}$$

联合式(6.37)和式(6.38),得

$$D = \frac{\langle l^2 \rangle}{6\tau_0} \tag{6.39}$$

这与经典扩散理论是一致的:利用式(6.21),得

$$\begin{aligned}\langle r^2 \rangle &= \int r^2 G_s(\boldsymbol{r}, t) \mathrm{d}\boldsymbol{r} = (4\pi Dt)^{-3/2} \iiint r^2 \mathrm{e}^{-r^2/4Dt} r^2 \mathrm{d}r \mathrm{d}(\cos\theta) \mathrm{d}\varphi \\ &= (4\pi Dt)^{-3/2} 4\pi \int r^4 \mathrm{e}^{-\frac{r^2}{4Dt}\mathrm{d}r} = 6Dt \end{aligned} \tag{6.40}$$

水,是地球上含量最丰富的液体,同时,对人类来说也是最珍贵的液体;现将上面介绍的扩散机制应用到水中。从室温到 -20℃ 超冷态这个温度范围内,人们获得了大量的关于水的准弹性中子散射数据(Teixeira et al. (1985))。图6.6展示了其中的一些研究成果。利用经典扩散模型给出的半高宽与散射矢量平方

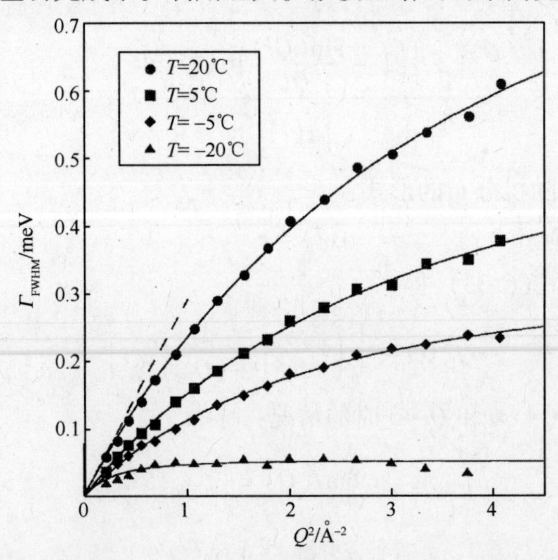

图6.6 在水的准弹性中子散射实验中测到的半高宽随散射矢量平方的变化(Teixeira et al. (1985)),实线是基于跳跃扩散模型进行最小二乘法拟合的结果(习题6.1),虚线对应于经典扩散模型(只给出了温度 $T=20$℃时的数据)

之间的线性关系式(6.24)只在 Q 值较小时成立。利用跳跃扩散模型(式(6.34))进行数据分析,详见习题 6.1。

在一些金属中,氢能以很高的浓度注入其中,并占据间隙位置。氢原子通常极易流动,从而在可能占据的位点间进行扩散跳跃。因此,跳跃扩散机制也可用于储氢材料中。以面心立方结构的 $\alpha-PdH_x$ 为例,氢原子有八面体占位和四面体占位两种可能,如图 6.7 所示。为了避免氢的非相干散射,中子散射实验是在低浓度氢 x 进行的(Sköld,Nelin (1967))。实验结果如图 6.8 所示,随着温度升高,扩散行为明显增强。实验数据与氢原子只占据八面体位置的跳跃扩散模型非常一致,详细数据分析参见习题 6.2。

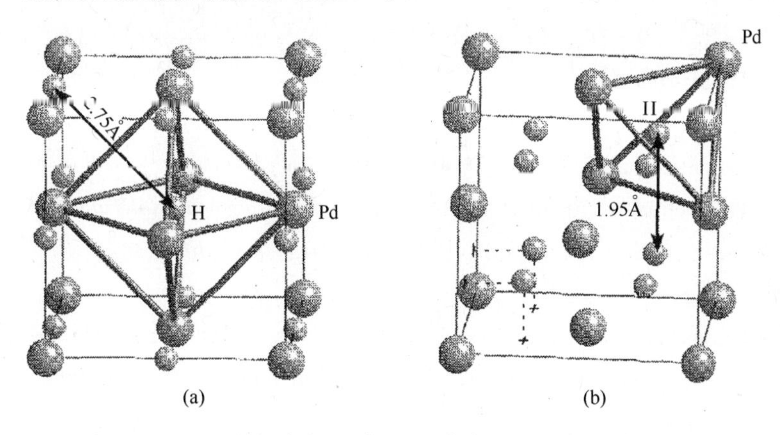

图 6.7　$\alpha-Pd$ 晶格中氢原子的八面体占位(a)和四面体占位(b)

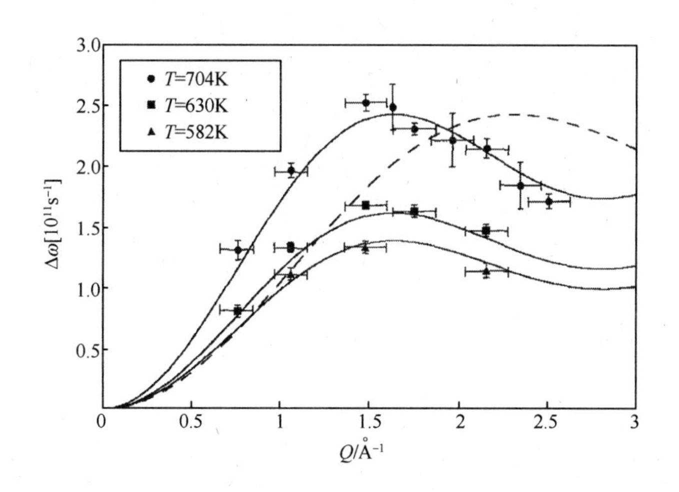

图 6.8　在不同温度下测的 $\alpha-PdH_{0.02\sim0.04}$ 的半高宽 $\Gamma\propto\Delta\omega$ 随 Q 的变化(Sköld,Nelin (1967)),实线和虚线分别对应于八面体和四面体(仅 $T=704K$)模型的计算

6.4 扩展阅读

- M. Bée, *Quasielastic neutron scattering* (IOP Publishing Ltd, Bristol, 1988)
- P. A. Egelstaff, *An introduction to the liquid state* (Academic Press, London, 1967)
- P. A. Egelstaff, in *Methods of experimental physics*, Vol. 23, Part B, ed. by D. L. Price and K. Sköld (Academic Press, London, 1987), p. 405: *Classical fluids*
- J. E. Enderby and P. M. N. Gullidge, in *Methods of experimental physics*, Vol. 23, Part B, ed. by D. L. Price and K. Sköld (Academic Press, London, 1987), p. 471: *Ionic solutions*
- R. Hempelmann, *Quasielastic neutron scattering and solid state diffusion* (Oxford University Press, Oxford, 2000)
- R. Hempelmann, in *Neutron scattering from hydrogen in materials*, ed. by A. Furrer (World Scientific, Singapore, 1994), p. 201: *Jump diffusion of H in metals: neutron scattering*
- P. Lamparter, in *Neutron scattering*, ed. by A. Furrer (Proc. 93 - 01, ISSN 1019 - 6447, PSI Villigen, 1993), p. 295: *Neutron and x - ray scattering from amorphous systems*
- S. W. Lovesey, in *Theory of neutron scattering from condensed matter*, Vol. 1 (Clarendon Press, Oxford, 1984), p. 172: Dense fluids
- K. Suzuki, in *Methods of experimental physics*, Vol. 23, Part B, ed. by D. L. Price and K. Sköld (Academic Press, London, 1987), p. 243: *Glasses*
- N. Wakabayashi, in *Methods of experimental physics*, Vol. 21, ed. by J. N. Mundy, S. J. Rothman, M. J. Fluss and L. C. Smedskjaer (Academic Press, London, 1983), p. 194: *Diffusion studies*

6.5 习题

习题 6.1

(a) 根据图 6.6 中的数据,计算水的扩散参数($\tau_0, l_0, \langle l \rangle, D$)。

(b) 液体的扩散系数 D 随温度的变化可以用阿仑尼乌斯定律来描述

$$D(T) = D_0 \exp\left(-\frac{E_a}{k_B T}\right) \tag{6.41}$$

式中:E_a 为激活能(第 15 章)。根据式(6.41),分析(a)中的扩散系数 D 随温度的变化。

表 6.1　水的扩散参数

T/℃	τ_0/ps	l_0/Å	$\langle l\rangle$/Å	$D/(10^{-4}\mathrm{cm}^2\cdot\mathrm{s}^{-1})$
20	2.6(1)	0.38(2)	1.3(1)	0.111(8)
5	4.4(3)	0.40(3)	1.4(1)	0.073(8)
-5	7.9(6)	0.48(5)	1.7(2)	0.058(9)
-20	48(14)	1.3(4)	4.5(1.4)	0.070(32)

习题 6.2

(a) 分别计算 $\alpha-\mathrm{PdH}_x$ 中氢原子八面体占位和四面体占位(图 6.7)这两种情况的 $f(Q)$(式(6.28)),只考虑最近邻跳跃。面心立方 Pd 的晶格常数是 $a=3.8898$Å,对于八面体占位和四面体占位情况,氢原子分别位于(1/2,1/2,1/2)以及(1/4,1/4,1/4)。

(b) 图 6.8 展示的是多晶 $\alpha-\mathrm{PdH}_x$ 的实验数据,因此需要对(a)的结果在空间中求平均。

(c) 将(b)的结果与图 6.8 中的数据进行比较,以便确定到底是四面体模型还是八面体跳跃扩散模型对 $\alpha-\mathrm{PdH}_x$ 适用。检验阿伦乌尼斯定律(式(6.41))的适用性。

6.6 答案

习题 6.1

(a) 基于式(6.31)和式(6.34),对图 6.6 中的半高宽数据进行最小二乘法拟合得到扩散参数 τ_0 和 l_0,如表 6.1 所列。图 6.6 还给出了半高宽的计算值。平均跳跃长度 $\langle l\rangle$ 和扩散系数 D 分别由式(6.38)和式(6.37)求得。不出所料,弛豫时间 τ_0 随着温度降低而迅速增大,但是跳跃长度基本保持不变。在 $T=-20$℃得到的扩散参数的急剧增加表明,过冷液体的性质与正常液体可能不同。

(b) 如图 6.9 所示,对于正常液态,扩散系数 D 完全遵从阿伦尼乌斯定律(式(6.41))。数据拟合(不包含 $T=-20$℃时过冷态区域的数据)得到的激活能为 $E_a\approx175$meV。

习题 6.2

(a) 根据图 6.7,可得下列跳跃矢量 $\boldsymbol{l}$:

四面体占位:$\pm\frac{a}{2}(1,0,0)$, $\pm\frac{a}{2}(0,1,0)$, $\pm\frac{a}{2}(0,0,1)$;

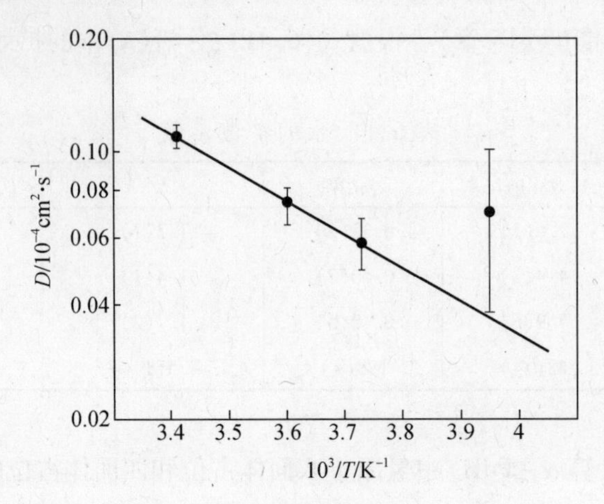

图 6.9　水的扩散系数 D 与温度倒数的阿伦尼乌斯对数关系图(习题 6.1a),实线是用阿伦尼乌斯定律(式(6.41))拟合的结果,不包含 $T=-20℃$ 测的数据

八面体占位:$\pm\frac{a}{2}(1,1,0)$,$\pm\frac{a}{2}(1,-1,0)$,$\pm\frac{a}{2}(1,0,1)$,

$\pm\frac{a}{2}(1,0,-1)$,$\pm\frac{a}{2}(0,1,1)$,$\pm\frac{a}{2}(0,1,-1)$。

由于跳跃矢量的反演对称性,式(6.28)中出现的$(1-\mathrm{e}^{\mathrm{i}\boldsymbol{Q}\cdot\boldsymbol{l}})$和$(1-\mathrm{e}^{-\mathrm{i}\boldsymbol{Q}\cdot\boldsymbol{l}})$可以用余弦函数展开,因此对于四面体占位和八面体占位分别有

$$F(\boldsymbol{Q})=\frac{1}{3\tau_0}\left[3-\cos\left(\frac{Q_xa}{2}\right)-\cos\left(\frac{Q_ya}{2}\right)-\cos\left(\frac{Q_za}{2}\right)\right] \tag{6.42}$$

$$F(\boldsymbol{Q})=\frac{1}{3\tau_0}\left[3-\cos\left(\frac{Q_xa}{2}\right)\left(\frac{Q_ya}{2}\right)-\cos\left(\frac{Q_xa}{2}\right)\left(\frac{Q_za}{2}\right)-\cos\left(\frac{Q_ya}{2}\right)\left(\frac{Q_za}{2}\right)\right] \tag{6.43}$$

(b) 求平均的过程是一个线性运算:

$$\langle F(\boldsymbol{Q})\rangle=\left\langle\frac{1}{n\tau_0}\sum_{l}(1-\mathrm{e}^{\mathrm{i}\boldsymbol{Q}\cdot\boldsymbol{l}})\right\rangle=\frac{1}{n\tau_0}\left\langle\sum_{l}(1-\mathrm{e}^{\mathrm{i}\boldsymbol{Q}\cdot\boldsymbol{l}})\right\rangle$$
$$=\frac{1}{\tau_0}\langle(1-\mathrm{e}^{\mathrm{i}\boldsymbol{Q}\cdot\boldsymbol{l}})\rangle=\frac{1}{\tau_0}(1-\langle\mathrm{e}^{\mathrm{i}\boldsymbol{Q}\cdot\boldsymbol{l}}\rangle) \tag{6.44}$$

式中

$$\langle\mathrm{e}^{\mathrm{i}\boldsymbol{Q}\cdot\boldsymbol{l}}\rangle=\frac{1}{2}\int_0^{\pi}\mathrm{e}^{\mathrm{i}Ql\cos\theta}\sin\theta\mathrm{d}\theta=\frac{\sin(Ql)}{Ql} \tag{6.45}$$

因此

$$f(Q)=\frac{1}{\tau_0}\left(1-\frac{\sin(Ql)}{Ql}\right) \tag{6.46}$$

(c) 四面体占位和八面体占位的跳跃矢量的模分别为 $l = 1.95Å$ 和 $l = 2.75Å$。利用式(6.46),对图6.8中的半高宽数据进行最小二乘法拟合,得到表6.2中的扩散参数。图6.8给出的半高宽计算值明确证实了八面体模型。根据阿伦尼乌斯定律(式(6.41))分析扩散系数 D,得到激活能 $E_a \approx 165meV$。

表6.2　$\alpha-PdH_{0.02\sim0.04}$的扩散参数

T/K	l/Å	τ_0/ps	$D/10^{-4}cm^2 \cdot s^{-1}$
582	2.75	2.8(2)	0.45(4)
630	2.75	2.4(1)	0.53(3)
704	2.75	1.6(1)	0.79(5)
704	1.95	1.6(3)	0.40(8)

第7章　磁结构

7.1　总截面

从主方程式(2.42)出发,对于弹性散射,即$|\lambda\rangle = |\lambda'\rangle$,式(2.43)中的矩阵元可用它们的期望值代替。根据$\boldsymbol{l}=\boldsymbol{R}_j-\boldsymbol{R}_{j'}$,并对$\omega$积分,得

$$\frac{\mathrm{d}\sigma}{\mathrm{d}\Omega} = (\gamma r_0)^2 \mathrm{e}^{-2W(\boldsymbol{Q})} F^2(\boldsymbol{Q}) \sum_{\alpha,\beta}\left(\delta_{\alpha\beta} - \frac{Q_\alpha Q_\beta}{Q^2}\right)\sum_l \mathrm{e}^{\mathrm{i}\boldsymbol{Q}\cdot\boldsymbol{l}}\langle\hat{S}_0^\alpha\rangle\langle\hat{S}_l^\beta\rangle \tag{7.1}$$

7.2　顺磁体

对于顺磁体系,位于格点0和l的自旋之间没有关联,因此对于$l\neq0$,有

$$\langle\hat{S}_0^\alpha\rangle\langle\hat{S}_l^\beta\rangle = 0$$

所以只需考虑$l=0$的情形:

$$\langle\hat{S}_0^\alpha\rangle\langle\hat{S}_0^\beta\rangle = \delta_{\alpha\beta}\langle\hat{S}_0^\alpha\rangle\langle\hat{S}_0^\beta\rangle = \delta_{\alpha\beta}\langle(\hat{S}_0^\alpha)^2\rangle = \frac{1}{3}\delta_{\alpha\beta}\langle\hat{\boldsymbol{S}}\rangle^2 = \frac{1}{3}\delta_{\alpha\beta}S(S+1)$$

$$\sum_{\alpha,\beta}\left(\delta_{\alpha\beta} - \frac{Q_\alpha Q_\beta}{Q^2}\right) = \sum_\alpha\left(1-\left(\frac{Q_\alpha}{Q}\right)^2\right) = 2$$

因此最终的截面为

$$\boxed{\frac{\mathrm{d}\sigma}{\mathrm{d}\Omega} = \frac{2}{3}N(\gamma r_0)^2\mathrm{e}^{-2W(\boldsymbol{Q})}F^2(\boldsymbol{Q})S(S+1)} \tag{7.2}$$

当$\boldsymbol{Q}$的模增大时,顺磁散射强度随着磁形状因子$F(\boldsymbol{Q})$的平方连续下降。

7.3　铁磁体

铁磁体由自旋排列一致的磁畴构成,但每个磁畴中的自旋方向不同。考虑自旋取向沿z轴的单畴情形,则有

$$\langle\hat{S}_l^x\rangle = \langle\hat{S}_l^y\rangle = 0;\langle\hat{S}_l^z\rangle \neq 0$$

对于Bravais铁磁体,可以省略指数l,由式(7.1)得

$$\frac{d\sigma}{d\Omega} = (\gamma r_0)^2 e^{-2W(Q)} F^2(\boldsymbol{Q}) \left(1 - \left(\frac{Q_z}{Q}\right)^2\right) \langle \hat{S}^z \rangle^2 \sum_l e^{i\boldsymbol{Q}\cdot \boldsymbol{l}} \tag{7.3}$$

引入 $\boldsymbol{e}$ 表示沿磁化方向 z 的单位矢量，则

$$\frac{Q_z}{Q} = \frac{\boldsymbol{Q}\cdot\boldsymbol{e}}{Q} = \frac{\boldsymbol{\tau}\cdot\boldsymbol{e}}{\tau}$$

利用晶格求和式（A. 10），得到最终的截面表达式为

$$\boxed{\frac{d\sigma}{d\Omega} = N\frac{(2\pi)^3}{v_0}(\gamma r_0)^2 e^{-2W(Q)} F^2(\boldsymbol{Q}) \langle \hat{S}^z \rangle^2 \sum_{\boldsymbol{\tau}} \left\langle 1 - \left(\frac{\boldsymbol{\tau}\cdot\boldsymbol{e}}{\tau}\right)^2 \right\rangle \delta(\boldsymbol{Q} - \boldsymbol{\tau})} \tag{7.4}$$

〈・〉括号表示对所有磁畴取向求平均，对于磁畴取向的任意分布，该项简化为

$$\left\langle 1 - \left(\frac{\boldsymbol{\tau}\cdot\boldsymbol{e}}{\tau}\right)^2 \right\rangle = \frac{2}{3} \tag{7.5}$$

如果出于对称性原因只有几个可能的磁畴取向，例如在立方对称性的体系中只有（100），（010）和（001）3 个取向，式（7. 5）同样成立。

式（7. 4）表明，在所有的倒易晶格矢 $\boldsymbol{\tau}$ 都将发生铁磁布拉格散射，因此通常很难将铁磁布拉格散射与核布拉格散射区分开来。通过分析式（7. 4）可以对这两种散射贡献进行区分：

（1）磁布拉格散射与零场磁化强度的平方 $\langle \hat{S}^z \rangle^2$ 成正比，表现出很强的温度依赖性，尤其是接近居里温度时。

（2）磁散射随 $\boldsymbol{Q}$ 的变化体现在磁形状因子的平方，即 $F^2(\boldsymbol{Q})$，它随着 $\boldsymbol{Q}$ 的模增大而迅速衰减。

（3）磁散射依赖于 $\langle \hat{S}^z \rangle$ 与倒易晶格矢量 $\boldsymbol{\tau}$ 的相对取向。

此外，沿 $\boldsymbol{Q}$ 的方向施加足够大的外磁场时，自旋将沿该方向排列，此时有 $\frac{\boldsymbol{\tau}\cdot\boldsymbol{e}}{\tau} = 1$，磁散射为零。因此，可以通过（有、无外场）两种测量结果相减直接得到磁散射的贡献。最简单、巧妙的辨别方法是利用极化中子。

7.4　反铁磁体

在反铁磁体中，整个晶格划分为两个互相嵌套的亚点阵 A 和 B，它们的自旋排列是反平行的，每个磁畴中 $\langle \hat{S}^z \rangle = 0$。然而，可以定义交错自旋 S^z，表示每个亚点阵 A 和 B 中的零场磁化强度。从式（7. 3）出发计算截面：

$$\frac{\mathrm{d}\sigma}{\mathrm{d}\Omega} = (\gamma r_0)^2 \mathrm{e}^{-2W(\boldsymbol{Q})} F^2(\boldsymbol{Q}) \left(1 - \left(\frac{Q_z}{Q}\right)^2\right) \langle \hat{S}^z \rangle^2 \sum_{l} \mathrm{e}^{\mathrm{i}\boldsymbol{Q}\cdot\boldsymbol{l}} \sum_{d} \sigma_{\boldsymbol{d}} \mathrm{e}^{\mathrm{i}\boldsymbol{Q}\cdot\boldsymbol{d}} \tag{7.6}$$

式中：对于亚点阵 A 中的离子有 $\sigma_d = +1$；对于亚点阵 B 中的离子有 $\sigma_d = -1$。

利用式(A.10)可得最终的截面公式为

$$\frac{\mathrm{d}\sigma}{\mathrm{d}\Omega} = N_{\mathrm{m}} \frac{(2\pi)^3}{v_{0\mathrm{m}}} (\gamma r_0)^2 \mathrm{e}^{-2W(\boldsymbol{Q})} \times \sum_{\boldsymbol{\tau}_{\mathrm{m}}} | S_{\mathrm{m}}(\boldsymbol{\tau}_{\mathrm{m}}) |^2 \langle 1 - \left(\frac{\boldsymbol{\tau}_{\mathrm{m}} \cdot \boldsymbol{e}}{\boldsymbol{\tau}_m}\right)^2 \rangle \delta(\boldsymbol{Q} - \boldsymbol{\tau}_m) \tag{7.7}$$

其中，磁结构因子：

$$S_{\mathrm{m}}(\boldsymbol{\tau}_{\mathrm{m}}) = \langle S^z \rangle F(\boldsymbol{\tau}_{\mathrm{m}}) \sum_{d} \sigma_{\boldsymbol{d}} \mathrm{e}^{\mathrm{i}\boldsymbol{\tau}_{\mathrm{m}}\cdot\boldsymbol{d}} \tag{7.8}$$

式中：$N_{\mathrm{m}}(=N/2)$为晶体中磁晶胞的数目；$v_{0\mathrm{m}}$为磁晶胞的体积；$\boldsymbol{\tau}_{\mathrm{m}}$为磁倒易晶格矢，它由特定的自旋排列定义。

以反铁磁体 $\mathrm{ErPd_3}$ ($T_{\mathrm{N}} = 3\mathrm{K}$)为例，铒离子占据简单立方晶格的位置，如图 7.1(a)所示，因此倒易晶格矢定义为 $\boldsymbol{\tau} = 2\pi/a \cdot (t_1, t_2, t_3)$，$t_i$ 取整数。在奈尔温度 T_{N} 以下，反铁磁结构的特征是(1,1,0)铁磁面按照上—下—上—下顺序进行堆叠，即铒离子的磁矩沿着 x 和 y 方向交替地指向上和指向下，而在 z 方向铒自旋相互平行，如图 7.1(b)所示。这使得磁晶胞沿 x 和 y 方向加倍($v_{0\mathrm{m}} = 4v_0$)，因此磁晶胞中有 4 个铒离子，分别位于 $\boldsymbol{d}_1 = a(0,0,0)$，$\boldsymbol{d}_2 = a(1,0,0)$，$\boldsymbol{d}_3 = a(0,1,0)$，$\boldsymbol{d}_4 = a(1,1,0)$，相应的亚点阵参数分别是$\sigma_1 = +1$，$\sigma_2 = -1$，$\sigma_3 = -1$，$\sigma_4 = +1$。磁倒易晶格矢为 $\boldsymbol{\tau}_m = 2\pi/a \cdot (t_1 + 1/2,\ t_2 + 1/2, t_3)$。根据

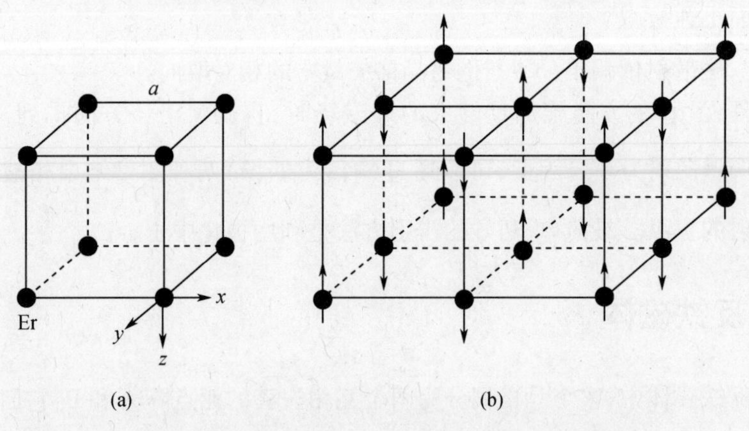

图 7.1 (a)$\mathrm{ErPd_3}$ 立方晶胞中 Er 离子的排列(Pd 离子的位置没有显示)以及(b)在 $T_{\mathrm{N}} = 3\mathrm{K}$ 以下，$\mathrm{ErPd_3}$ 中 Er 自旋的反铁磁排列

式(7.8),可知:

$$\text{对于 } \boldsymbol{\tau}_m = \frac{2\pi}{a}(t_1, t_2, t_3), \sum_d \sigma_d \mathrm{e}^{\mathrm{i}\tau_m \cdot \boldsymbol{d}} = 0$$

$$\text{对于 } \boldsymbol{\tau}_{\mathrm{m}} = \frac{2\pi}{a}\left(t_1 + \frac{1}{2}, t_2 + \frac{1}{2}, t_3\right), \sum_d \sigma_d \mathrm{e}^{\mathrm{i}\tau_{\mathrm{m}} \cdot \boldsymbol{d}} = 4$$

从而得到一个重要结论:在倒易晶格中,核布拉格散射与磁布拉格散射的位置是不同的。这一点可以从 $ErPd_3$ 的中子衍射谱图 7.2($T = 1.5$K)中看出。在奈尔温度 T_N 以上,只有核布拉格散射(对应于整数指标化的峰),在 T_N 以下出现磁布拉格散射(对应于半整数指标化的峰)。

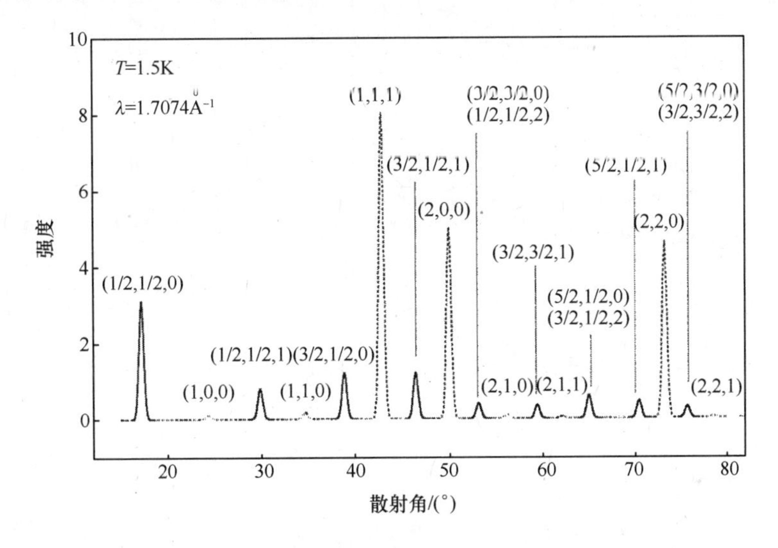

图 7.2　$ErPd_3$ 的中子衍射图谱(本底已扣除),$T = 1.5$K,
虚线和实线分别对应核布拉格散射和磁布拉格散射
(Elsenhans et al. (1991))

7.5　螺旋自旋结构(螺旋磁结构)

以钬的螺旋磁结构为例(磁有序温度 = 133K),如图 7.3 所示。钬离子排列在一个六角晶格中。在与 c 轴垂直的平面内,所有磁矩为铁磁排列,但是相邻平面的磁矩方向会旋转一个角度 ϕ。螺旋矢量 $\boldsymbol{P}$ 定义为沿 z 轴的矢量,长度等于 $(2\pi/\phi)$ 乘以相邻平面之间的距离 d。因此,自旋算符的期望值为

$$\langle \hat{S}_l^x \rangle = \langle \hat{S} \rangle \cos(\boldsymbol{P}^* \cdot \boldsymbol{l}), \langle \hat{S}_l^y \rangle = \langle \hat{S} \rangle \sin(\boldsymbol{P}^* \cdot \boldsymbol{l}), \langle \hat{S}_l^z \rangle = 0 \qquad (7.9)$$

式中:$\boldsymbol{P}^* = 2\pi/\boldsymbol{P}$。

将式(7.9)代入式(7.1),得

$$\frac{d\sigma}{d\Omega}=(\gamma r_0)^2 e^{-2W(\boldsymbol{Q})}F^2(\boldsymbol{Q})\sum_{\boldsymbol{l}} e^{i\boldsymbol{Q}\cdot\boldsymbol{l}}\langle\hat{S}\rangle^2$$
$$\times\left[\left(1-\left(\frac{Q_x}{Q}\right)^2\right)\cos(\boldsymbol{P}^*\cdot\boldsymbol{l})-\frac{Q_xQ_y}{Q^2}\sin(\boldsymbol{P}^*\cdot\boldsymbol{l})\right] \quad (7.10)$$

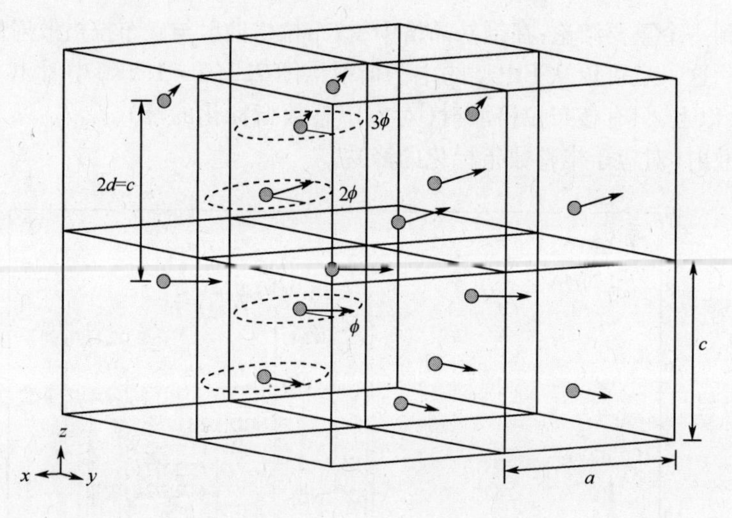

图7.3 在133K以下,Ho的磁矩排列

由于$\boldsymbol{P}^*$不是倒易晶格矢,因此对$\sin(\boldsymbol{P}^*\cdot\boldsymbol{l})$求和项为零。将$\cos(\boldsymbol{P}^*\cdot\boldsymbol{l})$按指数展开:

$$\frac{d\sigma}{d\Omega}=(\gamma r_0)^2 e^{-2W(\boldsymbol{Q})}F^2(\boldsymbol{Q})\langle S\rangle^2$$
$$\times\left(1-\left(\frac{Q_x}{Q}\right)^2\right)\frac{1}{2}\sum_{\boldsymbol{l}}\left(e^{i(\boldsymbol{Q}+\boldsymbol{P}^*)\cdot\boldsymbol{l}}+e^{i(\boldsymbol{Q}-\boldsymbol{P}^*)\cdot\boldsymbol{l}}\right) \quad (7.11)$$

应用式(A.10),得

$$\frac{d\sigma}{d\Omega}=\frac{N}{2}\frac{(2\pi)^3}{v_0}(\gamma r_0)^2 e^{-2W(\boldsymbol{Q})}F^2(\boldsymbol{Q})\langle\hat{S}\rangle^2\left(1-\left(\frac{Q_x}{Q}\right)^2\right)$$
$$\times\sum_{\boldsymbol{\tau}}\left(\delta(\boldsymbol{Q}+\boldsymbol{P}^*-\boldsymbol{\tau})+\delta(\boldsymbol{Q}-\boldsymbol{P}^*-\boldsymbol{\tau})\right) \quad (7.12)$$

由于限定了磁矩方向沿底面的x轴,因此式(7.9)是一个特例。当然,也可以考虑磁矩方向沿y轴的情况,式(7.12)中的极化因子$(1-(Q_x/Q)^2)$将变成$(1-(Q_y/Q)^2)$。平均之后得到最终的散射截面

$$\frac{d\sigma}{d\Omega}=\frac{N}{4}\frac{(2\pi)^3}{v_0}(\gamma r_0)^2 e^{-2W(\boldsymbol{Q})}F^2(\boldsymbol{Q})\langle\hat{S}\rangle^2\left(1+\left(\frac{Q_z}{Q}\right)^2\right)\times\sum_{\boldsymbol{\tau}}(\delta(\boldsymbol{Q}+\boldsymbol{P}^*-\boldsymbol{\tau})+\delta(\boldsymbol{Q}-\boldsymbol{P}^*-\boldsymbol{\tau}))\tag{7.13}$$

磁布拉格散射发生在 $\boldsymbol{Q}=\boldsymbol{\tau}\pm\boldsymbol{P}^*$，即每个核布拉格反射峰的两侧各有一个磁卫星峰。以钬为例，如图 7.4 所示。

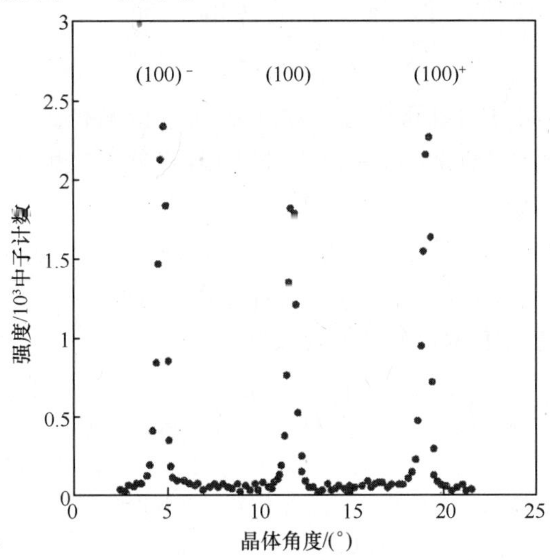

图 7.4　钬的核布拉格反射(100)，以及磁卫星峰$(100)^-$和$(100)^+$，$T=77$K(Koehler et al. (1966))

7.6　磁有序波矢

除了上述例子以外，还有无数其他的磁结构类型，可用磁有序波矢 $\boldsymbol{q}_0$ 来对它们进行表征，其定义为

$$\mu_i=\mu_0\cos(\boldsymbol{q}_0\cdot\boldsymbol{R}_i)\tag{7.14}$$

即，$\boldsymbol{q}_0$ 描述了位于 0 和 $\boldsymbol{R}_i$ 的磁矩的相对取向。例如，7.4 节中的反铁磁体 $ErPd_3$ 的磁有序波矢为 $\boldsymbol{q}_0=\frac{2\pi}{a}\left(\frac{1}{2},\frac{1}{2},0\right)$。

有时候不能仅用一个磁有序波矢 $\boldsymbol{q}_0$ 来描述磁结构，这是因为磁反射有可能来源于多个调制(多 $-\boldsymbol{q}_0$ 结构)，也有可能来源于不同的磁畴(单个 $\boldsymbol{q}_0$)。多晶样品的衍射数据通常不能解决这个问题，但是对于单晶来说，可通过施加外磁场或者施加一个小量的单轴应力(以便产生单畴晶体)来进行区分。关于这个问题的详细讨论参见 Chatterji (2006)。

7.7 零场磁化强度

在以上所有截面公式中,都有一个内禀因子,即自旋算符$\hat{S}$期望值的平方,铁磁体的情况参见式(7.4),反铁磁的情况参见式(7.7),螺旋结构参见式(7.13)。自旋算符$\hat{S}$的期望值与磁矩$\boldsymbol{\mu}$ 直接相关,即

$$\boldsymbol{\mu} = g\mu_B \langle \hat{S} \rangle \tag{7.15}$$

这表明磁矩的大小和方向都可以通过中子衍射直接测得,而不需要(像常规的磁化实验那样)施加外磁场。这一特性,即测量磁化强度而不需要外磁场的能力(因此称为零场磁化强度)是中子散射所独有的。例如,图 7.5 展示了 $DyBa_2Cu_3O_7$ 中 Dy 亚点阵的零场磁化强度。此外,零场磁化还能给出体系的维度以及序参量的维度(10.4 节)等重要信息。如图 7.5 所示,实验数据不能用平均场方法来解释,但与二维伊辛模型符合较好。

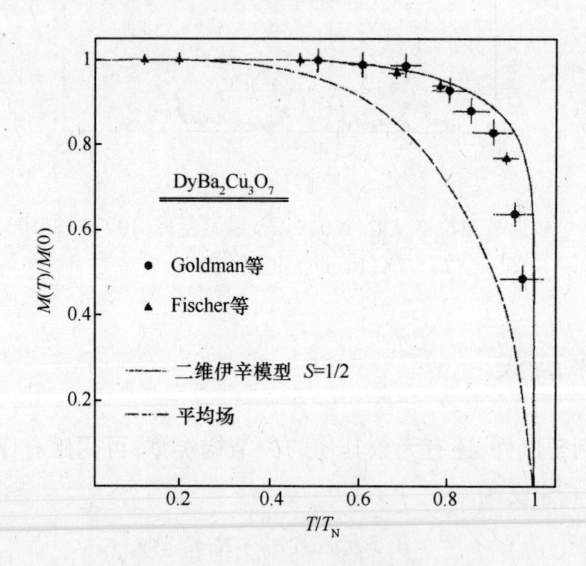

图 7.5 $DyBa_2Cu_3O_7$ 中 Dy^{3+} 的零场磁化强度(Allenspach et al. (1989))

7.8 自旋密度

根据附录 D 中的论述,磁形状因子 $F(\boldsymbol{Q})$ 与未配对电子密度 $s(\boldsymbol{r})$之间的关系式为

$$F(\boldsymbol{Q}) = \int s(\boldsymbol{r}) e^{i\boldsymbol{Q}\cdot\boldsymbol{r}} d\boldsymbol{r} \tag{7.16}$$

因此，$s(\boldsymbol{r})$可由 $F(\boldsymbol{Q})$的傅里叶逆变换得到，$F(\boldsymbol{Q})$是磁中子散射截面式(2.42)中非常重要的一项。

如果实验采用的是非极化中子，则截面与 b^2+p^2 成正比，其中 $p\equiv \boldsymbol{BM}\cdot\hat{\boldsymbol{\sigma}}$（式(2.50)）是磁散射振幅。由 $p=\varepsilon\cdot b$ 以及 $\varepsilon\ll 1$，磁截面是总截面的 ε^2，因此在测量 $F(\boldsymbol{Q})$时，非极化中子并不是一种灵敏的方法。

现假设实验中利用极化中子，并分开测量$|+\rangle\rightarrow|+\rangle$和$|+\rangle\rightarrow|-\rangle$两个过程的截面（式(2.53)）。截面的比值，即翻转率为

$$R=\frac{(b-p)^2}{(b+p)^2}=\frac{(1-\varepsilon)^2}{(1+\varepsilon)^2}\approx 1-4\varepsilon \tag{7.17}$$

因此 R 的变化率是 4ε，比 ε^2 大得多。极化方法不仅更灵敏，还有其他的优势。

以镍的实验结果为例，如图7.6所示。利用极化技术，根据最前面的27个布拉格反射峰测定了磁形状因子 $F(\boldsymbol{Q})$。磁形状因子的傅里叶逆变换表明，磁矩密度关于格点是非对称的，且在格点间的区域内为负。

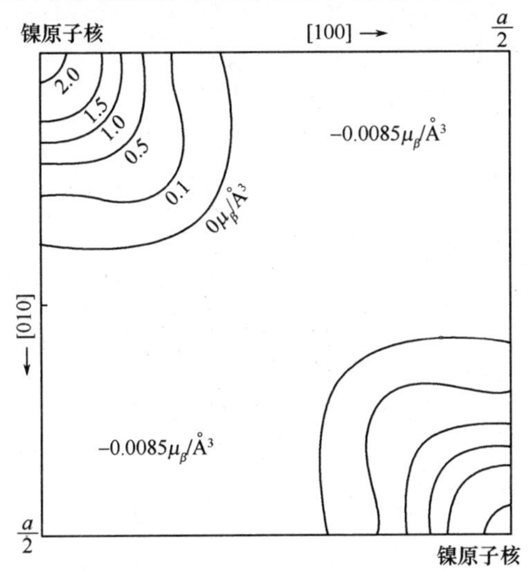

图7.6 (100)面内镍的磁矩分布(Mook(1966))

7.9 扩展阅读

- P. J. Brown, in *Neutron scattering from magnetic materials*, ed. by T. Chatterji (Elsevier, Amsterdam, 2006), p. 215: *Spherical neutron polarimetry*

• T. Chatterji, in *Neutron scattering from magnetic materials*, ed. by T. Chatterji (Elsevier, Amsterdam, 2006), p. 25: *Magnetic structures*

• P. Fischer, in *Neutron scattering*, ed. by A. Furrer (Proc. 93 - 01, ISSN 1019 - 6447, PSI Villigen, 1993), p. 199: *Magnetic structures*

• H. Glättli and M. Goldman, in *Methods of experimental physics*, Vol. 23, Part C, ed. by D. L. Price and K. Sköld (Academic Press, London, 1987), p. 241: *Nuclear magnetism*

• Y. A. Izyumov and R. P. Ozerov, *Magnetic neutron diffraction* (Plenum Press, New York, 1970)

• B. Lebech, in *Magnetic neutron scattering*, ed. by A. Furrer (World Scientific, Singapore, 1995), p. 58: *Magnetic structure determination by neutron diffraction*

• J. M. Rossat - Mignod, in *Methods of experimental physics*, Vol. 23, Part C, ed. by D. L. Price and K. Sköld (Academic Press, London, 1987), p. 69: *Magnetic structures*

• J. Schweizer, in *Neutron scattering from magnetic materials*, ed. by T. Chatterji (Elsevier, Amsterdam, 2006), p. 153: *Polarized neutrons and polarization analysis*

7.10 习题

习题 7.1

在低温下,四元金属间化合物 $HoNi_2B_2C$ 表现出超导和 Ho^{3+} 亚点阵的长程磁有序共存。该化合物为体心四方结构,如图 7.7(a)所示。在 $T=10K$,顺磁态的结构参数为 $a=3.5087Å$,$c=10.5274Å$,原子位置分别为 Ho(0,0,0)、Ni(1/2,0,1/4)、B(0,0,$z=0.3592$)、C(1/2,1/2,0)。

超导转变发生在 $T_C \approx 8K$。在该温度下,化合物从顺磁态转变为磁有序态。磁结构由两种构型叠加:一种构型中 Ho^{3+} 自旋是反铁磁耦合的(图 7.7(b));另一种构型是螺旋自旋结构(图 7.7(c))。随着温度降低,螺旋自旋结构的相关贡献迅速减弱;在 $T=2.2K$,只存在如图 7.7(b)所示的反铁磁结构。如图 7.9 所示,在温度 $T=5.1K$ 时测的衍射图谱中,(0,0,1)反射峰两侧的一对磁卫星峰就来自螺旋自旋结构的贡献。

(a) 根据 $T=2.2K$ 时测的中子衍射图谱(图 7.8),确定 $HoNi_2B_2C$ 的反铁磁结构;

(b) 根据 $T=5.1K$ 时测的中子衍射图谱(图 7.9),确定 $HoNi_2B_2C$ 螺旋磁结构的磁有序波矢 $\boldsymbol{q}_0$。相邻平面内自旋的旋转角 ϕ 是多少?

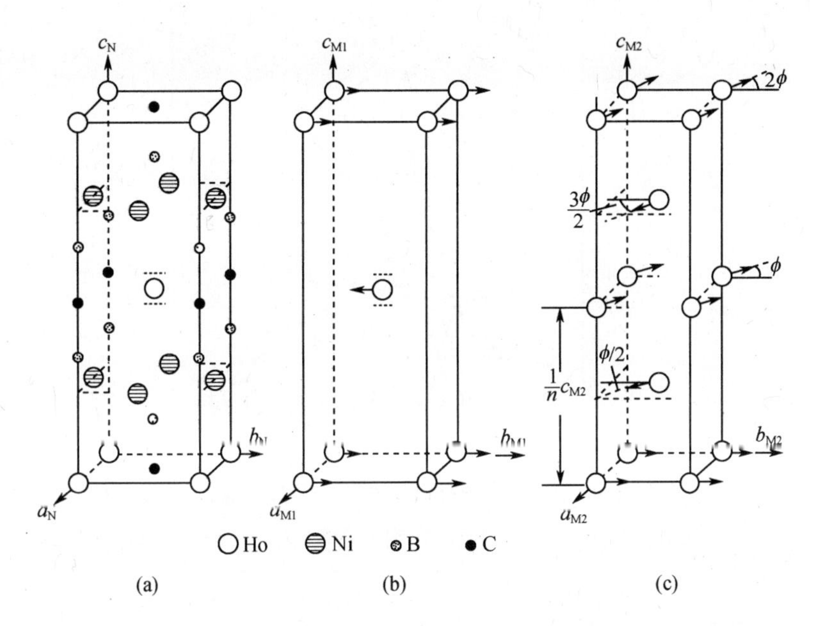

图7.7　(a)$HoNi_2B_2C$晶胞、(b)Ho^{3+}自旋的反铁磁有序和(c)螺旋磁结构的自旋构型，在(b)中，磁矩方向沿b轴(a轴和b轴是等价的)(Huang et al.(1995))

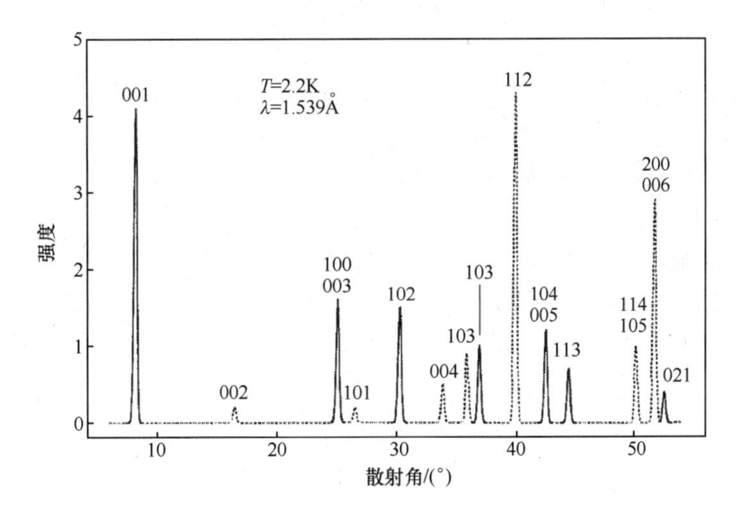

图7.8　$HoNi_2B_2C$的粉末衍射谱，$T=2.2K$，核布拉格峰与磁布拉格峰分别用点线和实线表示(Huang et al.(1995))

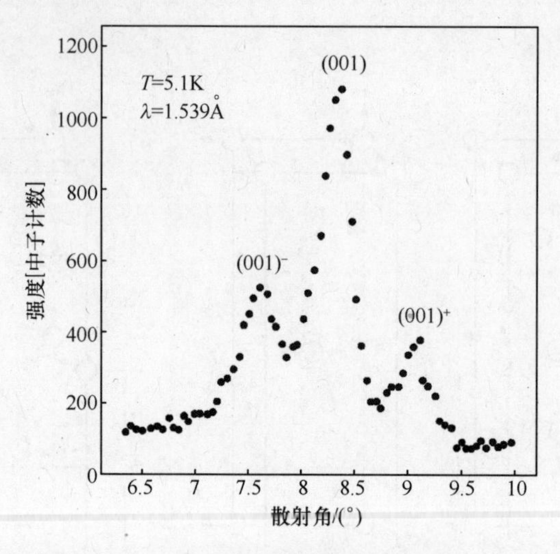

图 7.9 $HoNi_2B_2C$ 中子衍射谱的低散射角度部分，$T=5.1K$，反铁磁反射峰(001)的两侧有螺旋卫星峰(Huang et al. (1995))

7.11 答案

习题 7.1

(a) 没有半整数指标化的磁布拉格峰，因此磁晶胞与化学晶胞是一样的。这表明位于晶胞顶点的 Ho^{3+} 离子的磁矩是铁磁耦合的。如果与晶胞体心位置的 Ho^{3+} 离子的磁性耦合也是铁磁的，那么所有的磁反射峰将与核布拉格峰重合。显然不是这种情况，因此体心位置的 Ho^{3+} 离子与顶点位置的 Ho^{3+} 离子之间的耦合是反铁磁的。通过计算磁结构因子(式(7.8))可以很容易地证实这一点，过程如下：

每个晶胞中有两个 Ho^{3+} 离子，分别位于 $\boldsymbol{d}_1=(0,0,0)$ 和 $\boldsymbol{d}_2=(1/2,1/2,1/2)$。对于 $\boldsymbol{Q}=\boldsymbol{\tau}_{001}$，有磁布拉格散射：

$$\begin{aligned}F_{\mathrm{m}}(\boldsymbol{\tau}_{001}) &\propto \sigma_1 \mathrm{e}^{\mathrm{i}2\pi(0,0,1)\cdot(0,0,0)}+\sigma_2 \mathrm{e}^{\mathrm{i}2\pi(0,0,1)\cdot(1/2,1/2,1/2)} \\ &=\sigma_1 \mathrm{e}^{0}+\sigma_2 \mathrm{e}^{\mathrm{i}\pi}=\sigma_1-\sigma_2\neq 0\end{aligned} \tag{7.18}$$

另一方面，对于 $\boldsymbol{Q}=\boldsymbol{\tau}_{002}$，没有磁布拉格散射：

$$\begin{aligned}F_{\mathrm{m}}(\boldsymbol{\tau}_{002}) &\propto \sigma_1 \mathrm{e}^{\mathrm{i}2\pi(0,0,2)\cdot(0,0,0)}+\sigma_2 \mathrm{e}^{\mathrm{i}2\pi(0,0,2)\cdot(1/2,1/2,1/2)} \\ &=\sigma_1 \mathrm{e}^{0}+\sigma_2 \mathrm{e}^{\mathrm{i}2\pi}=\sigma_1+\sigma_2=0\end{aligned} \tag{7.19}$$

以上条件要求 $\sigma_1=+1$ 和 $\sigma_2=-1$，即反铁磁耦合得到证实。磁有序波矢 $\boldsymbol{q}_0=(0,0,1)$，根据式(7.14)，得

$$\boldsymbol{\mu}_2=\boldsymbol{\mu}_1\cos(2\pi(0,0,1)\cdot(1/2,1/2,1/2))=\boldsymbol{\mu}_1\cos\pi=-\boldsymbol{\mu}_1 \tag{7.20}$$

关于磁矩 $\boldsymbol{\mu}$ 的方向，参见 7.3 节中的讨论。对于 $\boldsymbol{\mu} \parallel \boldsymbol{Q}$ 的情况，所有的磁反射 $(0,0,l)$ 都是禁止的。但是，衍射谱图 7.8 表明 $(0,0,l)$ 反铁磁反射峰非常强，因而排除了磁矩沿 c 轴或者是接近 c 轴这种情况。事实上，定量的分析表明 Ho^{3+} 自旋的取向与 c 轴垂直(Huang et al. (1995))。

(b) (0,0,1)反射发生在 $2\theta = 8.35°$。由 $Q = (4\pi/\lambda)\sin\theta$(式(4.8))以及 $\lambda = 1.539Å$，可得 $Q_{001} = 0.595Å^{-1}$。卫星峰发生在 $2\theta^- = 7.65°$ 和 $2\theta^+ = 9.05°$，因此 $Q_{001}^{-1} = 0.545Å^{-1}$，$Q_{001}^{+} = 0.644Å^{-1}$。根据式(7.12)得到 $P^* = 0.05Å^{-1}$，因此 $P \approx 130Å \approx 12.3c$，即相邻晶胞间的旋转角度为 $360°/12.3 \approx 30°$，因而相邻平面内 Ho^{3+} 自旋的旋转角 $\phi \approx 30°/2 \approx 15°$。磁有序波矢为 $\boldsymbol{q}_0 = (0,0,1 \pm P^*) = (0,0,1 \pm 0.05)$。± 符号表明螺旋是左手性或右手性。

第8章 磁激发

8.1 磁团簇激发

8.1.1 二聚体

最简单的磁团簇体系是二聚体(两个自旋 $\boldsymbol{S}_1$、$\boldsymbol{S}_2$ 耦合),其海森堡哈密顿量为

$$\hat{H} = -2J\hat{\boldsymbol{S}}_1 \cdot \hat{\boldsymbol{S}}_2 \tag{8.1}$$

式中:J 为交换参数。$\hat{H}$与总自旋 $\boldsymbol{S} = \boldsymbol{S}_1 + \boldsymbol{S}_2$ 对易,因此 $\boldsymbol{S}$ 是一个好量子数,二聚态的波函数可以表示为$|S,M\rangle$,其中 $-S \leqslant M \leqslant S$。

对于相同磁离子($S_1 = S_2$),式(8.1)的本征值为

$$E(S) = -J(S(S+1) - 2S_1(S_1+1))(0 \leqslant S \leqslant 2S_1) \tag{8.2}$$

能级劈裂遵从朗德间隔定则

$$E(S) - E(S-1) = -2JS \tag{8.3}$$

反铁磁耦合($J<0$)离子对的能级序列如图 8.1 所示。

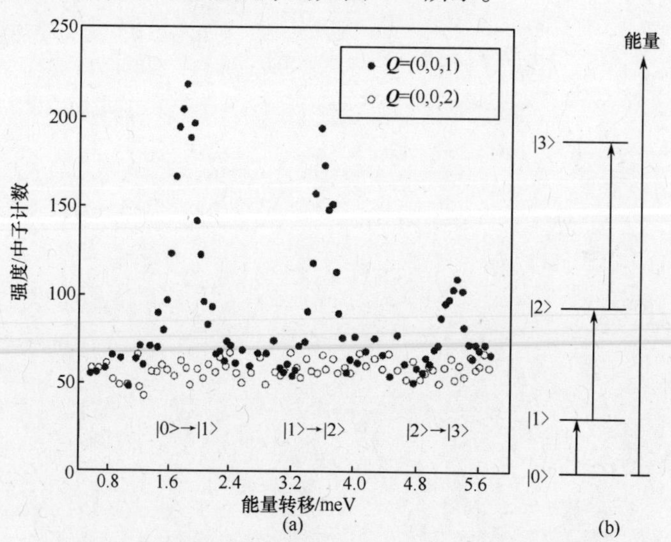

图 8.1 (a) $CsMn_{0.28}Mg_{0.72}Br_3$ 中 Mn^{2+} 离子对的中子散射谱,
$T=30K$,实心圆 $\boldsymbol{Q}=(0,0,1)$,空心圆 $\boldsymbol{Q}=(0,0,2)$
(Falk et al. (1984))和(b)反铁磁耦合自旋对的能级序列

二聚体跃迁 $|S\rangle \to |S'\rangle$ 的选择定则可以通过微分中子截面式(2.42)、式(2.43)得到。在计算矩阵元时，用一阶不可约张量算符 $\hat{T}_j^q$ 替换自旋算符 $\hat{S}_j^\alpha$：

$$\hat{T}_j^0 = \hat{S}_j^z, \hat{T}_j^{\pm 1} = \mp \frac{1}{\sqrt{2}}(\hat{S}_j^x \pm \mathrm{i}\, \hat{S}_j^y) \tag{8.4}$$

矩阵元与 M 的关系由 Wigner - Eckart 定理给出：

$$\langle S', M' | \hat{T}_j^q | S, M \rangle = (-1)^{S'-M'} \begin{pmatrix} S' & 1 & S \\ -M' & q & M \end{pmatrix} \langle S' \| \hat{T}_j \| S \rangle \tag{8.5}$$

由于 $\hat{T}_j$ 只作用于耦合体系中的第 j 个离子，因此式(8.5)中约化矩阵元可以继续简化为

$$\begin{cases} \langle S' \| \hat{T}_1 \| S \rangle = (-1)^{2S_1+S+1} \sqrt{(2S+1)(2S'+1)} \\ \qquad \times \begin{Bmatrix} S' & S & 1 \\ S_1 & S_1 & S_1 \end{Bmatrix} \langle S_1 \| \hat{T}_1 \| S_1 \rangle \\ \langle S' \| \hat{T}_2 \| S \rangle = (-1)^{S-S'} \langle S' \| \hat{T}_1 \| S \rangle \\ \langle S_1 \| \hat{T}_1 \| S_1 \rangle = \sqrt{S_1(S_1+1)(2S_1+1)} \end{cases} \tag{8.6}$$

式(8.5)和式(8.6)中的 ‖ · ‖ 分别是附录 F 中定义的 3 - j 和 6 - j 符号。根据 3 - j 和 6 - j 符号的对称性，得到选择定则

$$\Delta S = S - S' = 0, \pm 1; \ \Delta M = M - M' = 0, \pm 1 \tag{8.7}$$

因此，非弹性跃迁只可能在如图 8.1 中箭头指示的两个相邻能级之间发生。在没有磁场的情况下，每个能级都是 $(2S+1)$ 重简并的，因此可以对量子数 M 和 M' 求和：

$$\sum_{M,M'} \langle S, M | \hat{T}_j^q | S', M' \rangle \langle S', M' | \hat{T}_{j'}^q | S, M \rangle = \frac{1}{3} \langle S' \| \hat{T}_j \| S' \rangle \langle S' \| \hat{T}_{j'} \| S \rangle \tag{8.8}$$

利用矩阵元(式(8.6))的对称性，可得二聚体跃迁 $|S\rangle \to |S'\rangle$ 的截面为

$$\boxed{\begin{aligned} \frac{\mathrm{d}^2\sigma}{\mathrm{d}\Omega \mathrm{d}\omega} = {} & N(\gamma r_0)^2 \frac{k'}{k} F^2(\boldsymbol{Q}) \mathrm{e}^{-2W(\boldsymbol{Q})} p_s \sum_\alpha \left(1 - \left(\frac{Q_\alpha}{Q}\right)^2\right) \\ & \times \frac{2}{3}(1 + (-1)^{\Delta S} \cos(\boldsymbol{Q} \cdot \boldsymbol{R})) \cdot | \langle S' \| \hat{T}_1 \| S \rangle |^2 \\ & \times \delta(\hbar\omega + E_S - E_{S'}) \end{aligned}} \tag{8.9}$$

式中：N 为二聚体的总数；p_s 为玻尔兹曼布居因子，$\boldsymbol{R}$ 为二聚体内间距。结构因子 $(1 + (-1)^{\Delta S} \cos(\boldsymbol{Q} \cdot \boldsymbol{R}))$ 具有特征振荡行为，它可以将二聚体激发与其他散

射贡献明确地区分开来。此外,通过在不同散射矢量 $\boldsymbol{Q}$ 进行测量(参考晶场跃迁的相关章节,如图 9.4),极化因子$(1-(Q_\alpha/Q)^2)$还可以区分横向跃迁($\alpha=x,y$)和纵向跃迁($\alpha=z$)。

对于多晶材料,式(8.9)必须在 $\boldsymbol{Q}$ 空间内求平均:

$$\frac{\mathrm{d}^2\sigma}{\mathrm{d}\Omega\mathrm{d}\omega}=N(\gamma r_0)^2\frac{k'}{k}F^2(\boldsymbol{Q})\mathrm{e}^{-2W(\boldsymbol{Q})}p_s \times\frac{4}{3}\left(1+(-1)^{\Delta S}\frac{\sin(QR)}{QR}\right)\cdot|\langle S'\|\hat{T}_1\|S\rangle|^2 \times\delta(\hbar\omega+E_S-E_{S'}) \tag{8.10}$$

极化因子与结构因子的结合使得散射强度随 Q 呈阻尼振荡。

图 8.1 作为以上理论预测的一个例证,展示了在单晶 $CsMgBr_3$ 中掺杂 Mn^{2+} 离子对之后的磁激发谱:首先,实验测的能级劈裂符合朗德间隔定则(式(8.3));其次,观测强度与结构因子一致,$\boldsymbol{R}=\left(0,0,\frac{1}{2}\right)$,在 $\boldsymbol{Q}=(0,0,1)$强度最大,在$\boldsymbol{Q}=(0,0,2)$强度为零。

8.1.2 三聚体

三聚体的海森堡哈密顿量为

$$\hat{H}=-2[J(\hat{\boldsymbol{S}}_1\cdot\hat{\boldsymbol{S}}_2+\hat{\boldsymbol{S}}_2\cdot\hat{\boldsymbol{S}}_3)+J'\hat{\boldsymbol{S}}_1\cdot\hat{\boldsymbol{S}}_3] \tag{8.11}$$

式中:J,J'分别为最近邻和次近邻交换参数。引入两个自旋量子数 S_{13}和 S,其中 $\boldsymbol{S}_{13}=\boldsymbol{S}_1+\boldsymbol{S}_3$ 和 $\boldsymbol{S}=\boldsymbol{S}_1+\boldsymbol{S}_2+\boldsymbol{S}_3$,且 $0\leqslant S_{13}\leqslant 2S_i$ 和 $|S_{13}-S_i|\leqslant S\leqslant(S_{13}+S_i)$。定义三聚态为$|S_{13},S\rangle$,其简并度为$(2S+1)$。通过选择这些自旋量子数,哈密顿量(8.11)是可对角化的,因此很容易得到它的本征值:

$$E(S_{13},S)=-J[S(S+1)-S_{13}(S_{13}+1)-S_i(S_i+1)] -J'[S_{13}(S_{13}+1)-2S_i(S_i+1)] \tag{8.12}$$

微分中子截面的计算沿用 8.1.1 节中的推导过程。对于 $S_1=S_2=S_3$,可得以下约化矩阵元

$$\langle S'_{13}S'\|\hat{T}_1\|S_{13}S\rangle=(-1)^{3S_1+S_{13}+S'_{13}+S}\times\sqrt{(2S+1)(2S'+1)(2S_{13}+1)(2S'_{13}+1)}\times\begin{Bmatrix}S' & S & 1\\ S_{13} & S'_{13} & S_1\end{Bmatrix}\begin{Bmatrix}S'_{13} & S_{13} & 1\\ S_1 & S_1 & S_1\end{Bmatrix}\langle S'_1\|\hat{T}_1\|S_1\rangle$$

$$\langle S'_{13}S'\|\hat{T}_2\|S_{13}S\rangle=\delta(S_{13},S'_{13})(-1)^{S_1+S_{13}+S'+1}\sqrt{(2S+1)(2S'+1)}\times\begin{Bmatrix}S' & S & 1\\ S_1 & S_1 & S_{13}\end{Bmatrix}\langle S'_1\|\hat{T}_1\|S_1\rangle$$

$$\langle S'_{13}S' \parallel \hat{T}_3 \parallel S_{13}S\rangle = (-1)^{S_{13}-S'_{13}}\langle S'_{13}S' \parallel \hat{T}_1 \parallel S_{13}S\rangle \tag{8.13}$$

以下关系式成立:

$$\langle S'_{13}S' \parallel \hat{T}_2 \parallel S_{13}S\rangle = -2\langle S'_{13}S' \parallel \hat{T}_1 \parallel S_{13}S\rangle \tag{8.14}$$

将式(8.13)和式(8.14)代入式(2.42),并应用 Wigner - Eckart 定理(式(8.5)),可得三聚体跃迁$|\hat{S}_{13},S\rangle \to |S'_{13},S'\rangle$的截面为

$$\begin{aligned}\frac{d^2\sigma}{d\Omega d\omega} = & N(\gamma r_0)^2 \frac{k'}{k}F^2(\boldsymbol{Q})e^{-2W(\boldsymbol{Q})}p_s\sum_{\alpha}\left(1-\left(\frac{Q_\alpha}{Q}\right)^2\right) \\ & \times \frac{2}{3}[1+(-1)^{\Delta S_{13}}\cos(\boldsymbol{Q}\cdot\boldsymbol{R}_{13}) \\ & +2\delta(S_{13},S'_{13})(1-\cos(\boldsymbol{Q}\cdot\boldsymbol{R}_{12})-\cos(\boldsymbol{Q}\cdot\boldsymbol{R}_{23}))] \\ & \times|\langle S'_{13}S' \parallel \hat{T}_1 \parallel S_{13}S\rangle|^2 \cdot \delta(\hbar\omega+E(S_{13},S)-E(S'_{13},S'))\end{aligned} \tag{8.15}$$

式中:N 为三聚体总数;$\boldsymbol{R}_{jj'}$ 为位于格点 j 和 j' 的磁离子之间的距离。

根据式(8.5)和式(8.13)中 3-j 和 6-j 符号的对称性,可得选择定则

$$\Delta S = S - S' = 0,\ \pm 1;\ \Delta S_{13} = S_{13} - S'_{13} = 0,\ \pm 1$$
$$\Delta M = M - M' = 0,\ \pm 1 \tag{8.16}$$

对于多晶材料,式(8.15)需要在 $\boldsymbol{Q}$ 空间中求平均。当三聚体中的磁离子呈线性排列时,可得

$$\begin{aligned}\frac{d^2\sigma}{d\Omega d\omega} = & N(\gamma r_0)^2 \frac{k'}{k}F^2(\boldsymbol{Q})e^{-2W(\boldsymbol{Q})}p_s \\ & \times \frac{4}{3}\left[\left(1+(-1)^{\Delta\hat{S}_{13}}\frac{\sin(2QR)}{2QR}\right)+2\delta(\hat{S}_{13},S'_{13})\left(1-2\frac{\sin(QR)}{QR}\right)\right] \\ & \times|\langle S'_{13}S' \parallel \hat{T}_1 \parallel S_{13}S\rangle|^2 \cdot \delta(\hbar\omega+E(S_{13},S)-E(S'_{13},S'))\end{aligned} \tag{8.17}$$

式中:R 为中心自旋(格点 2)和末端自旋(格点 1 和 3)之间的距离。

磁团簇化合物 $Ca_3Cu_3(PO_4)_4$ 中的铜离子以微弱的三聚体间相互作用形成线性三聚体,可用上述理论公式来描述。将铜自旋 $S_i = \frac{1}{2}$代入式(8.12),分别得到两个二重态和一个四重态,相应的能量分别为 $E\left(0,\frac{1}{2}\right) = \frac{3}{2}J'$,$E\left(1,\frac{1}{2}\right) = 2J - \frac{1}{2}J'$,以及 $E\left(1,\frac{3}{2}\right) = -J - \frac{1}{2}J'$。图 8.2(a)所示为多晶样品的非弹性中子散射实验结果,$T=1.5K$。在能量 $\varepsilon_1 = 9.44(3)$ meV 和 $\varepsilon_2 = 14.22(2)$ meV 时有两个非常清晰的激发。只有在反铁磁最近邻耦合 $J<0$ 的情况下才会出现比值 $\varepsilon_1/\varepsilon_2 \approx 2/3$;因此,二重态$|1,\frac{1}{2}\rangle$是基态,而位于 ε_1 和 ε_2 的峰分别对应于三聚体激发态

$|0,\frac{1}{2}\rangle$和$|1,\frac{3}{2}\rangle$,如图8.2(a)中的插图所示。根据截面式(8.17)计算出强度随Q的变化关系也很好地证实了这一点,如图8.2(b)所示。利用式(8.12)分析三聚体能级劈裂,得到耦合参数$J=-4.74(2)\mathrm{meV}$和$J'=-0.02(3)\mathrm{meV}$。

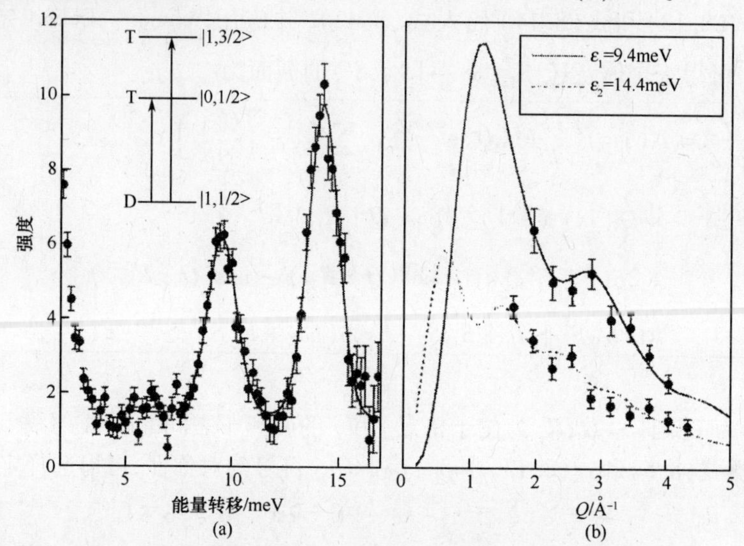

图8.2　$Ca_3Cu_3(PO_4)_4$的非弹性中子散射实验结果,$T=1.5\mathrm{K}$

(a)$Q=2.25\text{Å}^{-1}$时测的非弹性散射谱,插图是能级劈裂示意图;

(b)三聚体激发强度随Q的变化(Podlesnyak et al.(2007))。

8.1.3　四聚体

菱形四聚体的海森堡哈密顿量为

$$\hat{H}=-2J(\hat{S}_1\cdot\hat{S}_3+\hat{S}_1\cdot\hat{S}_4+\hat{S}_2\cdot\hat{S}_3+\hat{S}_2\cdot\hat{S}_4)\\-2J'\hat{S}_1\cdot\hat{S}_2-2J''\hat{S}_3\cdot\hat{S}_4\tag{8.18}$$

式中:J,J'和J''表示交换参数,如图8.3(a)所示。

为了完整地表征一个四聚态,需要引入自旋量子数$\boldsymbol{S}_{12}=\boldsymbol{S}_1+\boldsymbol{S}_2$,$\boldsymbol{S}_{34}=\boldsymbol{S}_3+\boldsymbol{S}_4$和$\boldsymbol{S}=\boldsymbol{S}_{12}+\boldsymbol{S}_{34}$,且$0\leqslant S_{12}\leqslant 2S_i$,$0\leqslant S_{34}\leqslant 2S_i$,以及$|S_{12}-S_{34}|\leqslant S\leqslant(S_{12}+S_{34})$。如果四聚体处于磁场$\boldsymbol{H}$中,磁场方向沿量子化轴,则式(8.18)必须将以下哈密顿量包含在内:

$$\hat{H}_{\mathrm{ex}}=-g\mu_{\mathrm{B}}H\sum_{i=0}^{4}\hat{S}_i^z=-g\mu_{\mathrm{B}}H\hat{S}^z\tag{8.19}$$

哈密顿量式(8.18)和式(8.19)之和是可对角化的,因此很容易得到其本征值:

$$E(S_{12},S_{34},S,M)=-J[S(S+1)-S_{12}(S_{12}+1)-S_{34}(S_{34}+1)]\\-J'[S_{12}(S_{12}+1)-2S_i(S_i+1)]$$

$$-J''[S_{34}(S_{34}+1)-2S_i(S_i+1)]-g\mu_B HM \quad (8.20)$$

式中：$-S\leqslant M\leqslant S$。文献 Güdel et al. (1979)给出了自旋四聚体的中子截面精确表达式。

以单斜化合物 $\alpha-MnMoO_4$ 为例，非弹性中子散射研究结果如图 8.3(b)所示，该化合物中含有 Mn^{2+} 离子($S_i=5/2$)的四聚体团簇，在 $T_N=10.7K$ 以下为长程反铁磁有序。在团簇($S=10$)内，Mn^{2+} 离子是铁磁排列的，在 $T=1.5K$ 清晰地观测到 4 个峰宽不同的跃迁，以罗马数字 Ⅰ 到 Ⅳ 逐一标记，相应的能级序列如图 8.3(b)所示。应用式(8.20)，从基态 $|5,5,10,10\rangle$ 跃迁的能量 Δ_Γ 分别为

$$\begin{cases}\Delta_{\mathrm{I}}=g\mu_B H\\ \Delta_{\mathrm{II}}=10J+10J'+g\mu_B H\\ \Delta_{\mathrm{III}}=10J+10J''+g\mu_B H\\ \Delta_{\mathrm{IV}}=20J+g\mu_B H\end{cases} \quad (8.21)$$

式中：H 为内部分子场。

将式(8.21)与图 8.3(b)中的实验数据进行比较，得到模型参数 $J=54(3)$ μeV，$J'=-8(7)$ μeV，$J''=20(9)$ μeV，以及 $H=5.4(3)$ T。

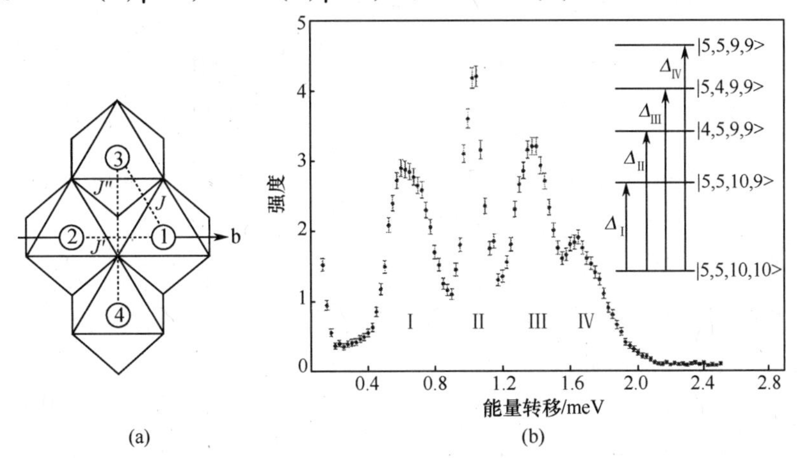

图 8.3　(a) $\alpha-MnMoO_4$ 中的 Mn_4O_{16} 团簇由 4 个共边的 MnO_6 八面体组成，其中 Mn^{2+} 用圆表示，氧离子位于顶点处，Mn(1) − Mn(2)键沿 b 轴，虚线标记团簇内的交换参数 J，J' 和 J'' 以及(b)多晶 $\alpha-MnMoO_4$ 的中子散射谱，$T=1.5K$，插图展示了四聚态 $|S_{12},S_{34},S,M\rangle$ 的能级序列(Ochsenbein et al. (2003))

8.1.4　*N* 聚体

对于包含 5 个及以上磁离子的团簇，自旋哈密顿量的对角化及中子截面计算都将变得复杂，但总自旋 **S** 仍是一个好量子数。

磁团簇是一大类单分子磁体的构建基石,在基础研究及应用研究领域都占有一席之地。Mn_{12}簇合物是一种非常有趣的单分子磁体,如图8.4所示,外环由8个Mn^{3+}离子($S=2$)构成,里面包围着由4个Mn^{4+}离子($S=3/2$)组成的四面体,Mn^{4+}自旋与Mn^{3+}自旋方向相反,因此基态的总自旋$S=10$。基态的21重简并度受晶场影响,形成一系列亚能级$M=\pm10,\pm9,\cdots,0$,如图8.5所示。根据选择定则(式(8.7)),会产生$\Delta M=\pm1$的10个跃迁,其中有7个跃迁可以通过非弹性中子散射实验测量,如图8.5所示(随着能量转移的降低,能量间隔不断

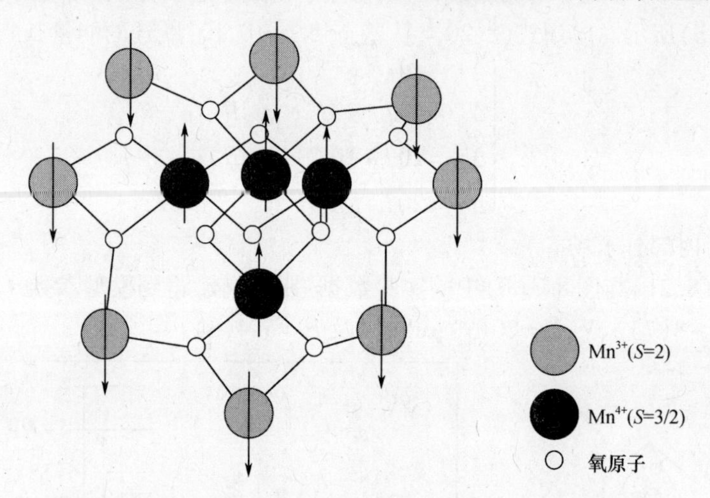

图8.4 Mn_{12}簇合物的结构示意图,图中只显示了内核$Mn_{12}O_{12}$
(Robinson et al.(2000))

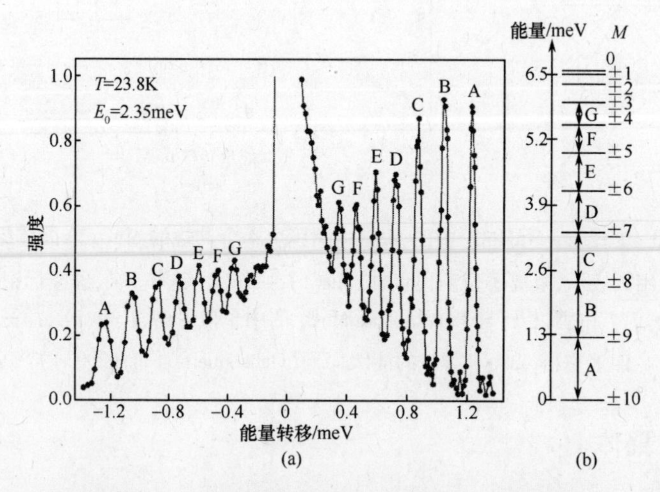

图8.5 (a)Mn_{12}簇合物的中子散射谱,$T=23.8K$
(Mirebeau et al.(1999))和(b)$S=10$基态的晶场劈裂

减小,因此不能将另外 3 个跃迁从弹性峰中分辨出来)。通过能量获得模式和能量损失模式观测到的跃迁还能阐明 2.5 节中的细致平衡原理。

8.2　自旋波

8.2.1　铁磁体

对于包含 N 个磁离子的扩展体系,海森堡哈密顿量为

$$\hat{H} = -2\sum_{j,j'}^{N} J_{jj'}\,\hat{\boldsymbol{S}}_j \cdot \hat{\boldsymbol{S}}_{j'} - g\mu_B H_a \sum_{j}^{N} \hat{S}_j^z \tag{8.22}$$

式中:H_a 为沿量子化轴(z 轴)的外磁场和(或)各向异性场。交换耦合 $J_{jj'}>0$ 使得自旋在零温下会完美地沿着 z 轴排列。在有限温度下,会发生自旋偏离并在晶格中传播,产生自旋波。自旋波色散由文献 Wagner(1972)给出:

$$\boxed{\hbar\omega(\boldsymbol{q}) = 2S(J(0) - J(\boldsymbol{q})) + g\mu_B H_a} \tag{8.23}$$

及交换函数的傅里叶变换

$$\boxed{J(\boldsymbol{q}) = \sum_{j,j'} J_{jj'} e^{i\boldsymbol{q}\cdot(\boldsymbol{R}_j - \boldsymbol{R}_{j'})}} \tag{8.24}$$

定义第 j 个原子(位于格点 $\boldsymbol{R}_j$)的自旋算符为

$$\begin{cases} \hat{S}_j^+(t) = \sqrt{\dfrac{2S}{N}} \displaystyle\sum_{\boldsymbol{q}} e^{i(\boldsymbol{q}\cdot\boldsymbol{R}_j - \omega(\boldsymbol{q})t)}\, \hat{a}_{\boldsymbol{q}} \\ \hat{S}_j^-(t) = \sqrt{\dfrac{2S}{N}} \displaystyle\sum_{\boldsymbol{q}} e^{-i(\boldsymbol{q}\cdot\boldsymbol{R}_j - \omega(\boldsymbol{q})t)}\, \hat{a}_{\boldsymbol{q}}^+ \\ \hat{S}_j^z(t) = S - \dfrac{1}{N} \displaystyle\sum_{\boldsymbol{q},\boldsymbol{q}'} e^{-i((\boldsymbol{q}-\boldsymbol{q}')\cdot\boldsymbol{R}_j - (\omega(\boldsymbol{q})t - \omega(\boldsymbol{q}')t)}\, \hat{a}_{\boldsymbol{q}}^+ \hat{a}_{\boldsymbol{q}'} \end{cases} \tag{8.25}$$

式中

$$\hat{a}_{\boldsymbol{q}} | n_{\boldsymbol{q}} \rangle = \sqrt{n_{\boldsymbol{q}}} | n_{\boldsymbol{q}} - 1 \rangle ; \hat{a}_{\boldsymbol{q}}^+ | n_{\boldsymbol{q}} \rangle = \sqrt{n_{\boldsymbol{q}} + 1} | n_{\boldsymbol{q}} + 1 \rangle \tag{8.26}$$

分别是湮灭和产生算符(Holstein, Primakoff (1940))。

根据 $\langle \hat{a}_{\boldsymbol{q}}^+ \hat{a}_{\boldsymbol{q}} \rangle = \langle n_{\boldsymbol{q}} \rangle$,$\langle \hat{a}_{\boldsymbol{q}} \hat{a}_{\boldsymbol{q}}^+ \rangle = \langle n_{\boldsymbol{q}} + 1 \rangle$,以及定义式

$$\hat{S}^x = \frac{1}{2}(\hat{S}^+ + \hat{S}^-) ; \hat{S}^y = -\frac{i}{2}(\hat{S}^+ - \hat{S}^-) \tag{8.27}$$

计算得到式(2.46)中的自旋关联函数 $\langle \hat{S}_j^\alpha(0) \hat{S}_{j'}^\beta(t) \rangle$:

$$\begin{aligned}\langle \hat{S}_j^x(0)\,\hat{S}_{j'}^x(t)\rangle &= \frac{S}{2N}\sum_{\boldsymbol{q}}\left[\mathrm{e}^{-\mathrm{i}(\boldsymbol{q}\cdot(\boldsymbol{R}_j-\boldsymbol{R}_{j'})-\omega(\boldsymbol{q})t)}\langle n_{\boldsymbol{q}}+1\rangle\right.\\ &\qquad\left.+\,\mathrm{e}^{\mathrm{i}(\boldsymbol{q}\cdot(\boldsymbol{R}_j-\boldsymbol{R}_{j'})-\omega(\boldsymbol{q})t)}\langle n_{\boldsymbol{q}}\rangle\right]\\ \langle \hat{S}_j^y(0)\,\hat{S}_{j'}^y(t)\rangle &= \langle \hat{S}_j^x(0)\,\hat{S}_{j'}^x(t)\rangle\\ \langle \hat{S}_j^z(0)\,\hat{S}_{j'}^z(t)\rangle &= S^2-\frac{2S}{N}\langle n_{\boldsymbol{q}}\rangle\end{aligned} \tag{8.28}$$

式中:$\langle n_{\boldsymbol{q}}\rangle$为玻色-爱因斯坦占有数,有

$$\langle n_{\boldsymbol{q}}\rangle = \left(\exp\left(\frac{\hbar\omega(\boldsymbol{q})}{k_{\mathrm{B}}T}\right)-1\right)^{-1} \tag{8.29}$$

在计算自旋波的中子散射截面时,将式(8.29)代入散射函数$S^{\alpha\beta}(\boldsymbol{Q},\boldsymbol{\omega})$(式(2.46))。可以舍去$\alpha=\beta=z$的项,因为它是不含时的,即描述的是弹性磁散射。此外,由于$\langle \hat{S}_j^x(0)\hat{S}_{j'}^y(t)\rangle = -\langle \hat{S}_j^y(0)\hat{S}_{j'}^x(t)\rangle$,因此只剩下$\alpha=\beta=x$和$\alpha=\beta=y$的项:

$$\begin{aligned}\frac{\mathrm{d}^2\sigma}{\mathrm{d}\Omega\mathrm{d}\omega} &= (\gamma r_0)^2\,\frac{S}{4\pi\hbar}\,\frac{k'}{k}F^2(\boldsymbol{Q})\,\mathrm{e}^{-2W(\boldsymbol{Q})}\left[1+\left(\frac{Q_z}{Q}\right)^2\right]\sum_{j,j'}\mathrm{e}^{\mathrm{i}\boldsymbol{Q}\cdot(\boldsymbol{R}_j-\boldsymbol{R}_{j'})}\\ &\quad\times\int_{-\infty}^{\infty}\sum_{\boldsymbol{q}}\left[\mathrm{e}^{-\mathrm{i}(\boldsymbol{q}\cdot(\boldsymbol{R}_j-\boldsymbol{R}_{j'})-\omega(\boldsymbol{q})t)}\langle n_{\boldsymbol{q}}+1\rangle\right.\\ &\quad\left.+\,\mathrm{e}^{\mathrm{i}(\boldsymbol{q}\cdot(\boldsymbol{R}_j-\boldsymbol{R}_{j'})-\omega(\boldsymbol{q})t)}\langle n_{\boldsymbol{q}}\rangle\right]\mathrm{e}^{-\mathrm{i}\omega t}\mathrm{d}t\end{aligned} \tag{8.30}$$

利用晶格求和关系式(A.10),以及δ函数的积分表达式(A.6),可得最终的截面公式为

$$\boxed{\begin{aligned}\frac{\mathrm{d}^2\sigma}{\mathrm{d}\Omega\mathrm{d}\omega} &= (\gamma r_0)^2\,\frac{(2\pi)^3 S}{2v_0}\,\frac{k'}{k}F^2(\boldsymbol{Q})\,\mathrm{e}^{-2W(\boldsymbol{Q})}\left[1+\left(\frac{Q_z}{Q}\right)^2\right]\\ &\quad\times\sum_{\boldsymbol{\tau},\boldsymbol{q}}\left[\langle n_{\boldsymbol{q}}+1\rangle\delta(\boldsymbol{Q}-\boldsymbol{q}-\boldsymbol{\tau})\delta(\hbar\omega(\boldsymbol{q})-\hbar\omega)\right.\\ &\quad\left.+\,\langle n_{\boldsymbol{q}}\rangle\delta(\boldsymbol{Q}+\boldsymbol{q}-\boldsymbol{\tau})\delta(\hbar\omega(\boldsymbol{q})+\hbar\omega)\right]\end{aligned}} \tag{8.31}$$

截面式(8.31)是两项之和,分别对应于自旋波的产生和湮灭。截面中的两个δ函数分别描述中子散射过程中的动量守恒式(2.1)和能量守恒式(2.2)。

图8.6所示为bcc铁的自旋波实验结果($T_{\mathrm{C}}=1041\mathrm{K}$)。对于小的波矢$\boldsymbol{q}$,自旋波色散几乎是各向同性的,即不依赖于$\boldsymbol{q}$的方向。大约只能在半个布里渊区内观测到清晰的自旋波激发,这是因为高于100meV时,自旋波会受到Stoner激发(单粒子激发)的强烈抑制。为了利用色散关系式(8.23)来分析数据,这里假设只存在最近邻交换相互作用J。离bcc晶格原点最近的8个原子位置用矢量$\boldsymbol{R}=a\left(\pm\frac{1}{2},\pm\frac{1}{2},\pm\frac{1}{2}\right)$来表示,其中$a$是晶格常数。将$\boldsymbol{R}$代入式(8.24),得

$$J(0)-J(\boldsymbol{q})=8J\left[1-\cos\left(\frac{aq_x}{2}\right)\cos\left(\frac{aq_y}{2}\right)\cos\left(\frac{aq_z}{2}\right)\right] \tag{8.32}$$

$q=0$ 时自旋波能量最小。当波矢较小时可以将式(8.32)按波矢 q 展开,则自旋波色散式(8.23)可以写为

$$\hbar\omega(q)=16SJa^2q^2(1-\beta q^2+\gamma q^4+\cdots)+g\mu_B H_a \tag{8.33}$$

从图 8.6 可以看出,式(8.33)在波矢小于 $q=0.7\text{Å}^{-1}$ 的范围内能够很好地描述自旋波色散,相关参数为 $g\mu_B H_a=0$,$16SJ=220\text{meV}$,以及 $\beta=-0.4\text{Å}^2$。

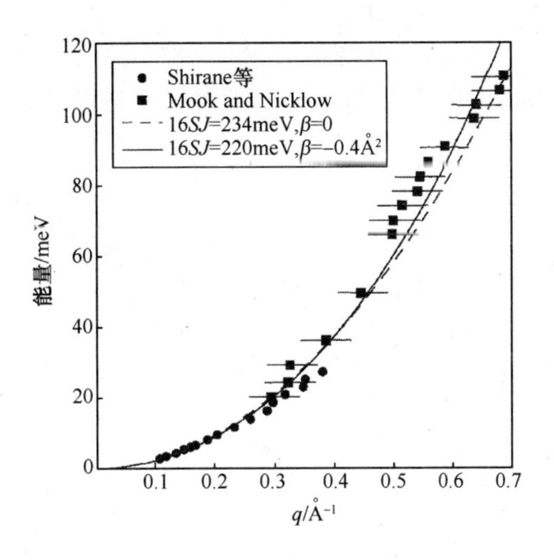

图 8.6　在室温下测的 bcc 铁的自旋波色散(Shirane et al.(1965),Lynn(1975)),线条是对实验数据做最小二乘法拟合

8.2.2　反铁磁体

与铁磁性相比,反铁磁基态是未知的,因而将自旋波的概念迁移到反铁磁体中并不是一件显而易见的事情。最简单的反铁磁体模型是只有两个亚点阵的情况,最近邻之间的反铁磁耦合 $J<0$,其哈密顿量为

$$\hat{H}=-J\sum_{j,j'}^{N/2}\hat{\boldsymbol{S}}_j\cdot\hat{\boldsymbol{S}}_{j'}+g\mu_B H_a\sum_{j}^{N/2}\hat{S}_j^z-g\mu_B H_a\sum_{j'}^{N/2}\hat{S}_{j'}^z \tag{8.34}$$

式中:下标 j 为第一个亚点阵中的自旋;j' 为第二个亚点阵中的自旋;H_a 为使基态稳定的各向异性场(沿量子化轴 z)。

根据哈密顿量式(8.34),可得反铁磁体的自旋波色散(Wagner(1972)):

$$\hbar\omega(\boldsymbol{q})=\sqrt{g\mu_B H_a(g\mu_B H_a+4S|J(0)|)+4S^2(J^2(0)-J^2(\boldsymbol{q}))} \tag{8.35}$$

由于各向异性场 H_a 通常比内场 $4S|J(0)|/g\mu_B$ 小几个数量级，所以一般忽略式(8.35)中的第一项。

在反铁磁体中，自旋波的中子散射截面与式(8.31)基本一致，但是 $1+(Q_z/Q)^2$ 这一项要改成函数 $A(\boldsymbol{Q})$，该函数与特定的耦合模型有关(Lovesey (1984))。

在接下来的例子中，应用式(8.35)分析一维体系，其相邻离子间距为 a，反铁磁耦合 $J<0$。根据式(8.24)，可得 $J(q)=2J\cos(qa)$。将这一结果代入式(8.35)并令 $H_a=0$，得

$$\hbar\omega(q)=4SJ\sin(qa) \tag{8.36}$$

一维反铁磁体 $CsMnBr_3$ 中 Mn^{2+} $(S=5/2)$ 磁性离子链的取向平行于六角晶格的 c 方向，式(8.36)很好地描述了自旋波色散，如图8.7所示。

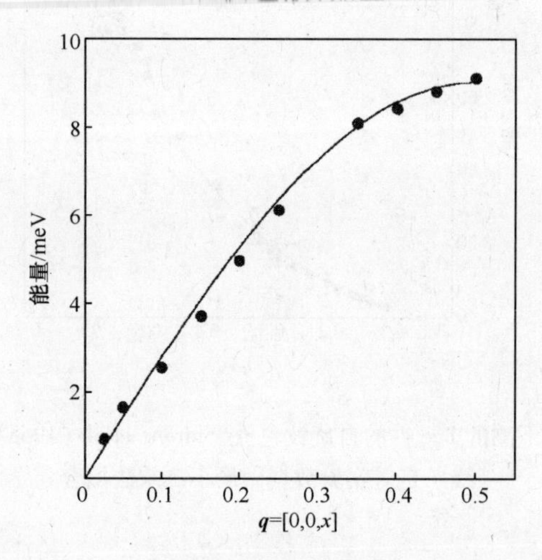

图8.7 $CsMnBr_3$ $(S_j=5/2)$ 的自旋波色散(Breitling et al. (1977))，$T=5$K。实线是用方程(8.36)做最小二乘法拟合，得到 $J=-0.9$meV

接下来讨论的第二个例子是反铁磁体 La_2CuO_4，它是高温超导体 $La_{2-x}Sr_xCuO_4$ 的母相化合物。La_2CuO_4 是一种层状结构，由铜-氧面和镧-氧面交替堆叠而成，即该化合物是典型的二维反铁磁体。在 $\boldsymbol{q}=(0,x,0)$ 测的自旋波色散如图8.8所示。根据式(8.35)进行数据分析时，只考虑最近邻反铁磁交换相互作用 $J<0$，如图8.8中的插图所示。位于 (x,y) 平面原点的 Cu^{2+} 离子 $(S_i=1/2)$ 的4个最近邻位置由矢量 $\boldsymbol{R}=a\left(\pm\frac{1}{2},\pm\frac{1}{2}\right)$ 表示。将 $\boldsymbol{R}$ 代入式(8.24)，得

$$J(\boldsymbol{q})=4J\cos\left(\frac{aq_x}{2}\right)\cos\left(\frac{aq_y}{2}\right) \tag{8.37}$$

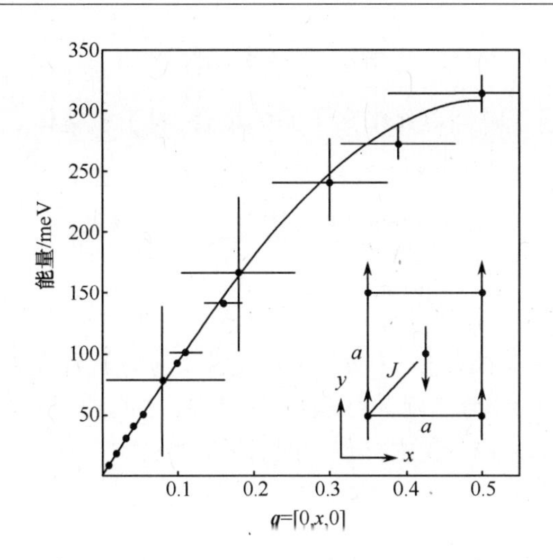

图 8.8 La_2CuO_4 的自旋波色散(Hayden et al. (1991)),$T=5K$,实线是用式(8.38)做的最小二乘法拟合,$J=-76(2)$ meV,插图展示了(x,y)面内 Cu^{2+} 离子的反铁磁耦合

联合式(8.35)和式(8.37),并令 $H_a=0$,得

$$\hbar\omega(\boldsymbol{q})=4J\sqrt{1-\cos^2\left(\frac{aq_x}{2}\right)\cos^2\left(\frac{aq_y}{2}\right)} \tag{8.38}$$

从图 8.8 可以看出,$J=76(2)$ meV 时,色散关系的理论表达式(8.38)极好地描述了实验数据。此外,将下面的函数作为结构因子代入截面公式(8.31)(Hayden et al. (1991)),理论模型还成功地描述了观测到的自旋波振幅:

$$A(\boldsymbol{q})\propto\sqrt{\frac{1-\cos\left(\frac{aq_x}{2}\right)\cos\left(\frac{aq_y}{2}\right)}{1+\cos\left(\frac{aq_x}{2}\right)\cos\left(\frac{aq_y}{2}\right)}} \tag{8.39}$$

之后的实验沿倒易空间中的其他方向进行了测量,并证实除了最近邻相互作用以外还存在其他的相互作用项(Coldea et al. (2001))。

8.2.3 随机相近似

随机相近似(RPA)可用于计算体系的集体磁激发。体系的自旋哈密顿量除了包含前面两个章节中讨论的二离子交换相互作用$\hat{H}_1$ 以外,还包含另外一项$\hat{H}_0$:

$$\hat{H}=\hat{H}_0+\hat{H}_1 \tag{8.40}$$

典型的例子有 4f 电子体系,其中$\hat{H}_0$ 是单离子晶场相互作用(式(9.9));在磁团簇体系中,$\hat{H}_0$ 描述了磁性单元中离子间的耦合,对于二聚体、三聚体和四聚体来说,$\hat{H}_0$ 分别由式(8.1)、式(8.11)和式(8.18)给出。在 f 电子体系中,RPA 方法基于磁化率的概念(Jensen, Macintosh(1991)):

$$\chi(\boldsymbol{q},\omega)=\frac{\chi^0(\omega)}{1-\chi^0(\omega)J(\boldsymbol{q})} \tag{8.41}$$

式中:$\chi^0(\omega)$为单离子磁化率;$J(\boldsymbol{q})$为交换函数的傅里叶变换(式(8.24))。式(2.47)描述了$\chi(\boldsymbol{q},\omega)$与自旋关联函数 $S(\boldsymbol{Q},\omega)$之间的关系。对于$\chi(\boldsymbol{q},\omega)$,只有当单离子磁化率$\chi^0(\omega)$起主导作用时,RPA 方法才有效:

$$\chi^0(\omega)=\sum_{\Gamma}\frac{\langle\Gamma|\hat{S}^+|0\rangle\langle 0|\hat{S}^-|\Gamma\rangle}{\Delta_\Gamma-\hbar\omega} \tag{8.42}$$

式中:$|0\rangle$和$|\Gamma\rangle$分别为基态和激发态;$\langle\Gamma|\hat{S}^+|0\rangle=\langle 0|\hat{S}^-|\Gamma\rangle$为跃迁矩阵元;$\Delta_\Gamma$为式(8.40)的平均场解。

磁激发谱可由$\chi(\boldsymbol{q},\omega)$的极点得到

$$\hbar\omega(\boldsymbol{q})|_\Gamma=\sqrt{\Delta_\Gamma^2-2\Delta_\Gamma|\langle\Gamma|\hat{S}^+|0\rangle|^2J(\boldsymbol{q})} \tag{8.43}$$

令$\langle\Gamma|\hat{S}^+|0\rangle=1$,式(8.43)适用于磁团簇体系。

接下来举例说明 RPA 模型的应用,研究对象是 8.1.3 节中介绍的四面体团簇化合物 $\alpha-MnMoO_4$。低于 $T_N=10.7K$ 时,铁磁排列的锰离子团簇是反铁磁耦合的,磁有序波矢为 $\boldsymbol{q}_0=\left(1,0,\frac{1}{2}\right)$。因此,很容易区分亚点阵内部交换参数的傅里叶变换 $J(\boldsymbol{q})$和亚点阵之间的交换参数的傅里叶变换 $J'(\boldsymbol{q})$。相应地,在式(8.41)和式(8.43)中,$J(\boldsymbol{q})$必须改成 $J(\boldsymbol{q})\pm|J'(\boldsymbol{q})|$,自旋波劈裂成声学支和光学支,分别用符号 + 和 − 来表示。

在 $\alpha-MnMoO_4$ 中,磁激发的中子散射截面为(Jensen, Macintosh (1991)):

$$\frac{d^2\sigma}{d\Omega d\omega}\propto F^2(\boldsymbol{Q})S(\boldsymbol{Q})(1\pm\cos(\varphi))\sum_{\alpha}\left[1-\left(\frac{Q_\alpha}{Q}\right)^2\right] \tag{8.44}$$

式中:$S(\boldsymbol{Q})$为四聚体的结构因子

$$S(\boldsymbol{Q})=\sum_{i,j=1}^{4}e^{i\boldsymbol{Q}\cdot(\boldsymbol{R}_i-\boldsymbol{R}_j)} \tag{8.45}$$

式中:$\boldsymbol{R}_i$ 为四聚体中 Mn^{2+} 离子的位置;符号 + 和 − 分别表示声学支和光学支。

相位 φ 的定义是

$$J'(\boldsymbol{Q})=J'(\boldsymbol{q})e^{-i\boldsymbol{\tau}\cdot\boldsymbol{\rho}}=|J'(\boldsymbol{q})|e^{-i\varphi} \tag{8.46}$$

式中：τ 为倒易晶格矢；ρ 为连接两个四聚体亚点阵的矢量。

图 8.9 所示为单晶实验的一些结果。式(8.43)可以很好地解释所有观测到的色散曲线。由于磁晶胞中有 8 个 Mn^{2+} 离子(或者说 2 个 Mn 四聚体)，磁激发谱共有 8 个支。

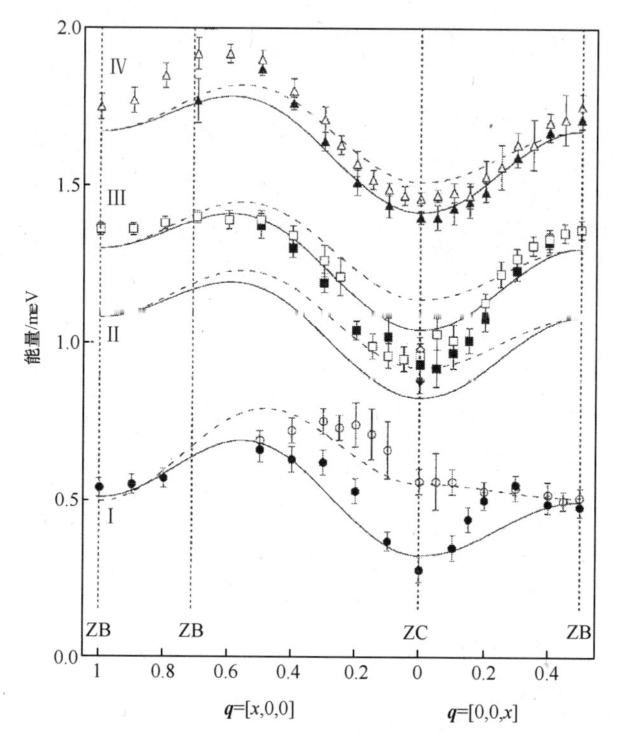

图 8.9　$\alpha-MnMoO_4$ 在 $[0,x,0]$ 和 $\left[0,x,\dfrac{x}{2}\right]$ 方向的 4 个激发支 Ⅰ ~ Ⅳ，$T=1.5K$。圆形、菱形、方形及三角形分别表示 Ⅰ、Ⅱ、Ⅲ、Ⅳ激发支，如图 8.3(b)所示。实心和空心分别表示声学激发和光学激发。实线和虚线分别表示声学支和光学支的计算值。ZC 和 ZB 标记的虚线分别代表布里渊区中心和边界(Häfliger et al. (2009))

8.3　孤子

8.2 节中讨论的自旋波是自旋算符 $\hat{S}_j^{\pm}$ 的运动方程的特解：

$$-\mathrm{i}\frac{\partial}{\partial t}\hat{S}_j^{\pm}=[\hat{H},\hat{S}_j^{\pm}] \tag{8.47}$$

将自旋哈密顿量例如式(8.18)代入式(8.47)，会得到一些包含算符 $\hat{S}_j^z$ 的乘积项，通过代换 $\hat{S}_j^z\to S$ 可以将运动方程线性化，即自旋波是小振幅解(习题 8.3)。

如果振幅很大,则线性自旋波理论不再适用。典型的非线性或者“孤立”解是布洛赫壁,相应的激发称为孤子,接下来将讨论孤子的性质。

一维磁性原子链和耦合摆的线性体系之间存在惊人的相似之处。后者的动力学可以用 Sine - Gordon 方程描述:

$$\frac{\partial^2 \phi}{\partial z^2} - \frac{1}{c^2}\frac{\partial^2 \phi}{\partial t^2} = m^2 \sin\phi \tag{8.48}$$

式中:ϕ 为摆的振幅;常数 c、m 与耦合摆的特性有关(Steiner (1980))。当振幅 ϕ 较小时,令 $\sin\phi = \phi$,可以将 Sine - Gordon 方程式(8.48)线性化,得到线性解为

$$\phi(z,t) \propto \cos(zt - \omega t) \tag{8.49}$$

当振幅 ϕ 较大时,式(8.48)的解具有如下形式:

$$\phi(z,t) \propto \arctan(e^{\pm m\xi}) \tag{8.50}$$

式中

$$\xi = \frac{z - vt}{\sqrt{1 - \left(\frac{v}{c}\right)^2}} \tag{8.51}$$

式中:v 为孤子沿 z 方向的传播速度。方程(8.50)中的符号 ± 表示传播方向相反的孤子和反孤子。Sine - Gordon 方程式(8.48)的另外一种解称为呼吸子(孤子 - 反孤子对)(Steiner(1980))。

人们在六角化合物 $CsNiF_3$ 中首次观测到了磁孤子。该化合物是由铁磁性的镍原子链组成,当 $T > T_N = 2.7K$ 时,链内有强耦合作用,而链间的耦合很弱。磁矩被很强的单离子各向异性束缚在(ab)平面内。在该平面内,它们可以自由旋转。自旋哈密顿量为

$$\hat{H} = -2J\sum_i \hat{\boldsymbol{S}}_i \cdot \hat{\boldsymbol{S}}_{i+1} + D\sum_i (\hat{S}_i^z)^2 \tag{8.52}$$

$T > T_N$ 时,利用以上模型来分析 c 方向的自旋波色散,得到 $J = 1.02$meV,$D = 0.82$meV。通过施加与 c 方向垂直的外磁场 $\boldsymbol{H}$,非弹性中子散射实验结果表明确实存在孤子响应。利用 Sine - Gordon 方程式(8.48)进行数据分析,相关参数为

$$\phi = \angle(\boldsymbol{H}, \boldsymbol{S}), c = 2S\sqrt{DJ}, m = \sqrt{\frac{g\mu_B H}{JS}} \tag{8.53}$$

Mikeska(Mikeska (1978))计算了孤子的自旋关联函数(式(2.43)),得

$$\boxed{S_{sol}(\boldsymbol{Q},\omega) \propto \frac{\beta e^{-8m\beta}}{Rq}\left(\frac{\frac{\pi q}{2m}}{\sinh\left(\frac{\pi q}{2m}\right)}\right)^2 e^{-\frac{4\beta m\omega^2}{R^2 q^2}}} \tag{8.54}$$

式中:$\beta = 1/k_B T$,$R = c/2$ 表示 c 方向上镍离子之间的距离。

根据式(8.54),孤子响应是以零能量转移为中心的高斯函数(准弹性散射),$CsNiF_3$ 的实验很好地证实了这一点,如图 8.10(a)所示。孤子响应在 $\hbar\omega = 0$ 两侧各有一个非弹性峰,分别位于 $\hbar\omega = \pm 0.5$meV,对应于自旋波激发的产生和湮灭。此外,观测到孤子响应的强度及半高宽随温度的变化与式(8.54)的理论预测非常吻合,如图 8.10(b)所示。

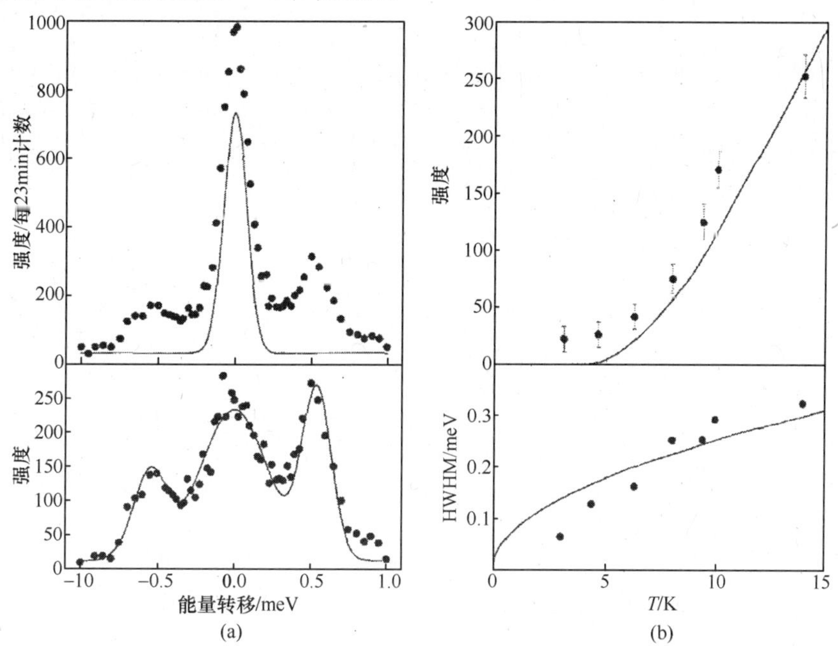

图 8.10　(a)上图:$CsNiF_3$ 的非弹性中子散射谱,$\boldsymbol{Q} = (0,0,1.9)$,$T = 9.3$K,$H = 0.5$T(圆点)。实线是在 $T = 3.1$K 和 $H = 3.0$T 时测的图谱,将其作为本底。下图:上图中的两个图谱之差。实线是高斯最小二乘法拟合结果以及(b)孤子响应的积分强度(上图)和能量半高宽(下图)随温度的变化,$H = 0.5$T(圆点),$\boldsymbol{Q} = (0,0,1.0)$。实线是用式(8.54)做的最小二乘法拟合(Kjems and Steiner(1978))

8.4　扩展阅读

- H. P. Andres, S. Decurtins and H. U. Güdel, in *Frontiers of neutron scattering*, ed. by A. Furrer (World Scientific, Singapore, 2000), p. 149: *Neutron scattering of molecular magnets*
- T. Chatterji, in *Neutron scattering from magnetic materials*, ed. by T. Chatterji (Elsevier, Amsterdam, 2006), p. 245: *Magnetic excitations*

• J. Jensen and A. R. Macintosh, *Rare - earth magnetism structures and excitations* (*Clarendon Press*, *Oxford*, 1991)

• G. Lander, in *Neutron scattering*, ed. by A. Furrer (Proc. 93 - 01, ISSN 1019 - 6447, PSI Villigen, 1993), p. 235: *Magnetic excitations*

• T. G. Perring, in *Frontiers of neutron scattering*, ed. by A. Furrer (World Scientific, Singapore, 2000), p. 190: *Neutron scattering from low - dimensional magnetic systems*

• J. P. Regnault, in *Neutron scattering from magnetic materials*, ed. by T. Chatterji (Elsevier, Amsterdam, 2006), p. 363: *Inelastic neutron polarization analysis*

• W. G. Stirling and K. A. McEwan, in *Methods of experimental physics*, Vol. 23, Part C (Academic Press, London, 1987), p. 159: *Magnetic excitations*

8.5 习题

习题 8.1

(a) 仔细分析 $CsMn_{0.28}Mg_{0.72}Br_3$ 的二聚体劈裂能量(图 8.1),发现朗德间隔定则(式(8.3))(Falk et al. (1984))稍有偏差:

$$E(1) - E(0) = 1.80(1)\,\text{meV}$$
$$E(2) - E(1) = 3.60(1)\,\text{meV}$$
$$E(3) - E(2) = 5.27(2)\,\text{meV}$$
$$E(4) - E(3) = 6.74(3)\,\text{meV}$$

可以通过在海森堡哈密顿量(式(8.1))中引入四乘幂交换项来加以解释:

$$\hat{H} = -2J\,\hat{\boldsymbol{S}}_1 \cdot \hat{\boldsymbol{S}}_2 - K(\hat{\boldsymbol{S}}_1 \cdot \hat{\boldsymbol{S}}_2)^2 \tag{8.55}$$

计算方程式(8.55)的本征值,并根据二聚体劈裂能量的实验值得到双线性耦合参数 J 和四乘幂耦合参数 K。

(b) Kittel(Kittel (1960))认为,磁性化合物中的四乘幂交换相互作用可能源于交换伸缩。交换伸缩是几何自由度引起的,即交换耦合的离子可以调节它们之间的距离 r,从而以损耗弹性能量为代价来获得磁性能量。六角化合物 $CsMn_{0.28}Mg_{0.72}Br_3$ 中 Mn 二聚体的弹性能量密度为

$$u_{el} = \frac{1}{2}c_{11}(e_{xx}^2 + e_{yy}^2) + \frac{1}{2}c_{33}e_{zz}^2 + c_{12}e_{xx}e_{yy} + c_{13}(e_{xx}e_{zz} + e_{yy}e_{zz}) \tag{8.56}$$

式中:c_{ik},$e_{\alpha\beta}$分别为弹性常数和应变分量。

如果令 $e_{xx} = e_{yy} = 0$,只考虑局部纵向变形 $e_{zz} = (r - r_0)/r_0$,其中 $r_0 = c/2$,则弹性能量密度可以化简为

$$u_{\mathrm{el}} = \frac{1}{2} c_{33} \left(\frac{r - r_0}{r_0} \right)^2 \tag{8.57}$$

每个二聚体的能量是 $W_{\mathrm{el}} = vu_{\mathrm{el}}$，其中 $v = \sqrt{3}a^2c/4$ 是被二聚体占据的半个晶胞体积。弹性能量和磁性能量之和为

$$W = \frac{\sqrt{3}}{4} a^2 c \frac{c_{33}}{2} \left(\frac{r - r_0}{r_0} \right)^2 - 2J(r) \hat{\boldsymbol{S}}_1 \cdot \hat{\boldsymbol{S}}_2 \tag{8.58}$$

根据 $\mathrm{d}W/\mathrm{d}r = 0$ 计算出最小总能时的距离 r。再将 r 代入式(8.58)，得到一个四乘幂项，该项的系数中包括晶格参数 $a = 7.5304\text{Å}$，$c = 6.4516\text{Å}$，双线性交换参数的微分 $\mathrm{d}J/\mathrm{d}r = 3.6\mathrm{meV/Å}$，以及弹性常数 c_{33}(Strässle et al. (2004a))。在同构化合物 $CsNiF_3$ 中，$c_{33} = 64\mathrm{GPa}$。弹性常数 c_{33} 与声学声子频率成反比，$\omega \propto (c\sqrt{M})^{-1}$，其中 M 是摩尔质量，因此可知 $CsMn_{0.28}Mg_{0.72}Br_3$ 的 $c_{33} = 41\mathrm{GPa}$，试将系数与(a)中得到的四乘幂交换参数 K 进行比较。

习题 8.2

$LaCoO_3$ 是一种非磁性钙钛矿化合物，所有的 Co^{3+} 离子都处于低自旋态($S = 0$)。用二价的 Sr^{2+} 离子置换 La^{3+} 会在晶格中产生一个 Co^{4+} 离子，其任何自旋态构型中 S 均不为零。由 Sr^{2+} 掺杂引起的空穴并不局域在 Co^{4+} 格点，而是可以到达一些相邻的 Co^{3+} 离子，将它们转变成更高的磁自旋态，从而形成磁性钴团簇(称为自旋态极化子)。掺杂化合物的实验证实了这一点，即在能量转移 $\Delta E = 0.75\mathrm{meV}$ 观测到一个磁激发，而在未掺杂的母相化合物 $LaCoO_3$(Podlesnyak et al. (2008))中未能观测到该信号。磁激发的强度随 Q 的变化表现出明显的振荡行为，如图 8.11 所示，通过结构因子反映了极化子的大小及形状。对于 $\Delta S = 0$ 的跃迁，由 n 个磁性离子组成的团簇的中子散射截面可以由多晶样品的中子散射截面式(8.10)近似得到：

$$\frac{\mathrm{d}^2\sigma}{\mathrm{d}\Omega\mathrm{d}\omega} \propto F^2(\boldsymbol{Q}) \sum_{j<j'=1}^{n} \Big[| \langle S \| \hat{T}_j \| S' \rangle |^2 + 2 \frac{\sin(Q | \boldsymbol{R}_j - \boldsymbol{R}_{j'} |)}{Q | \boldsymbol{R}_j - \boldsymbol{R}_{j'} |} \langle S \| \hat{T}_j \| S' \rangle \langle S' \| \hat{T}_j \| S \rangle \Big] \tag{8.59}$$

式中：$\boldsymbol{R}_j$ 为团簇中第 j 个离子的位置。

计算图 8.11 中不同类型的多聚体的截面，与已测的强度进行比较，从而确定自旋态极化子的几何构型(式(8.59)中所有的约化矩阵元都可以设为 1)。最近邻 Co – Co 距离是 3.9Å。钴的形状因子可在文献 Freeman，Desclaux(1979)中查到，在 $Q \leqslant 2.5\text{Å}$ 范围内，它单调递减不超过 25%。

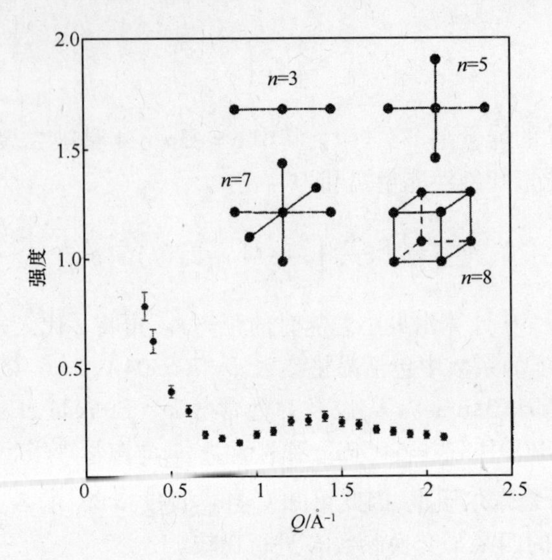

图 8.11　$La_{0.998}Sr_{0.002}CoO_3$ 中跃迁的强度随 Q 的变化，$\Delta E = 0.75\mathrm{meV}$ (Podlesnyak et al. (2008))，插图展示了不同种类的钴多聚体

习题 8.3

(a) 通过求解运动方程，推导一维反铁磁体的自旋波色散关系式(8.36)，例如，对于自旋算符 S^+，海森堡哈密顿量为

$$\hat{H} = -2J\sum_i \hat{S}_i \cdot \hat{S}_{i+1} \tag{8.60}$$

(b) 在哈密顿量式(8.60)中引入四乘幂项之后，自旋波色散将如何变化?

$$\hat{H} = -2J\sum_i \hat{S}_i \cdot \hat{S}_{i+1} - K\sum_i (\hat{S}_i \cdot \hat{S}_{i+1})^2 \tag{8.61}$$

8.6 答案

习题 8.1

(a)式(8.55)中的四乘幂项只有对角矩阵元，哈密顿量的本征值为

$$E(S) = -J\eta - \frac{1}{4}K\eta^2, \eta = S(S+1) - 2S_i(S_i+1) \tag{8.62}$$

其中 $S_i = 5/2$，因而

$$E(1) - E(0) = -2J + \frac{33}{2}K$$

$$E(2) - E(1) = -4J + 27K$$

$$E(3) - E(2) = -6J + \frac{51}{2}K$$

$$E(4) - E(3) = -8J + 6K$$

对测的二聚体劈裂能量进行最小二乘法拟合,得到 $J = -0.838(5)$ meV 和 $K = 8.8(8)\,\mu$eV。

(b) 将式(8.58)中的磁性能量展开到一阶项:

$$W \approx \frac{\sqrt{3}}{4}a^2 c\,\frac{c_{33}}{2}\left(\frac{r - r_0}{r_0}\right)^2 - 2\left(J(r_0) + \left(\frac{\mathrm{d}J}{\mathrm{d}r}\right)_{r_0}(r - r_0)\right)\hat{\boldsymbol{S}}_1 \cdot \hat{\boldsymbol{S}}_2$$

根据 $\mathrm{d}W/\mathrm{d}r = 0$ 可得

$$r - r_0 = \frac{2c}{\sqrt{3}a^2 c_{33}}\left(\frac{\mathrm{d}J}{\mathrm{d}r}\right)_{r_0}\hat{\boldsymbol{S}}_1 \cdot \hat{\boldsymbol{S}}_2 \tag{8.63}$$

将 $r - r_0$ 代入式(8.58),得

$$W = -2J(r_0)\hat{\boldsymbol{S}}_1 \cdot \hat{\boldsymbol{S}}_2 - \frac{2c}{\sqrt{3}a^2 c_{33}}\left(\frac{\mathrm{d}J}{\mathrm{d}r}\right)^2_{r_0}(\hat{\boldsymbol{S}}_1 \cdot \hat{\boldsymbol{S}}_2)^2 \tag{8.64}$$

并与哈密顿量式(8.55)进行比较,得到四乘幂项的耦合参数为 6.6μeV,与(a)中得到的 $K = 8.8(8)\,\mu$eV 比较一致。因此可以推断 $CsMn_{0.28}Mg_{0.72}Br_3$ 中的四乘幂交换耦合相互作用在很大程度上是由于交换伸缩机制引起的。

习题 8.2

从图 8.12 可以看出,八面体构型的 Co 七聚体 ($n = 7$) 可以很好地描述 $La_{0.998}Sr_{0.002}CoO_3$ 中跃迁的强度随 Q 的变化($\Delta E = 0.75$meV)。

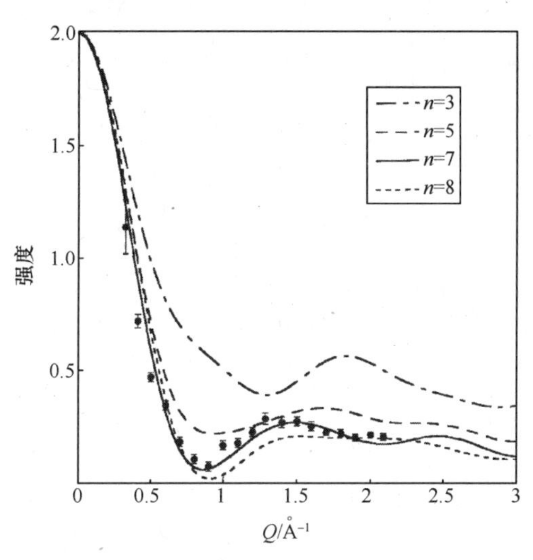

图 8.12　$La_{0.998}Sr_{0.002}CoO_3$ 中跃迁的强度随 Q 的变化,$\Delta E = 0.75$meV (Podlesnyak et al. (2008))。线条是图 8.11 中不同类型的 Co 多聚体的结构因子计算结果

习题 8.3

(a) 根据式(C.4)可以改写哈密顿量(式(8.60)):

$$\hat{H} = -J\sum_i (\hat{S}_i^+ \hat{S}_{i+1}^- + \hat{S}_i^- \hat{S}_{i+1}^+ + 2\hat{S}_i^z \hat{S}_{i+1}^z)$$
$$= -J\sum_{i,\pm}\left(\frac{1}{2}(\hat{S}_i^+ \hat{S}_{i\pm1}^- + \hat{S}_i^- \hat{S}_{i\pm1}^+) + \hat{S}_i^z \hat{S}_{i\pm1}^z\right) \tag{8.65}$$

算符 S^+ 的运动方程为

$$-\mathrm{i}\frac{\partial}{\partial t}\hat{S}_j^+ = [\hat{H},\hat{S}_j^+] = \left[-J\sum_{i,\pm}\left(\frac{1}{2}(\hat{S}_i^+ \hat{S}_{i\pm1}^- + \hat{S}_i^- \hat{S}_{i\pm1}^+) + \hat{S}_i^z \hat{S}_{i\pm1}^z\right),\hat{S}_j^+\right] \tag{8.66}$$

应用对易关系:

$$[\hat{S}_i^+,\hat{S}_j^-] = 2\delta_{ij}\hat{S}_i^z, [\hat{S}_i^-,\hat{S}_j^+] = -2\delta_{ij}\hat{S}_i^z,$$
$$[\hat{S}_i^z,\hat{S}_j^+] = \delta_{ij}\hat{S}_i^+, [\hat{S}_i^z,\hat{S}_j^-] = -\delta_{ij}\hat{S}_i^- \tag{8.67}$$

将式(8.66)转换成如下形式:

$$-\mathrm{i}\frac{\partial}{\partial t}\hat{S}_j^+ = 2J[\hat{S}_j^z(\hat{S}_{j-1}^+ + \hat{S}_{j+1}^+) - \hat{S}_j^+(\hat{S}_{j-1}^z + \hat{S}_{j+1}^z)] \tag{8.68}$$

通过以下代换,可以将运动方程线性化:

$$\hat{S}_j^z \to S, \hat{S}_{j\pm1}^z \to -S, \text{即}\hat{S}_j^z = (-1)^j S \tag{8.69}$$

联合式(8.68)和式(8.69),得

$$-\mathrm{i}\frac{\partial}{\partial t}\hat{S}_j^+ = 2JS(\hat{S}_{j-1}^+ + 2\hat{S}_j^+ + \hat{S}_{j+1}^+) \tag{8.70}$$

以及

$$\hbar\omega(q) = 4S|J|\sin(qa) \tag{8.71}$$

(b) 四乘幂项的运动方程为(Falk et al. (1984))

$$-\mathrm{i}\frac{\partial}{\partial t}\hat{S}_j^+ = K\sum_{\pm}[(\hat{S}_j^z)^2(\hat{S}_{j\pm1}^z \hat{S}_{j\pm1}^+ + \hat{S}_{j\pm1}^+ \hat{S}_{j\pm1}^z) - (\hat{S}_{j\pm1}^z)^2(\hat{S}_j^z \hat{S}_j^+ + \hat{S}_j^+ \hat{S}_j^z)] \tag{8.72}$$

采取与(a)相同的步骤,可得以下结果:

$$\hbar\omega(q) = 4S|J - KS^2|\sin(qa) \tag{8.73}$$

这表明通过自旋波色散分析,无法得到交换参数 J 和 K 的大小,这与磁离子小团簇例如二聚体的实验(习题 8.1)是不同的。

第 9 章　晶体场跃迁

9.1　晶体场的基本概念

在讨论磁性材料的物理性质时，晶体场相互作用是必不可少的一部分。晶体中的磁性离子与周围带电的配体离子相互作用，产生静电场（晶体场或配位场）。这种相互作用引起的能级劈裂的量级约为 1～1000meV，因此非弹性中子散射可以直接测定晶体场态。接下来将主要考虑 4f 电子体系中的弱晶体场（这里的"弱"是与自旋－轨道相互作用相比）。

为了阐明晶体场的概念，先考虑只包含一个 p 电子的简单体系，用波函数 $|\phi_{nlm}\rangle$ 来描述，其中 n 是主量子数，l 是轨道量子数，$l=1$，$-1\leqslant m\leqslant 1$。本征态如下：

$$
\begin{aligned}
|\phi_+\rangle &= \frac{1}{\sqrt{2}}(x+\mathrm{i}y)f(r) \\
|\phi_0\rangle &= zf(r) \\
|\phi_-\rangle &= \frac{1}{\sqrt{2}}(x-\mathrm{i}y)f(r)
\end{aligned}
\tag{9.1}
$$

这些本征态是相互正交的，相应的能量本征值是三重简并的。现在引入晶体场：将点电荷 $+Q$ 放在笛卡儿坐标系中 $x=\pm a, y=\pm b, z=\pm c$ 的位置，如图 9.1(a) 所示。在这种情况下，体系的波函数是式(9.1)的线性组合：

$$
\begin{cases}
\dfrac{1}{\sqrt{2}}(|\phi_+\rangle+|\phi_-\rangle)=xf(r) \\
\dfrac{1}{\mathrm{i}\sqrt{2}}(|\phi_+\rangle-|\phi_-\rangle)=yf(r) \\
|\phi_0\rangle=zf(r)
\end{cases}
\tag{9.2}
$$

这些波函数的图像如 9.1(b) 所示。三重简并能级的劈裂与晶体场对称性有关：

（1）立方对称性（$a=b=c$）：没有劈裂。

（2）四方对称性（$a=b\neq c$）：一个单态和一个二重态。

（3）正交对称性（$a\neq b\neq c$）：三个单态。

位于 $x=-a$ 的电荷 $+Q$ 产生的晶体场势为

$$V(x,y,z)=\frac{Q}{\sqrt{(x+a)^2+y^2+z^2}}=\frac{Q}{a\sqrt{1+\frac{2x}{a}+\frac{r^2}{a^2}}}$$
$$\approx\frac{Q}{a}\left(1-\frac{x}{a}-\frac{r^2}{2a^2}+\frac{3x^2}{2a^2}+\cdots\right) \tag{9.3}$$

其中 $r^2=x^2+y^2+z^2$。对位于其他位置的电荷,可以得到类似的表达式。对位于 $x=\pm a, y=\pm b, z=\pm c$ 的 6 个电荷所产生的晶体场势求和,所有 x,y,z 的线性项都为零,晶体场势具有如下形式:

$$V(x,y,z)=Ax^2+By^2+Cz^2+D \tag{9.4}$$

根据下面的久期行列式可得能量本征值 E:

$$\det\begin{pmatrix} V_{11}-E & V_{12} & V_{13} \\ V_{21} & V_{22}-E & V_{23} \\ V_{31} & V_{32} & V_{33}-E \end{pmatrix}=0 \tag{9.5}$$

式中:V_{ik}为由式(9.2)和式(9.4)计算得到的矩阵元,如:

$$\begin{cases} V_{11}=\int x^2f^2(r)(Ax^2+By^2+Cz^2+D)\mathrm{d}\boldsymbol{r} \\ V_{22}=\int y^2f^2(r)(Ax^2+By^2+Cz^2+D)\mathrm{d}\boldsymbol{r} \\ V_{12}=\int xyf^2(r)(Ax^2+By^2+Cz^2+D)\mathrm{d}\boldsymbol{r} \end{cases} \tag{9.6}$$

其中,只有对角元是非零的,产生如图 9.1(c)所示的晶体场劈裂。这种情况正是著名的量子力学 Stark 效应。

通过分析未受晶体场扰动的波函数 $\varphi_0=xf(r)$(式(9.2)),可以直观地看出晶体场是如何影响磁性的:

$$\varphi_0=xf(r)=\underbrace{\frac{1}{\sqrt{2}}\underbrace{(x+\mathrm{i}y)f(r)}_{\text{右旋}}+\frac{1}{\sqrt{2}}\underbrace{(x-\mathrm{i}y)f(r)}_{\text{左旋}}}_{\text{净电流}=0}$$

从上式可以看出,p 电子的右旋轨道运动和左旋轨道运动完全抵消,因此没有净电流。然而,晶体场产生的微扰会在右旋和左旋轨道运动中各引入一个失衡量 $\pm\varepsilon$,使得净电流不为零,并产生磁场:

$$\varphi=xf(r)=\underbrace{\frac{1}{\sqrt{2}}\underbrace{(1+\varepsilon)(x+\mathrm{i}y)f(r)}_{\text{右旋}}+\frac{1}{\sqrt{2}}\underbrace{(1-\varepsilon)(x-\mathrm{i}y)f(r)}_{\text{左旋}}}_{\text{净电流}\neq 0}$$

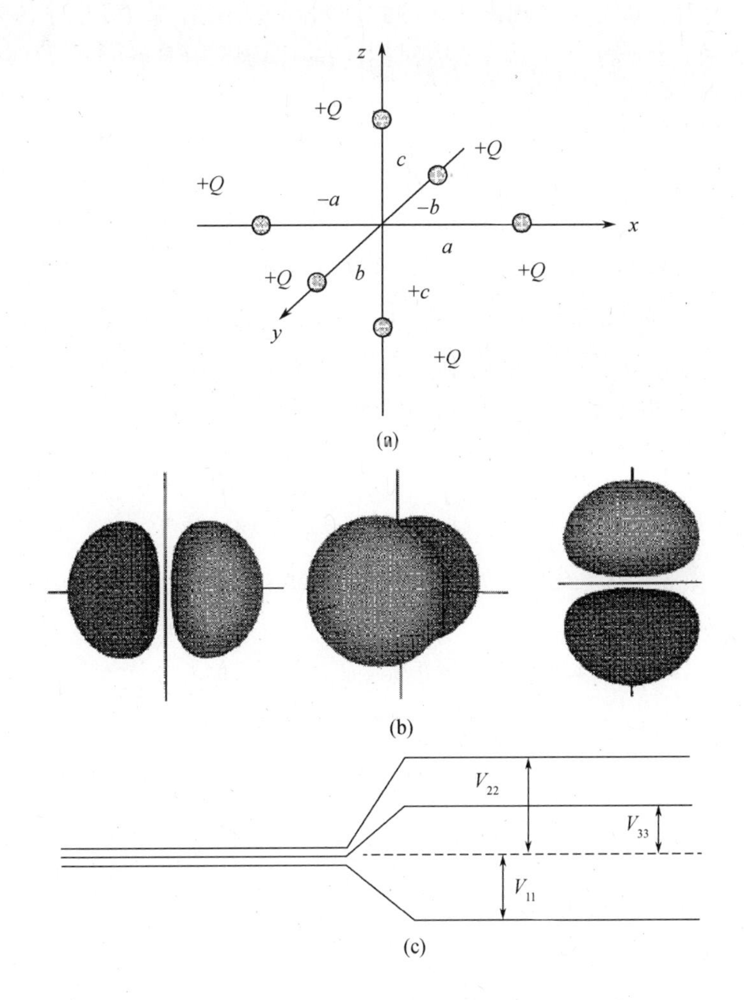

图 9.1　(a)正交对称性下的点电荷 Q 分布及
(b)p 电子的波函数(式(9.2))图像和(c)正交晶体场中 p 电子的能级

波函数 $xf(r)$ 中的参数 ε 可以根据微扰理论计算:

$$\varphi = \varphi_0 + \sum_m \frac{\langle m \mid \hat{H}_{\mathrm{CF}} \mid 0 \rangle}{E_0 - E_m} \varphi_m$$

式中:$\hat{H}_{\mathrm{CF}}$为晶体场势(式(9.4))哈密顿量。

9.2　f 电子体系中的晶体场相互作用

p 电子体系的晶体场势是二阶多项式(9.4),对 d 电子体系和 f 电子体系进行类似的计算可以分别得到四阶多项式和六阶多项式。对于 f 电子体系(例如镧系和锕系),且离子晶位具有立方对称性,晶体场势为(Hutchings (1964))

$$V(x,y,z)=C_4\left[(x^4+y^4+z^4)-\frac{3}{5}r^4\right]+C_6\left[(x^6+y^6+z^6)+\frac{15}{4}(x^2y^4+x^2z^4+y^2x^4+y^2z^4+z^2x^4+z^2y^4)-\frac{15}{14}r^6\right] \tag{9.7}$$

这是一个相当复杂的表达式,Stevens(Stevens (1967))将其转换成简洁明了的形式。他指出,晶体场势 $V(x,y,z)$ 对 $\boldsymbol{r}=(x,y,z)$ 的多项式求和,可以换成对总角动量算符 $\hat{\boldsymbol{J}}=(\hat{J}_x,\hat{J}_y,\hat{J}_z)$ 的多项式求和。$\boldsymbol{J}$ 算符作用在未填满的 4f 壳层上,比作用在单个 4f 电子上的 (x,y,z) 多项式更方便。将表达式从 $\boldsymbol{r}$ 空间变换到 $\boldsymbol{J}$ 空间的规则是:任意 (x,y,z) 的乘积项都被替换成 $(\hat{J}_x,\hat{J}_y,\hat{J}_z)$ 相应的乘积项,但要写成对称的形式(例如:$xy\rightarrow\frac{1}{2}(\hat{J}_x\hat{J}_y+\hat{J}_y\hat{J}_x)$)。另外,需要引入比例常数 χ_n,它与阶数 n,以及量子数 L,S 和 J 有关。算符 r^n 必须替换成 4f 径向波函数的平均值 $\langle r^n\rangle$。例如:

$$\begin{aligned}3z^2-r^2&\equiv\chi_2\langle r^2\rangle[3\hat{J}_z^2-J(J+1)]=\chi_2\langle r^2\rangle\hat{O}_2^0\\x^2-y^2&\equiv\chi_2\langle r^2\rangle[\hat{J}_x^2-\hat{J}_y^2]=\chi_2\langle r^2\rangle\hat{O}_2^2\\x^4-6x^2y^2+y^4&\equiv\frac{1}{2}[(x+\mathrm{i}y)^4+(x-\mathrm{i}y)^4]\\&=\chi_4\langle r^4\rangle\frac{1}{2}[\hat{J}_+^4+\hat{J}_-^4]=\chi_4\langle r^4\rangle\hat{O}_4^4\end{aligned} \tag{9.8}$$

式中:$\hat{J}_\pm=\hat{J}_x\pm\mathrm{i}\hat{J}_y$。

在文献 Hutchings(1964)中可以找到完整的 Stevens 算符列表(Stevens (1967))以及约化矩阵元 χ_n;关于 $\langle r^n\rangle$,详见文献 Freeman,Desclaux(1979)。根据 Stevens 标记法,晶体场哈密顿量写为

$$\hat{H}_{\mathrm{CF}}=\sum_n\chi_n\langle r^n\rangle\sum_m A_n^m\hat{O}_n^m=\sum_{n,m}B_n^m\hat{O}_n^m \tag{9.9}$$

式中:A_n^m,B_n^m 为晶体场参数。

可以将晶体场哈密顿量(式(9.9))作为 $(2J+1)$ 重简并的基态 J 重态(谱项)的微扰处理。晶体场哈密顿量包括很多个参数,但由于稀土元素位置的点对称性,这些参数的个数会极大地减少。尤其是在空间反演宇称情况下,对 V 的奇宇称部分的积分为零;当 p 重对称轴作为量子化轴的时候,哈密顿量将简化成只含有 $\hat{O}_n^p$ 的项。在立方对称下(四重对称轴为量子化轴),晶体场哈密顿量为

$$\hat{H}_{\mathrm{CF}} = B_4^0(\hat{O}_4^0 + 5\hat{O}_4^4) + B_6^0(\hat{O}_6^0 - 21\hat{O}_6^4) \tag{9.10}$$

即，独立晶体场参数的个数减少到 2 个。Lea，Leask 和 Wolf（Lea et al.（1962））将式（9.10）改写成如下形式

$$\hat{H}_{\mathrm{CF}} = W\left[\frac{x}{F_4}(\hat{O}_4^0 + 5\hat{O}_4^4) + \frac{1-|x|}{F_6}(\hat{O}_6^0 - 21\hat{O}_6^4)\right] \tag{9.11}$$

式中：$B_4^0 F_4 = Wx$；$B_6^0 F_6 = W(1-|x|)$；W 为能量标度因子；$-1 \leqslant x \leqslant 1$，因此覆盖了整个区间 $B_4^0, B_6^0 \in (-\infty, \infty)$。对于整个稀土系列（$2 \leqslant J \leqslant 8$），Lea 等（Lea et al.（1962））给出了不同参数 x 时的本征函数和本征值，以及因子 F_4 和 F_6（它们只与 J 有关）。图 9.2（a）所示为钕$\left(J=\frac{9}{2}\right)$的计算结果。

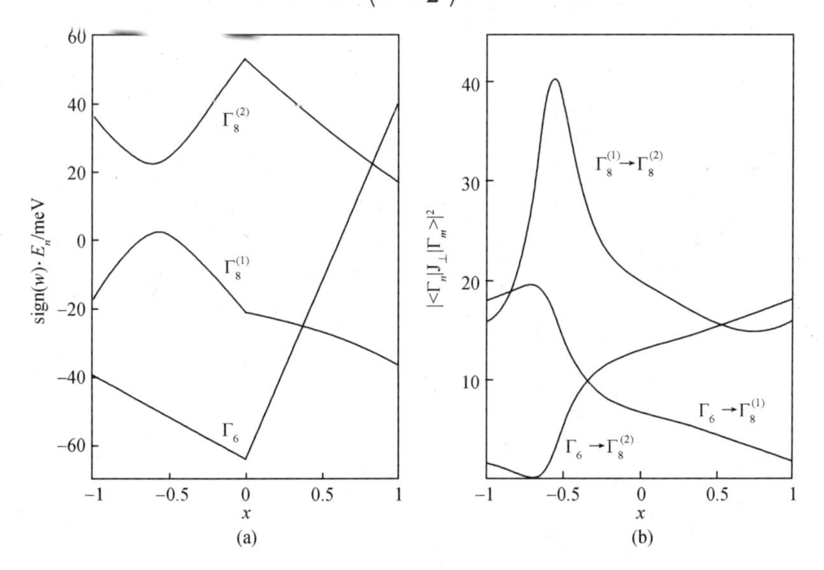

图 9.2　（a）对于 Nd^{3+} $\left(J=\frac{9}{2}\right)$，哈密顿量式（9.11）的本征值。晶体场相互作用将 Nd^{3+} 的十重简并的基态多重态劈裂成一个二重态 Γ_6 和两个四重态 Γ_8；（b）对于 Nd^{3+}，晶体场跃迁 $\Gamma_n \to \Gamma_m$ 的矩阵元

对于六角点对称且 c 轴为量子化轴的情况，晶体场哈密顿量有如下形式：

$$\hat{H}_{\mathrm{CF}} = B_2^0\hat{O}_2^0 + B_4^0\hat{O}_4^0 + B_6^0\hat{O}_6^0 + B_6^6\hat{O}_6^6 \tag{9.12}$$

共有 4 个独立的晶体场参数。对于正交对称的情况，可调的晶体场参数多达 9 个：

$$\begin{aligned}\hat{H}_{CF} = {} & B_2^0\hat{O}_2^0 + B_2^2\hat{O}_2^2 + B_4^0\hat{O}_4^0 + B_4^2\hat{O}_4^2 + B_4^4\hat{O}_4^4 \\ & + B_6^0\hat{O}_6^0 + B_6^2\hat{O}_6^2 + B_6^4\hat{O}_6^4 + B_6^6 O_6^6\end{aligned} \tag{9.13}$$

以化合物 $NdPd_3$(与 7.4 节中介绍的 $ErPd_3$ 同构)为例,非弹性中子散射数据如图 9.3 所示,该化合物中 Nd^{3+} 离子位于立方晶场中,因而哈密顿量式(9.10)和式(9.11)是适用的。在 $T=4.2$ K 测得的散射谱中有两个非常清晰的非弹性峰,一个很强的跃迁位于 $\hbar\omega=6\text{meV}$,一个微弱的跃迁位于 $\hbar\omega=10\text{meV}$。两个跃迁都是基态的激发。从能量劈裂图 9.2(a)可以看出,共有 6 组可能的解来描述实验现象:参数对($x\approx-0.75, W>0$),($x\approx-0.35, W>0$),($x\approx0.65, W>0$),($x\approx-0.90, W<0$),($x\approx-0.05, W<0$),以及($x\approx0.60, W<0$)。很明显,仅考虑晶体场跃迁的能量并不足以确定到底是哪一组参数,还需要考虑峰强的信息,接下来的章节将会讨论到。

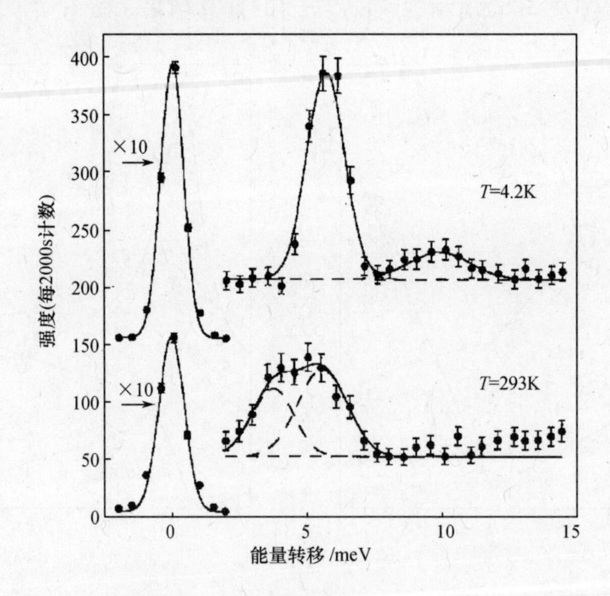

图 9.3 多晶 $NdPd_3$ 的中子散射谱(Furrer, Purwins (1976))

9.3 中子截面

从磁散射律 $S^{\alpha\beta}(\boldsymbol{Q},\omega)$(式(2.43))出发计算晶体场跃迁 $\Gamma_n\to\Gamma_m$ 的截面。将体系的初始态$|\lambda\rangle$换成对式(9.9)对角化之后得到的晶体场态:

$$\Gamma_n = \sum_{M=-J}^{J} \alpha_M \mid M\rangle, \text{其中 } \alpha_M \in \mathbf{C} \tag{9.14}$$

由于只考虑单离子激发,因此 $j=j'$。对于 N 个相同磁离子,可以去掉记号 j,$S^{\alpha\beta}(\boldsymbol{Q},\omega)$化简为

$$S^{\alpha\beta}(\boldsymbol{Q},\omega)=Np_n\langle\Gamma_n|\hat{J}_\alpha|\Gamma_m\rangle\langle\Gamma_m|\hat{J}_\beta|\Gamma_n\rangle\delta(\hbar\omega+E_n-E_m) \tag{9.15}$$

式中:N 为磁离子的总数;p_n 为初始态$|\Gamma_n\rangle$的玻尔兹曼布居因子。

将 $S^{\alpha\beta}(\boldsymbol{Q},\omega)$代入式(2.42)并利用矩阵元的对称性关系,得到截面

$$\frac{\mathrm{d}^2\sigma}{\mathrm{d}\Omega\mathrm{d}\omega}=N(\gamma r_0)^2\frac{k'}{k}F^2(\boldsymbol{Q})\mathrm{e}^{-2W(\boldsymbol{Q})}p_n \times\sum_\alpha\left[1-\left(\frac{Q_\alpha}{Q}\right)^2\right]\cdot|\langle\Gamma_m|\hat{J}_\alpha|\Gamma_n\rangle|^2\cdot\delta(\hbar\omega+E_n-E_m) \tag{9.16}$$

对于多晶材料,式(9.16)必须在 $\boldsymbol{Q}$ 空间中平均,即

$$\frac{\mathrm{d}^2\sigma}{\mathrm{d}\Omega\mathrm{d}\omega}=N(\gamma r_0)^2\frac{k'}{k}F^2(\boldsymbol{Q})\mathrm{e}^{-2W(\boldsymbol{Q})}p_n\cdot|\langle\Gamma_m|\hat{\boldsymbol{J}}_\perp|\Gamma_n\rangle|^2 \times\delta(\hbar\omega+E_n-E_m) \tag{9.17}$$

式中:$\hat{\boldsymbol{J}}_\perp=\hat{\boldsymbol{J}}-\frac{(\hat{\boldsymbol{J}}\cdot\boldsymbol{Q})}{Q^2}\boldsymbol{Q}$ 为与散射矢量 $\boldsymbol{Q}$ 垂直的总角动量分量,且

$$|\langle\Gamma_m|\hat{\boldsymbol{J}}_\perp|\Gamma_n\rangle|^2=\frac{2}{3}\sum_\alpha|\langle\Gamma_m|\hat{J}_\alpha|\Gamma_n\rangle|^2 \tag{9.18}$$

Birgeneau(Birgeneau (1972))计算了立方晶体场的矩阵元。以 Nd^{3+} 的结果为例,如图9.2(b)所示。接下来利用这些结果来分析 $NdPd_3$ 的中子散射谱(图9.3),$T=4.2\mathrm{K}$。只有($x\approx-0.9,W<0$)这一组参数与观测强度相匹配,即 $\hbar\omega=6\mathrm{meV}$ 的强激发对应于 $\Gamma_6\to\Gamma_8^{(1)}$ 跃迁,$\hbar\omega=10\mathrm{meV}$ 的弱激发对应于 $\Gamma_6\to\Gamma_8^{(2)}$ 跃迁。在 $T=293\mathrm{K}$ 测的数据(图9.3)证实了这种解释:在 $\hbar\omega=4\mathrm{meV}$ 出现了一个额外的峰,对应于激发态跃迁 $\Gamma_8^{(1)}\to\Gamma_8^{(2)}$,其强度与 $\Gamma_6\to\Gamma_8^{(2)}$ 跃迁相近,这与图9.2中的矩阵元一致。总之,同时考虑能量和强度,才可以清楚地确定化合物的晶体场劈裂。在 $NdPd_3$ 的例子中,Γ_6 是基态,位于6meV和10meV的分别是激发态 $\Gamma_8^{(1)}$ 和 $\Gamma_8^{(2)}$。相应的晶体场参数分别是 $B_4^0=1.98\times10^{-3}\mathrm{meV}$ 和 $B_6^0=-0.49\times10^{-5}\mathrm{meV}$,它们可以通过式(9.10)和式(9.11)计算得到。

在单晶实验中,通过在不同散射矢量 $\boldsymbol{Q}$ 下开展测量,利用截面式(9.16)的极化因子可以区分横向($\alpha=x,y$)晶体场跃迁和纵向($\alpha=z$)晶体场跃迁。如图9.4所示,化合物 $PrBr_3$ 中的 Pr^{3+} 离子受六角对称的晶体场(式(9.12))影响。当 $\boldsymbol{Q}\parallel c$ 时,只观测到了横向跃迁;而当 $\boldsymbol{Q}\perp c$ 时,横向跃迁损失了1/2的强度,纵向跃迁非常明显。图9.4中的线条是计算值,没有用任选参数,即式(9.16)可以很好地描述晶体场跃迁的强度。

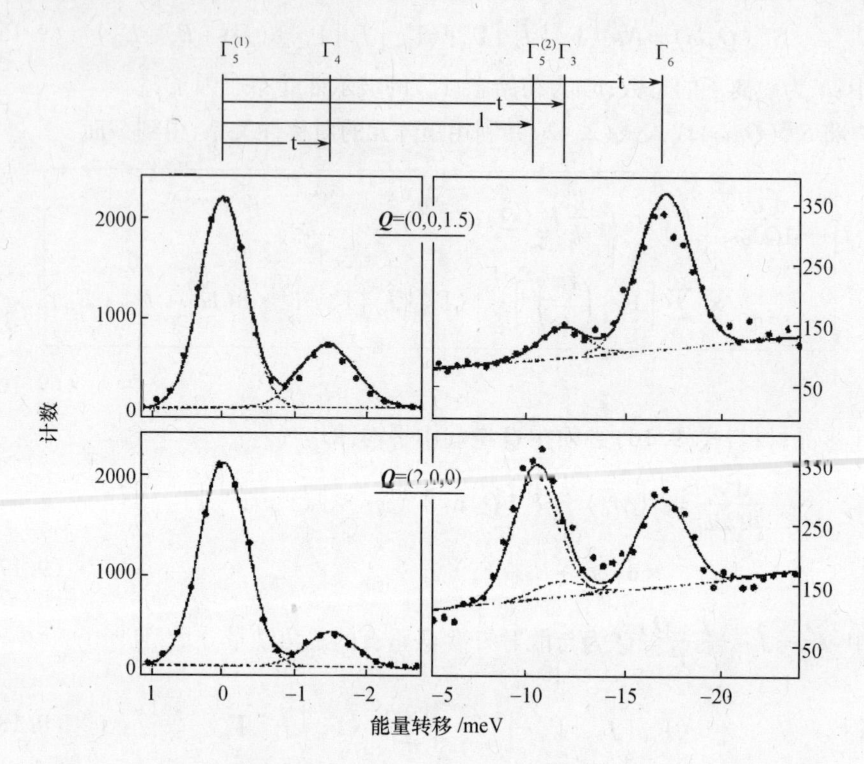

图 9.4 $\boldsymbol{Q}$ 平行和垂直于 c 轴时，单晶 $PrBr_3$ 的中子散射谱，$T = 1.5K$，晶体场能级图以及测得的横向(t)和纵向(l)基态跃迁如图的上部分所示(Schmid et al. (1987))

9.4 晶体场劈裂离子的相互作用

在前面的章节中，我们考虑的是没有相互作用的稀土离子的晶体场效应。然而，晶体场态通常与声子、自旋涨落、传导电子(或者是载流子)等产生相互作用，从而影响晶体场态的寿命，因此观测到的晶体场跃迁会出现谱线增宽。中子截面式(9.16)和式(9.17)中描述能量守恒的 δ 函数要换成半高宽为 Γ^{fwhm} 的洛伦兹函数，且随温度变化。此外，如果稀土离子之间存在交换耦合相互作用，则晶体场激发可以在晶格中传播产生色散(8.2.3 节)。对于多晶材料，其谱线增宽与总的色散带宽成正比。

Orbach(Orbach (1961))研究了由晶格振动模式引起的晶体场跃迁的谱线增宽。在直接过程中，晶体场激发态 Γ_m 通过释放一个能量为 $\hbar\omega_{nm} = E_n - E_m$ 的声子衰变到基态 Γ_n，其中 E_n 和 E_m 是相应晶体场态的能量，半高宽为

$$\Gamma_{nm}^{\mathrm{fwhm}}(T) = \frac{3(\hbar\omega_{nm})^2 k_{\mathrm{B}} T}{\pi\hbar^4 \rho v^5 \left|\xi_{nm}\right|^2} \tag{9.19}$$

式中：ρ 为密度；v 为材料中的声速；$\xi_{nm} = \langle \Gamma_m | \hat{J}_\alpha | \Gamma_n \rangle$。

目前，与载流子的相互作用是金属稀土化合物中最主要的弛豫机制。与 Orbach 直接过程（式(9.19)）相似，晶体场跃迁的半高宽 $\Gamma^{\text{fwhm}}(T)$ 随温度线性增加，遵从 Korringa 定律（Korringa (1950)）：

$$\Gamma^{\text{fwhm}}(T) = 4\pi(g-1)^2 J(J+1)(N(E_{\text{F}}) \cdot j_{\text{ex}})^2 \cdot T \tag{9.20}$$

式中：$N(E_{\text{F}})$ 表示费米能级 E_{F} 附近的载流子态密度；j_{ex} 为载流子与稀土离子的 4f 电子的交换积分。将晶体场效应考虑在内将稍微改变式(9.20)中的低温极限。根据 Becker，Fulde 和 Keller 的理论（Becker et al. (1979)），晶体场跃迁 $\Gamma_n \to \Gamma_m$ 的半高宽为

$$\Gamma_{nm}^{\text{fwhm}}(T) = 2j_{\text{ex}}^2 \left[|\zeta_{nm}|^2 \coth\left(\frac{\hbar\omega_{nm}}{2k_{\text{B}}T}\right)\chi''(\hbar\omega_{nm}) + \sum_{n \neq k} |\xi_{nk}|^2 \frac{\chi''(\hbar\omega_{nk})}{e^{\frac{\hbar\omega_{nk}}{k_{\text{B}}T}} - 1} + \sum_{k \neq m} |\xi_{km}|^2 \frac{\chi''(\hbar\omega_{km})}{e^{\frac{\hbar\omega_{km}}{k_{\text{B}}T}} - 1} \right] \tag{9.21}$$

式中：$\chi'' = \text{Im}\chi$ 是磁化率的虚部。

对于非相互作用费米液体，有

$$\chi''(\hbar\omega_{nm}) = \pi N^2(E_{\text{F}})\hbar\omega_{nm} \tag{9.22}$$

以 $Ce_{0.4}La_{0.6}Al_2$ 的非弹性中子散射实验为例，其中 Ce^{3+} 离子 $\left(J = \frac{5}{2}\right)$ 在立方晶场（式(9.10)、式(9.11)）中产生二重基态 Γ_7 到四重激发态 Γ_8 的跃迁，其能级间隔为 9meV。图 9.5 所示为 $\Gamma_7 \to \Gamma_8$ 跃迁的半高宽随温度的变化。结构不均匀性使得 $T=0$ 时存在一个有限的半高宽，在利用式(9.21)和式(9.22)进行分析之前需要将其扣除。关于数据分析，详见习题 9.2。另一个示例将在第 11 章

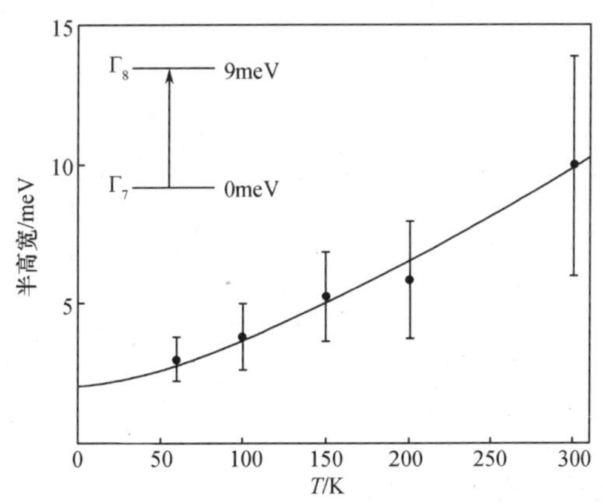

图 9.5 $Ce_{0.4}La_{0.6}Al_2$ 晶体场跃迁 $\Gamma_7 \to \Gamma_8$ 的半高宽随温度的变化（Loewenhaupt，Steglich（1977）]），实线是用式(9.21)做的最小二乘法拟合

中讨论。

9.5 多重态之间的晶体场跃迁

通常，在基态 J 多重态（谱项）观测到的晶体场劈裂数目不足以精确地确定式(9.9)的所有参数。原则上，观测量的数目可以通过测量多重态之间的跃迁而增加。鉴于散裂中子源产生的超热中子注量非常高，这使得测量多重态之间的跃迁成为可能。由于晶体场相互作用会引起不同 J 多重态的混和（称为 J 混和），因而 9.2 节中的 Stevens 公式不再适用。此外，还存在量子数 L、S 不同但具有相同 J 的态混杂在一起的情况（称为中间耦合）。若将这些效应都考虑在内，则必须同时对静电相互作用、自旋轨道相互作用和晶体场相互作用进行对角化，详见文献 Wybourne (1965)。如果晶体场相互作用很强，也即是与自旋轨道相互作用相当的时候，必须用这种方法。

以正交结构的 $SmBa_2Cu_3O_7$ 为例，相应的哈密顿量式(9.13)中有 9 个独立的晶体场参数。基态 J 多重态 $^6H_{5/2}$ 劈裂成 3 个二重态显然并不足以得到一组可靠的参数，因此观测第一激发态 J 多重态 $^6H_{7/2}$ 的晶体场态对理解该化合物的磁性来说非常重要（图 9.6）。

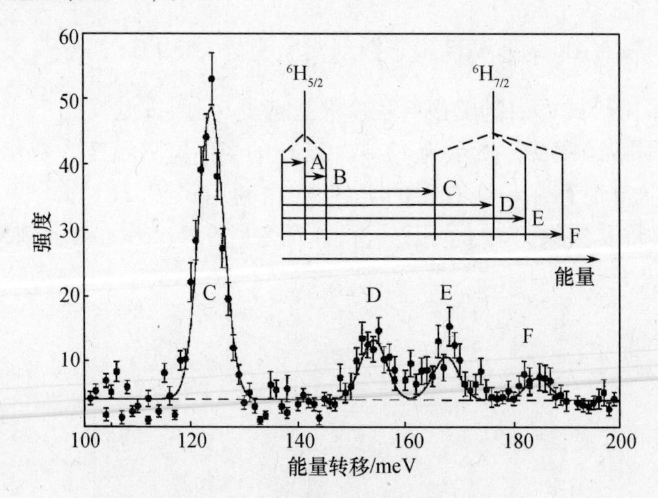

图 9.6 $SmBa_2Cu_3O_7$ 多重态之间的晶体场跃迁（Guillaume et al. (1995)），插图是两个最低的 J 多重态的能级图

9.6 热力学磁性质的计算

为了检验非弹性中子散射实验测的晶体场参数的可靠性，计算各种热

力学磁性质并与实验数据进行比较是非常重要的。这些性质明确依赖晶体场能量 E_n 和晶体场波函数 $|\Gamma_n\rangle$。根据统计力学中自由能和内能的一般表达式，$F = -k_B T\ln Z$ 和 $U = F - T\frac{\partial F}{\partial T}\Big|_V$（其中 Z 是配分函数），可以得到磁化强度为

$$M_\alpha = \frac{1}{k_B T}\frac{\partial \ln Z}{\partial H_\alpha} = g\mu_B \sum_n p_n \langle \Gamma_n | \hat{J}_\alpha | \Gamma_n \rangle \tag{9.23}$$

单离子磁化率为

$$\chi_{\alpha\alpha} = \frac{\partial M_\alpha}{\partial H_\alpha} = (g\mu_B)^2 \Big[\sum_n \frac{|\langle \Gamma_n | \hat{J}_\alpha | \Gamma_n \rangle|^2}{k_B T} p_n + \sum_{n\neq m} \frac{|\langle \Gamma_m | \hat{J}_\alpha | \Gamma_n \rangle|^2}{E_n - E_m}(p_m - p_n) \Big] \tag{9.24}$$

以及 Schottky 热容：

$$C_V = \left(\frac{\partial U}{\partial T}\right)_V = k_B \Big[\sum_n \left(\frac{E_n}{k_B T}\right)^2 \cdot p_n - \sum_n \left(\frac{E_n}{k_B T}\cdot p_n\right)^2 \Big] \tag{9.25}$$

式中：玻尔兹曼布居因子为 $p_n = \frac{1}{Z}e^{\frac{-E_n}{k_B T}}$。

9.7 扩展阅读

· P. Fulde and I. Peschel, Adv. Phys. 21, 1 (1972): *Some crystalline field effects in metals*

· P. Fulde, in *Handbook on the physics and chemistry of rare earths*, ed. by K. A. Gschneidner and L. Eyring (North – Holland Publishing Company, Amsterdam, 1978), p. 295: *Crystal fields*

· A. Furrer and A. Podlesnyak, in *Handbook of applied solid state spectroscopy*, ed. by D. R. Vij (Springer, New York, 2006), p. 257: *Crystal – field spectroscopy*

· M. T. Hutchings, in Solid State Physics, Vol. 16, ed. by F. Seitz and D. Turnbull (Academic Press, New York, 1964), p. 227: *Point – charge calculations of energy levels of magnetic ions in crystalline electric fields*

· O. Moze, in *Handbook of magnetic materials*, ed. by K. H. J. Buschow (Elsevier, Amsterdam, 1998), p. 493: *Crystal field effects in intermetallic compounds studied by inelastic neutron scattering*

9.8 习题

习题 9.1

在非晶和液态稀土体系中,晶体场哈密顿量可以很好地近似为

$$\hat{H}_{CF} = B_2^0 \hat{O}_2^0 \tag{9.26}$$

式中:Stevens 算符 $\hat{O}_2^0$ 由式(9.8)定义。

(a)对于铈($J = 5/2$),计算哈密顿量式(9.26)的本征值,并确定晶体场能级图。

(b)根据式(9.18),计算所有晶体场能级之间的跃迁矩阵元,并确定选择定则。

习题 9.2

(a)根据式(9.20)及图 9.5 中 $Ce_{0.4}La_{0.6}Al_2$ 的半高宽数据,计算 j_{ex}。Korringa 线的斜率为 $\Gamma^{fwhm}/T = 0.0577meV/K$。铈的朗德劈裂因子为 $g = 6/7$。对于自由电子气,费米波矢 k_F 和费米能 E_F 有以下关系:

$$\frac{n}{v} = \frac{k_F^3}{3\pi^2}, E_F = \frac{\hbar^2 k_F^2}{2m_e}, N(E_F) = \frac{v}{4\pi^2}\frac{2m_e}{\hbar^2}k_F \tag{9.27}$$

式中:v 为晶胞的体积;n 为每个晶胞中传导电子的数目;m_e 为电子质量。

$Ce_{0.4}La_{0.6}Al_2$ 晶体是面心立方结构,晶格参数为 $a = 8.11$Å,Ce/La 的位置与金刚石中碳原子的位置是一样的(4.2 节)。

(b)间距为 R 的两个铈离子之间的有效交换相互作用 $J(R)$ 与 j_{ex} 之间的关系由 Ruderman – Kittel – Kasuya – Yosida (RKKY)公式(Kasuya (1956); Ruderman, Kittel (1954); Yosida (1957))给出:

$$J(R) = \frac{3(g-1)^2 j_{ex}^2 k_F^3}{8\pi E_F \cdot (n/v)} \cdot \frac{\sin(2k_F R) - 2k_F R\cos(2k_F R)}{(2k_F R)^4} \tag{9.28}$$

确定最近邻铈离子之间的 $J(R)$。

(c)有效交换相互作用 $J(R)$ 还可以由以下关系式得到

$$\chi^{-1}(T = T_C) = \pm\lambda = \frac{2}{g\mu_B}\langle S\rangle \sum_r z_r J_r \tag{9.29}$$

式中:λ 为分子场参数,磁化率由式(9.24)定义;+ 号和 – 号分别表示铁磁体(居里温度为 T_C)和反铁磁体(奈尔温度为 T_N);$g\mu_B\langle S\rangle$ 为低温下的饱和磁矩;z_r 为第 r 阶近邻铈离子的个数;J_r 为相应的交换参数。

对于 $CeAl_2$,$T_N = 3.9K$,$\langle S\rangle \approx 1$(Barbara et al. (1977))。确定最近邻交换

参数 J_1（式(9.29)只对 $r=1$ 求和），并与(b)的结果做比较。

9.9　答案

习题9.1

(a)本征值问题可以通过构造以 $\langle M' | \hat{H}_{CF} | M \rangle$ 为矩阵元的久期行列式来解决，其中 $-J<M<J$。哈密顿量算符 $\hat{H}_{CF}$ 由式(9.8)定义：$\hat{O}_2^0 = 3\hat{J}_z^2 - J(J+1)$。忽略常数 $J(J+1)$ 项，并应用式(C.3)：$\hat{J}_z | M \rangle = M | M \rangle$，$\langle M' | \hat{J}_z | M \rangle = \delta_{MM'} M$，$\langle M' | \hat{J}_z^2 | M \rangle = \delta_{MM'} M^2$。

久期行列式具有如下形式：

$$\begin{pmatrix} \frac{75}{4}B_2^0 & 0 & 0 & 0 & 0 & 0 \\ 0 & \frac{27}{4}B_2^0 & 0 & 0 & 0 & 0 \\ 0 & 0 & \frac{3}{4}B_2^0 & 0 & 0 & 0 \\ 0 & 0 & 0 & \frac{3}{4}B_2^0 & 0 & 0 \\ 0 & 0 & 0 & 0 & \frac{27}{4}B_2^0 & 0 \\ 0 & 0 & 0 & 0 & 0 & \frac{75}{4}B_2^0 \end{pmatrix}$$

非对角元都为零，因此晶体场能级的本征值就是对角元。铈的基态 J 多重态劈裂成3个二重态，如图9.7所示。

(b) 算符 $\hat{J}_x$、$\hat{J}_y$ 与算符 $\hat{J}^+$、$\hat{J}^-$ 之间的关系式参见方程(C.4)。算符 $\hat{J}_\alpha$（$\alpha=+,-,z$）的矩阵元定义为

$$\langle J,M+1 | \hat{J}^+ | J,M \rangle = \sqrt{(J-M)(J+M+1)}$$

$$\langle J,M-1 | \hat{J}^- | J,M \rangle = \sqrt{(J+M)(J-M+1)}$$

$$\langle J,M | \hat{J}_z | J,M \rangle = M$$

即，晶体场跃迁的选择定则是 $\Delta M=0,\pm 1$。以下跃迁具有非零的矩阵元：

$$\left| +\frac{1}{2} \right\rangle \rightarrow \left| +\frac{3}{2} \right\rangle : \left| \left\langle \frac{5}{2},\frac{3}{2} \right| \hat{J}^+ \left| \frac{5}{2},\frac{1}{2} \right\rangle \right|^2 = \left(\frac{5}{2}-\frac{1}{2}\right)\left(\frac{5}{2}+\frac{1}{2}+1\right) = 8$$

$$\left| -\frac{1}{2} \right\rangle \rightarrow \left| -\frac{3}{2} \right\rangle : \left| \left\langle \frac{5}{2},-\frac{3}{2} \right| \hat{J}^- \left| \frac{5}{2},-\frac{1}{2} \right\rangle \right|^2 = \left(\frac{5}{2}-\frac{1}{2}\right)\left(\frac{5}{2}+\frac{1}{2}+1\right) = 8$$

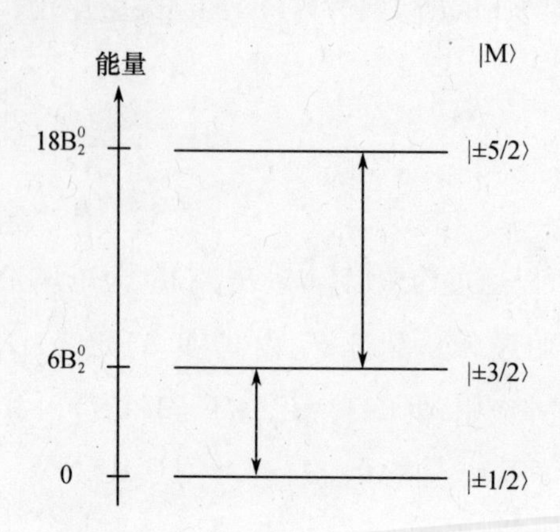

图 9.7　根据晶体场哈密顿量式(9.26)得到的铈的基态 J 多重态的能级劈裂,箭头表示允许发生的跃迁

$$\left|+\frac{3}{2}\right\rangle\rightarrow\left|+\frac{5}{2}\right\rangle:\left|\left\langle\frac{5}{2},\frac{5}{2}\right|\hat{J}^{+}\left|\frac{5}{2},\frac{3}{2}\right\rangle\right|^{2}=\left(\frac{5}{2}-\frac{3}{2}\right)\left(\frac{5}{2}+\frac{3}{2}+1\right)=5$$

$$\left|-\frac{3}{2}\right\rangle\rightarrow\left|-\frac{5}{2}\right\rangle:\left|\left\langle\frac{5}{2},-\frac{5}{2}\right|\hat{J}^{+}\left|\frac{5}{2},-\frac{3}{2}\right\rangle\right|^{2}=\left(\frac{5}{2}-\frac{3}{2}\right)\left(\frac{5}{2}+\frac{3}{2}+1\right)=5$$

跃迁 $\left|\pm\frac{1}{2}\right\rangle\leftrightarrow\left|\pm\frac{5}{2}\right\rangle$ 是禁止的。在中子散射实验中,我们期望观测到能量为 $6B_2^0$ 和 $12B_2^0$ 且强度比为 8/5 的两个晶体场跃迁,这在液态铈(Millhouse,Furrer (1976))的实验中得到证实,如图 9.8 所示。

习题 9.2

(a)假设面心立方晶胞中的每个 Ce^{3+}/La^{3+}(总共 8 个)提供 3 个传导电子,而每个 Al^{+} 离子(总共 16 个)提供 1 个传导电子,那么总的传导电子数目为 $N=3\times8+16\times1=40$。根据式(9.27),可以得到 $k_F=1.3\text{Å}^{-1}$,$N(E_F)=4.6\text{eV}^{-1}$。将后者代入式(9.20)可得 $j_{ex}=0.12\text{eV}$。

(b)式(9.28)中第一项的值是 1.4meV。由 $2k_FR=9.13$($R_1=3.51\text{Å}$)得到第二项 -1.2×10^{-3}。两项的乘积为 $J_1=-1.7\mu\text{eV}$。

(c)将参数 $B_4^0=0.025\text{meV}$ 和 $B_6^0=0$ 代入式(9.10)可以得到晶体场跃迁 $\Gamma_7\rightarrow\Gamma_8$ 的能量为 9meV。根据式(9.24),可得 $\chi(T=T_N=3.9\text{K})=0.061\text{emu/mol}$。代入式(9.29)得到 $2\sum_r z_rJ_r=-0.39\text{meV}$。我们仅限于对 4 个最近邻铈离子求和,因而有 $2\times4\times J_1=-0.39\text{meV}$,也即是 $J_1=-49\mu\text{eV}$,这比由式(9.28)得出的结果要大一个数量级以上。这一差异告诉我们,要谨慎应用(根据自由电子气得到的)RKKY 公式。

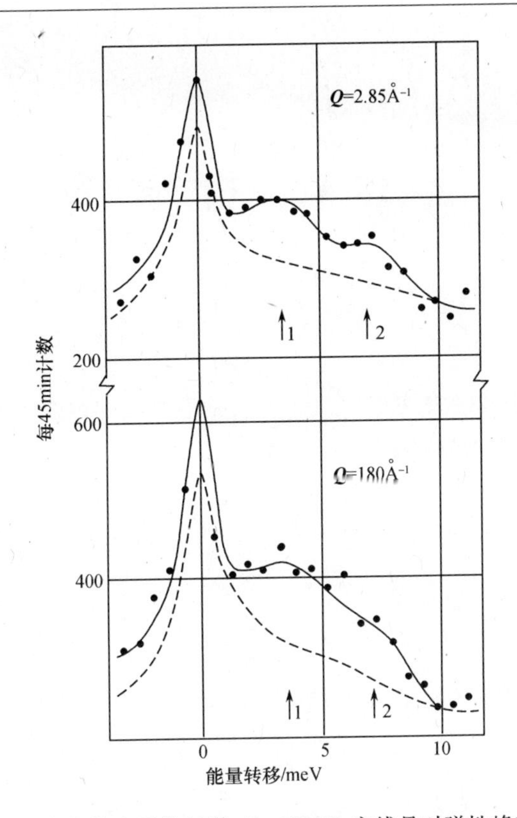

图 9.8　液态铈的中子散射谱，$T = 1285\text{K}$，实线是对弹性峰和非弹性峰用高斯函数做的最小二乘法拟合。虚线为“本底”，是液态镧的散射谱（Millhouse，Furrer（1976））

第10章 相　　变

10.1 绪论

材料中的相变伴随着许多物理性质的急剧变化。相变发生在热力学变量 x_i（例如温度 T，压强 P，磁场 $\boldsymbol{H}$ 等）的临界点，在这附近，有序度不同的两个相被分离开来。一般引入吉布斯自由焓 $G(x_1, x_2, x_3, \cdots)$ 来描述相变，其定义为

$$G = -k_B T\ln Z + P \cdot V \text{ 或者 } G = -k_B T\ln Z - \boldsymbol{H} \cdot \boldsymbol{M} \tag{10.1}$$

式中

$$Z = \sum_{i=1}^{N} \mathrm{e}^{-\frac{E_i}{k_B T}} \tag{10.2}$$

是配分函数，与激发态（能量为 E_i）数目有关。G 的偏微分

$$\phi_i = \left(\frac{\partial G}{\partial x_i}\right)_{x_1, x_2, \cdots, x_{i-1}, x_{i+1}, \cdots} \tag{10.3}$$

称为广延量，并可对相变分类。某些广延量 ϕ 可作为序参量，它在一个相中是一个有限值，而在另一个相中为零。

一级相变和二级相变分别由序参量 ϕ 的间断变化和连续变化来表征。相比之下，序参量连续变化的相变表现出一种普适的行为，即临界现象只与体系和序参量的维度有关，而不依赖于具体的相互作用。在朗道二级相变理论中，吉布斯自由焓可以写成序参量 ϕ 的泰勒级数：

$$G = \int \mathrm{d}V\left(A(\nabla\phi)^2 + \frac{r}{2}\phi^2 + u\phi^4 + \cdots\right) - H\phi \tag{10.4}$$

假设式（10.4）中的常数 A 和 u 为正。接下来讨论外磁场等于零，即 $H=0$ 时体系的响应。为了实现相变，参数 r 在临界值 x_c 时必须改变符号：

$$r(x) = a(x_c - x) \tag{10.5}$$

式中：$a>0$。

图10.1证实了 G 在临界值 x_c 上下存在不同的极小值。

对式（10.4）求导，可得广延量（式（10.3））在临界值 x_c 附近的行为：

$$\frac{\partial G}{\partial \phi} = r(x)\phi + 4u\phi^3 = 0 \rightarrow \phi \propto \left(\frac{x}{x_c} - 1\right)^{1/2} \tag{10.6}$$

式（10.6）右边的指数称为平均场临界指数，以一种普适的方式描述了广延

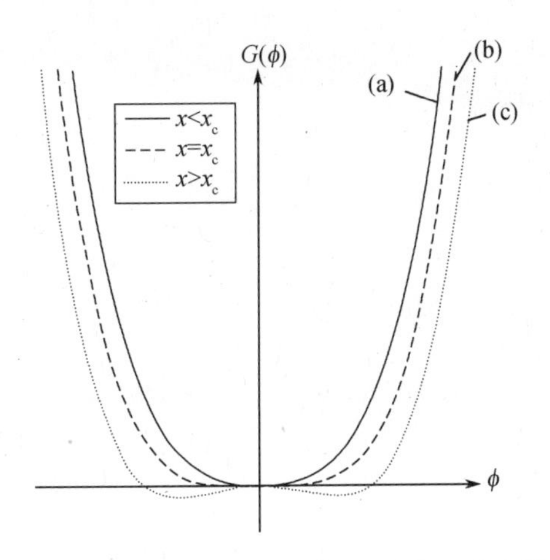

图 10.1　根据式(10.4)计算出的吉布斯自由焓
(a)$x<x_c$；(b)$x=x_c$；(c)$x>x_c$。

量 ϕ 的临界行为。类似地,对于式(10.4)的二阶偏导:

$$\frac{\partial^2 G}{\partial \phi^2}=r(x)+12u\phi^2=\chi^{-1}\rightarrow \chi\propto\left(1-\frac{x}{x_c}\right)^{-1} \tag{10.7}$$

式中:χ 为广义磁化率,在临界值 x_c 处发散,平均场临界指数为 -1。在磁学领域中,与式(10.7)非常类似的是磁化率的倒数遵从 Curie - Weiss 定律。

在诸如结构研究、磁性、超导电性、超流态、价态变化等领域中,中子散射是研究相变的一种非常重要的技术。其中涉及的一些研究领域在本书中分章节讨论。鉴于中子能够以前所未有的方式提供体系在临界点附近的相变机制的相关信息,接下来的章节将关注二级相变。

10.2　结构相变

在固体的相变中,结构变化有两种不同的方式。在一级结构相变中,固体中的原子重排成新的点阵,例如石墨转变成金刚石,或者非晶固体转变成晶态。在二级结构相变中,正则格只发生轻微形变。这主要是由于个别原子在晶格位置发生了很小的移位,或者是分子单元发生很小的转动所引起的。本节只考虑后一种情况。

图 10.2 所示为从一种有序结构到另一种有序结构的位移型相变。相变的序参量是静态位移 $\boldsymbol{\omega}$,其在对称性较高的相中为零,在对称性较低的相中不为零。将位移 $\boldsymbol{\omega}$ 与对称性较高的相中的特定声子模式(该声子模式与序参量具有相同的本征矢)关联起来。该模式的恢复力在接近临界温度 T_c 时趋于零,因而

其频率在 $T\searrow T_c$ 时将会降低(或者软化)并趋近于零,最终"冻结"在低温相的静态位移 $\boldsymbol{\omega}$。因此,这些声子模式称为软模。

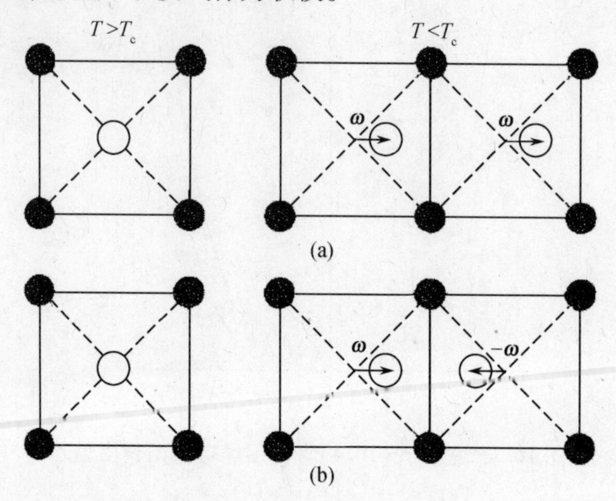

图 10.2　二维双原子晶格中的位移型相变示意图

图 10.2 是声子模式的位移图,其中(a)是位于布里渊区中心($q=0$)的光学声子,而(b)对应于典型的位于布里渊区边界($q=\pm\pi/a$)的光学声子。后者是铁电化合物 $SrTiO_3$ 从立方结构变成四方结构时所经历的情形($T_c\approx110K$)。结构相变通过氧八面体的旋转来表征,如图 10.3(a)所示。上一层的八面体旋转方向相反。序参量可以是旋转角度 φ,也可以是氧的位移 $\boldsymbol{\omega}$(当然,它与 φ 直接关联)。在低温相,立方倒易晶格中的 R 点变成一个超晶格点,晶胞扩大,因此可以确定软模是在 $\boldsymbol{q}=\left(\frac{1}{2},\frac{1}{2},\frac{1}{2}\right)$ 的光学声子模式。非弹性中子散射实验证实了这一点,如图 10.3(b)所示。软模近似地满足以下关系式:

$$\hbar\omega\propto\sqrt{T-T_c} \tag{10.8}$$

式中:ω^{-2} 可以看作是广义磁化率的倒数,根据式(10.7)可知,在温度 T_c 以上,它与温度成线性关系。上面提出的软模概念覆盖了固体中所有二级结构相变的基本机制。

在铁电化合物中,声子频率与介电常数 ε 之间的关系式为

$$\omega^2\propto\frac{4\pi}{9v}\frac{\varepsilon+2}{\varepsilon^2}\sim\varepsilon^{-1} \tag{10.9}$$

式中:v 为晶胞的体积。

由于 $\varepsilon\propto(T-T_c)^{-1}$,所以当 $T\searrow T_c$ 时,ε 发散,有

$$\omega\propto\varepsilon^{-1/2}\propto\sqrt{T-T_c} \tag{10.10}$$

与式(10.8)一致。

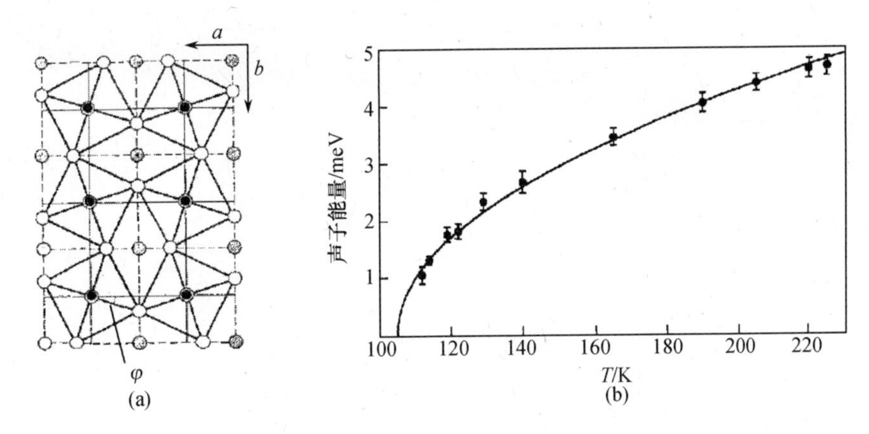

图 10.3　(a) $SrTiO_3$ 的低温结构,证实了氧八面体的旋转(Shirane(1974))和(b)接近相变温度 $T_c \approx 110K$ 时的软声子能量(Shirane(1974)),实线是用式(10.8)做的最小二乘法拟合

10.3　冰的相变

水的相图异常丰富,到目前为止已确定的有 15 个晶相以及 3 个非晶相(图 10.4)。六方冰 Ih(普通冰)是我们日常生活中熟知的各种形状的冰,它和已被确定存在于高层大气中的立方冰 Ic 是地球上仅存的两种相。人们猜测冰的一些相存在于木星和土星的卫星上,而非晶冰构成了宇宙中大部分的水。

冰是分子固体以及氢键开放式网络结构的典型例子。水分子是一个刚体,其中两个质子与氧形成共价键,键长和键角分别是 0.96Å 和 104.52°。冰中的水分子通过氢键按四面体相配位,并满足 Bernal - Fowler 冰规则:

(1) 每个氧原子与两个氢原子毗邻;

(2) 每根键上只有一个氢原子。　　(10.11)

H - O - H 角度接近于四面体角度 109.47°,表明水分子趋向于四面体配位,例如冰 Ih 即是如此。我们可以确定位于特定四面体点阵位上的水分子的 6 种可能取向。在由 N 个分子构成的晶体中,可以找到 6^N 种可能的排列,其中每根氢键(总计 $2N$)都有 50% 的概率满足冰规则(式(10.11))。因此有 $6^N(1/2)^{2N}$ 种等价的构型,这明显背离热力学第三定律——热力学第三定律断言 $T=0$ 时只存在一种精确构型。冰 Ih 不能代表 $T \to 0$ 时能量最低的结构,且在平均结构中,不能确定氢原子到底与两个相邻氧原子中的哪一个形成了共价键。因此冰 Ih 代表了一种氢无序的冰相,在 $T \to 0$ 时它们的焓不为零,所以它们都不是基态结构。1935 年,Pauling 提出了冰 Ih 的平均结构。在没有中子束流时,氢原子的位置一直无法测定。事实上,重冰 Ih 的中子衍射正是中子散射在凝聚态物理中最

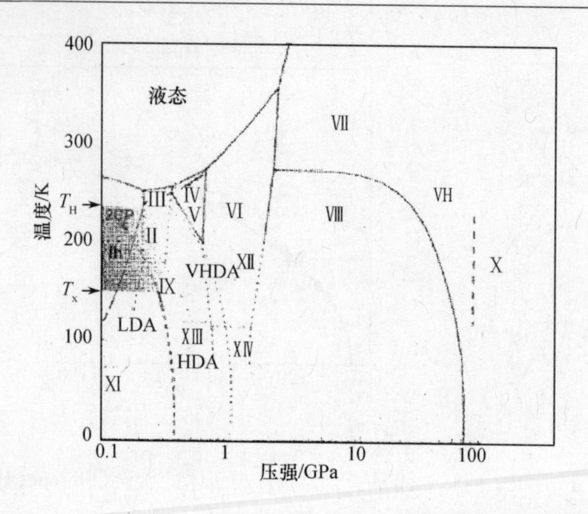

图 10.4　水的相图,氢无序相 Ih,Ⅲ,Ⅳ,Ⅴ,Ⅵ,Ⅶ,Ⅻ,和有序相Ⅱ,Ⅷ,Ⅸ,Ⅺ,XⅢ和XⅣ。立方冰 Ic(未显示)是冰 Ih 的亚稳态变体。灰色区域表示冰的非晶相:LDA,HDA,VHDA(极高密度非晶),以及人们猜测水存在第二临界点。灰色阴影部分表示实验不可测区域,该区域内液态水和非晶冰自发结晶。注意 x 轴的对数尺度

早的应用之一。

1. 晶相转变

由于冰的无序相化合物中不存在缺陷的热运动,且分子转动也不受阻碍,因此在冷却过程中观察不到冰 Ih 到有序相的转变。然而,掺杂少量的氢氧化钾(KOH)会引入缺陷,并使得分子在 72 K 时重新取向,形成氢有序相:冰Ⅺ。

有序 – 无序转变通常伴随有较大的熵变化 ΔS 以及较小的体积变化 ΔV。根据 Clausius – Clapeyron 公式

$$\frac{\mathrm{d}P}{\mathrm{d}T}=\frac{\Delta S}{\Delta V} \tag{10.12}$$

这些相变通过水平相界线(小量 $\Delta V/\Delta S$)标识出来(图 10.4)。与冰 Ih 和冰Ⅺ相似,冰的两个主要的高压相Ⅶ和Ⅷ,形成一对冰无序相和冰有序相。在室温附近,无需额外的掺杂,它们也能发生转变。冰XⅢ和冰XⅣ是最近才确定的冰相,分别表示冰Ⅴ和冰Ⅻ在掺杂 HCl 后形成的有序相。中子衍射谱(图 10.5)展示了无序相和有序相的细微变化。值得注意的是,与 X 射线不同,中子主要是被氘原子散射,因而可以将有序相和无序相精确地区分开来。

图 10.4 中竖直相界线所标识的相变是受体积驱动的,且密度逐渐增大,例如冰Ⅶ和Ⅷ的密度大约是普通冰(冰 Ih)的两倍。在固体最终转变成氢对称的冰Ⅹ之前,这是 H_2O 分子保持完好无损的最后两个相。冰Ⅷ→Ⅹ(Ⅶ′)的转变具有显著的同位素效应(H→D),表明该相变中质子零点运动的重要性。在水的所有其他相变中,同位素效应并不明显,相界线仅变化几开。

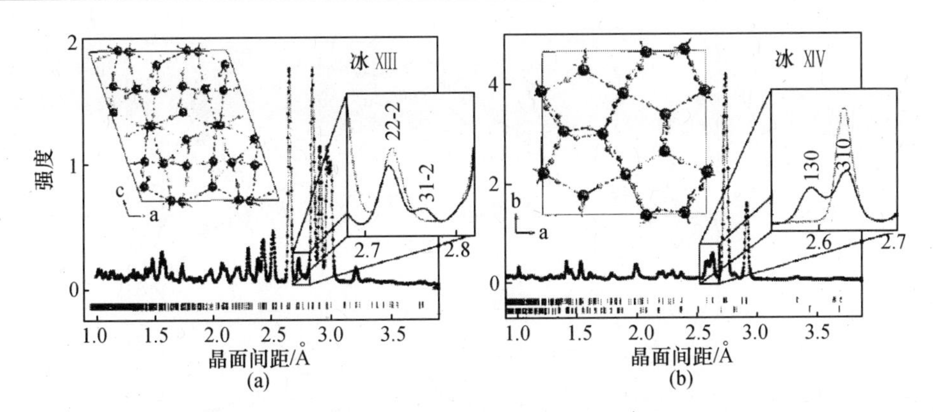

图 10.5 (重)冰XIII和XIV的测量谱、计算谱以及差值,内插图比较了有序相和无序相,(31$\bar{2}$)反射峰的出现将冰XIII(单斜)与冰V(单斜)区分开来,四方冰XII的(310)反射被分裂为正交冰 XIV 的(130)和(310)反射(Salzmann et al. (2006))

2. 冰 Ih 的非晶化

在约130K以下,普通冰 Ih 在受到压缩时将在 $P_c \approx 1.2\text{GPa}$ 不可逆地转变成非晶相。该相变由中子衍射以及非弹性中子散射实验加以证实,其特征分别是尖锐的布拉格峰彻底消失,以及声子态密度的一系列变化(图 10.6)。从图中可以观测到低能声子模式的态密度增加,这是非晶化的先兆。相应的声学支可以通过 D_2O 单晶的测量来得到(图 10.7)。与 10.2 节中描述的软模机理不同,这些声子在整个声学支上的软化是一致的,而不是在某个特定波矢发生软化,后者是结构不稳定性的表现——晶体将转变成另一种晶体结构。

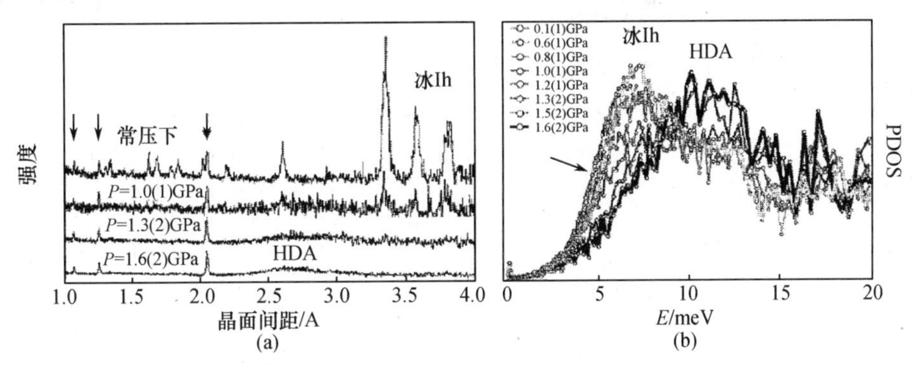

图 10.6 (a)(重)冰 Ih 非晶化过程中的中子衍射谱,加压至 1.6GPa。非晶化产物的一个特征是位于 2.7Å 附近的一个清晰的反射峰彻底消失,箭头表示压腔的布拉格峰,以及(b)非晶化过程中的声子态密度(Strässle et al. (2007)),箭头表示非晶化开始之前,在 5meV 区域内的声子模式软化

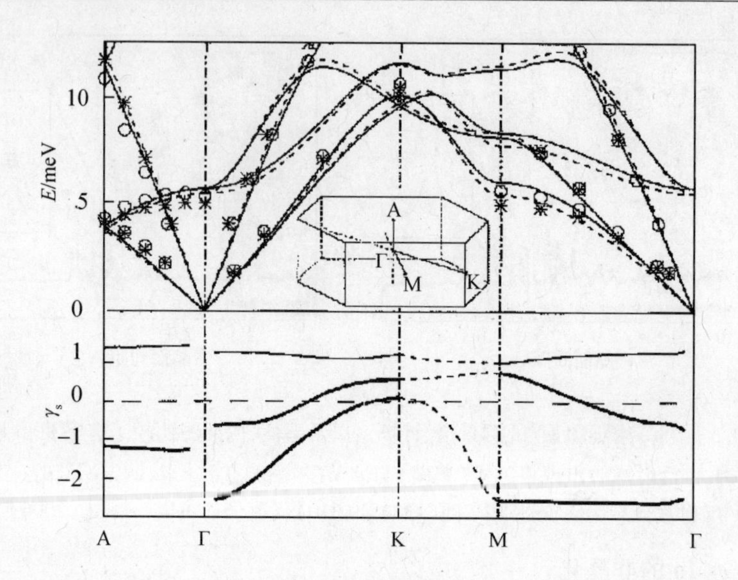

图 10.7　在 $P=0.05\mathrm{GPa}$(○)和 $0.5\mathrm{GPa}$(⋆)测的(重)冰 Ih 的声子色散曲线,以及声学支的模式格林埃森系数 $\gamma_s=-\partial\ln\omega/\partial\ln V$(Strässle et al. (2004b)),后者反映了声子频率随体积的变化,横向声学支沿着 Γ－M 和 Γ－A 具有显著的整体软化现象

3. 非晶多形态转变

在压强 $P=0.2\mathrm{GPa}$ 时,上述非晶冰受热时将在 $T\approx125\mathrm{K}$ 不可逆地转变成另外一种密度更低的非晶相。相应地,它们分别被称作高密度非晶(HDA,$\rho=1.17\mathrm{g/cm^3}$)和低密度非晶(LDA,$\rho=0.94\mathrm{g/cm^3}$)。随后,在温度为 120K 左右加压,可以使 LDA 和 HDA 之间发生可逆的转变,这也是凝聚态物理中罕有的非晶多形态转变的例子之一。非晶多形态转变与液－液相变之间的密切联系引发了水在 $T\approx220\mathrm{K}$ 和 $P\approx0.1\mathrm{GPa}$ 附近存在第二临界点的推测。该推测可以解释水在常温常压下的热力学性质的一些异常现象,这些异常现象在过冷水中更突显。实验上,第二临界点是无法达到的,这是由于过冷水和非晶冰分别在 $T\lesssim235\mathrm{K}$ 和 $T\gtrsim150\mathrm{K}$ 时自发结晶(图 10.4 中的阴影区域)。然而,观测到的两个非晶相,可以看作是当水在冷却到第二临界点以下时被分成的两个液态相。

LDA－HDA 相变是一级相变,如中子衍射谱图 10.8 所示。在一个可以原位变化压力的压腔里制备 LDA 相,随着负载力的增大,样品体积逐渐减小,一部分 LDA 转变成 HDA。图 10.8 中的所有衍射谱都可以通过纯 LDA 相和 HDA 相的图谱的线性组合来得到,而且在转变过程中,压强是不变的,直到样品完全转变成 HDA,这是一级相变的特征。与温度诱导相变相比,这里的实验可调参数(力,即样品体积)与相变的序参量(密度)是直接关联的,在完全转变成终态之前的阶段允许相变中断。

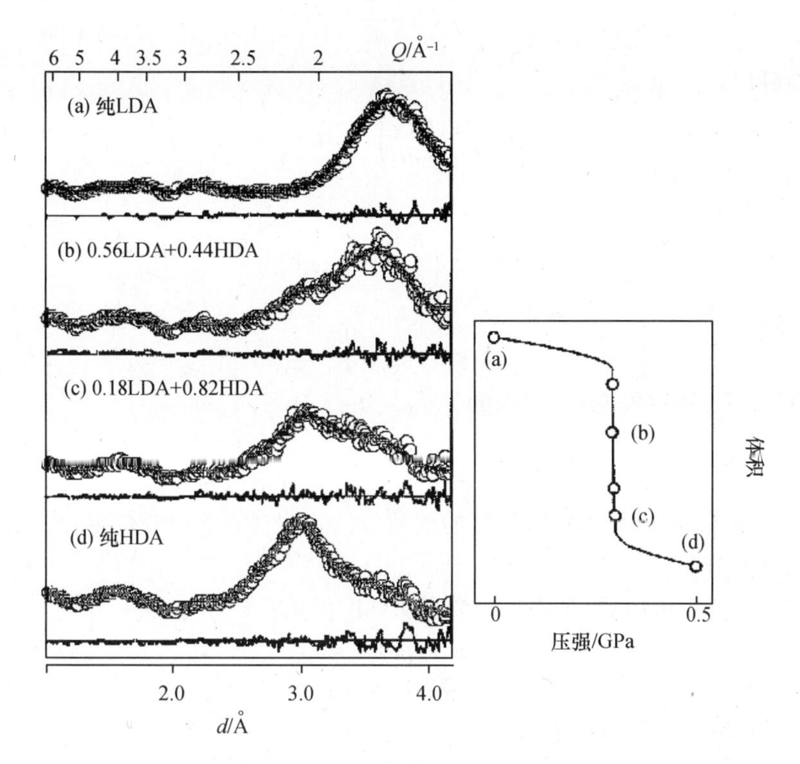

图 10.8 LDA－HDA 转变的中子衍射谱(Klotz et al. (2005a)),实线表示纯 LDA 和纯 HDA 数据的线性插值,$T=130\text{K}$,右图描绘了转变过程中的压强

10.4 磁相变

磁性化合物具有丰富多样的相变,一般不能用 10.1 节介绍的朗道理论来解释。朗道理论是一种平均场方法,忽略了涨落效应以及序参量的对称性。如果第 8 章中的交换哈密顿量表现出各向异性相互作用,其形式如下:

$$\hat{H}=-2\sum_{j,j'}J_{jj'}[r\hat{S}_j^z\hat{S}_{j'}^z+(1-r)(\hat{S}_j^x\hat{S}_{j'}^x+\hat{S}_j^y\hat{S}_{j'}^y)] \tag{10.13}$$

当 $r=1$ 时(伊辛模型),序参量的维度是 $n=1$;当 $r=0$ 时(XY 模型),$n=2$;当 $r=1/2$ 时(海森堡模型),$n=3$。所有这些模型都可以在一维($d=1$)、二维($d=2$)和三维($d=3$)磁体中实现。大多数情况下,某些维度 d 和 n 的临界指数不能精确计算求得,但可以通过具体的模型和(或)计算机模拟来得到。表 10.1 总结了与中子散射实验相关的临界指数。相应的热力学性质,用相对温度来表示

$$t=\frac{T-T_c}{T_c} \tag{10.14}$$

磁化强度为

$$M(t)=-\left(\frac{\partial G}{\partial H}\right)_T=M_0(-t)^{\beta} \tag{10.15}$$

磁化率为

$$\chi(t)=-\left(\frac{\partial^2 G}{\partial H^2}\right)_T=\chi_0\,|t|^{-\gamma} \tag{10.16}$$

以及关联长度为

$$\xi(t)=|t|^{-\nu} \tag{10.17}$$

其与磁化率(随波矢变化)之间的关系式为

$$\chi(q,t)=\chi(q=0,t)\cdot\frac{\kappa^2(t)}{q^2+\kappa^2(t)} \tag{10.18}$$

式中:$\kappa(t)=2\pi/\xi(t)$为关联长度的倒数;$\chi(q,t)$与散射律$S(\boldsymbol{Q},\omega)$之间的关系式为式(2.47)。

从表10.1可以看出,临界指数遵从标度关系:

$$\alpha+2\beta+\gamma=2$$

$$\alpha=2-d\cdot\nu$$

式中:α为恒场中热容的临界指数:

$$c(t)=-T\left(\frac{\partial^2 G}{\partial T^2}\right)_H\propto|t|^{-\alpha} \tag{10.19}$$

表10.1 磁性体系的临界指数。表中最上面两行数据来自精确可解模型,最下面的三行数据由近似处理得到(Gebhardt and Krey (1980))

朗道理论			α	β	γ	ν
			0①	0.50	1.0	0.50
体系的维度	序参量的维度	序参量				
$d=2$	$n=1$	S^z	0②	0.125	1.75	1.0
$d=3$	$n=1$	S^z	0.1100(24)	0.325(1)	1.2462(9)	0.6300(8)
$d=3$	$n=2$	S^x,S^y	−0.0079(30)	0.3454(15)	1.3160(12)	0.6693(10)
$d=3$	$n=3$	S^x,S^y,S^z	−0.1162(30)	0.3646(12)	1.3866(12)	0.7054(11)

① 跳跃不连续点。
② 对数奇点

以稀土化合物CeBi单晶的临界中子散射研究为例,在低于$T_N=25.35$ K时,它表现出Ⅰ类反铁磁有序,其特征为(001)铁磁面沿着z轴按照+ − + −的序列进行堆叠。八面体晶体场（$B_6^0=0$）（式（9.10））将 Ce^{3+} 离子的基态 J 多重态分裂为一个二重态 Γ_7 和一个四重态 Γ_8，择优倾向于（111）轴为易磁化轴。但是，由于存在各向异性磁相互作用（式（10.13）），出现了（001）的自旋排列。因此，磁有序波矢为 $\boldsymbol{q}_0=\left(0,0,\frac{1}{2}\right)$。

序参量 $\langle S^z\rangle$ 的变化通过在 T_N 以下测量（110）反铁磁布拉格反射峰强来进行研究。图 10.9（a）以双对数图的形式展示了相对磁化强度 M/M_0 随相对温度的变化。基于式（10.15）的最小二乘法拟合程序得到如下结果：

$$T_N=25.35(1)\,\text{K},\ \beta=0.317(5)$$

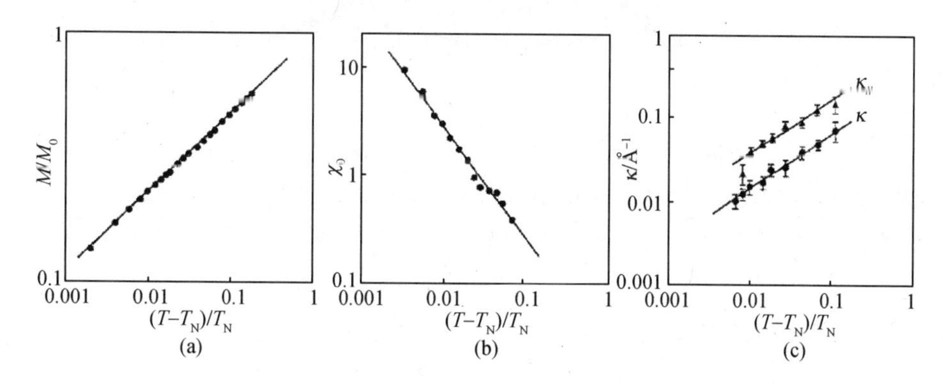

图 10.9　根据中子散射实验数据获得的 CeBi 的热力学性质

（a）在 T_N 以下的相对磁化强度；（b）在 T_N 以上的交错磁化率；

（c）在 T_N 以上，与（001）方向平行和垂直的关联长度的倒数（Hälg et al.（1982））

磁化率 $\chi(\boldsymbol{q},t)$ 通过在奈尔温度 T_N 以上扫描（110）测得，如图 10.10 所示。正如式（10.18）所预测，反射峰具有洛伦兹线形，且 $\boldsymbol{q}_{\parallel}=(00x)$ 时的线宽比 $\boldsymbol{q}_{\perp}=(xx0)$ 时的更宽，即关联长度的倒数 κ 更大，也即临界散射是雪茄型的，长轴平行于（001）。强度和线宽随温度的变化分别如图 10.9（b）和图 10.9（c）所示，并分别根据式（10.16）和式（10.17）进行分析，得

$$T_N=25.32(3)\ \text{K},\gamma=1.16(12);$$

$$T_N=25.37(4)\ \text{K},\ \nu=0.63(6)。$$

κ 的各向异性与温度无关，其平均值 $\kappa_{\parallel}/\kappa_{\perp}=2.5(2)$，因此（001）面内的 Ce^{3+} 自旋之间的关联比相邻面的 Ce^{3+} 自旋之间的关联要强很多。

总的来说，CeBi 的热力学磁性质遵从简单的指数定律式（10.15）~式（10.17），具有相同的奈尔温度 $T_N=25.35$ K。将临界指数 β,γ 和 ν 的测量值与表 10.1 中理论模型的预测值进行比较，发现与三维伊辛体系（$d=3,n=1$）的预测最为符合，因此当 $r=1$ 时，自旋哈密顿量式（10.13）适用于 CeBi 体系。

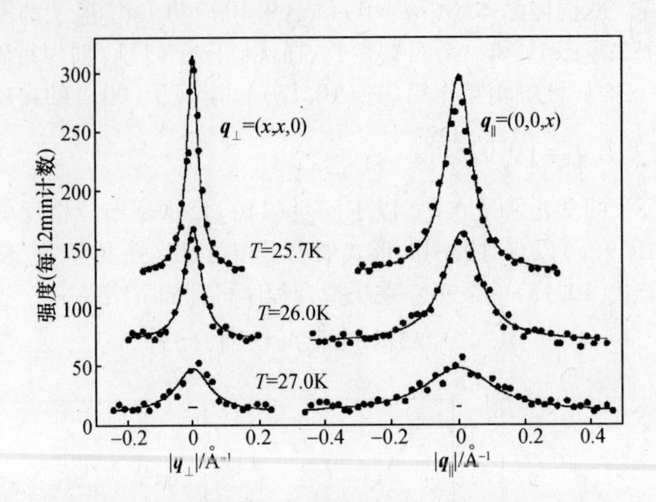

图 10.10　沿着与(001)方向平行($\boldsymbol{q}_\parallel$)和垂直($\boldsymbol{q}_\perp$)的方向进行扫描得到的 CeBi (110)的临界散射强度分布(Hälg et al. (1982)),仪器分辨率由水平棒标示,实线是用式(10.18)进行拟合的结果

10.5　量子相变

量子相变与前面章节中讨论的经典相变有本质上的区别,它们只发生在绝对零度。这种相变并不是由于有序化与热涨落之间的竞争所控制的,而是发生在其他一些参数例如压强、组分或者磁场强度的量子临界值。当体系的协同有序性消失时发生量子相变,但这种有序化的消失仅仅是由于量子涨落驱动的。这些量子涨落的物理性质与引起传统有限温度相变的热涨落的物理性质是截然不同的。因此,要描述量子临界点附近的量子体系,需要用到与传统的相变机制完全不同的新理论。磁性为量子相变的研究提供了一个理想平台。在二维 $S=1/2$ 反铁磁体尤其是单斜化合物 $TlCuCl_3$ 中观测到了新的集体量子现象,下面将加以介绍。

$TlCuCl_3$ 的磁性由 Cu^{2+} 离子决定,它们是呈中心对称排列的反铁磁耦合对。根据哈密顿量式(8.1),二聚体基态是一个单态,波函数为 $|S,M\rangle=|0,0\rangle$,与三重激发态之间的能隙为 Δ。外加磁场 H 使得三重激发态发生 Zeeman 劈裂,变成 3 支能级 $|1,+1\rangle$,$|1,0\rangle$ 和 $|1,-1\rangle$,在临界外磁场 H_c,三重态中能量最低的分量 $|1,+1\rangle$ 与基态发生简并,如图 10.11 所示,因此 H_c 是将有能隙的自旋液体态($H<H_c$)与场诱导的磁有序态($H>H_c$)分离开来的量子临界点。

三重态分量 $|1,+1\rangle$ 可以看作是玻色子,那么就出现了在临界点 H_c 会否发

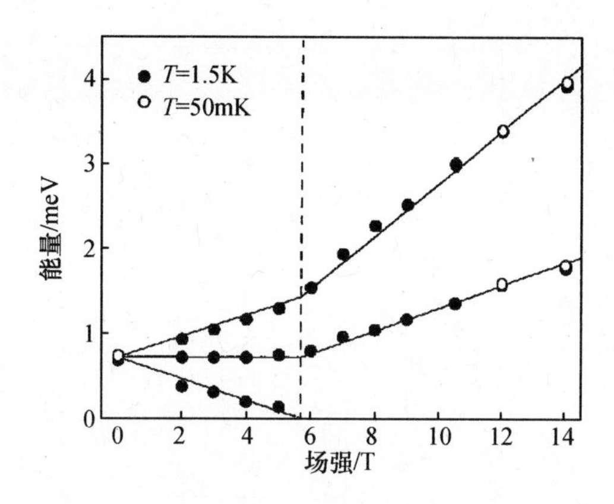

图10.11 $TlCuCl_3$ 的磁激发能量随磁场强度的变化，$Q=(0,4,0)$，
实线表示线性 Zeeman 模型，临界场 $H_c=5.7$ T 由虚线表示(Rüegg et al. (2003))

生玻色－爱因斯坦凝聚的问题。玻色－爱因斯坦凝聚表示自旋为整数的全同粒子的集体量子基态。实现玻色－爱因斯坦凝聚需要化学势 $\mu=\Delta-g\mu_B H$ 为零，这一条件在 H_c 得到满足。因此，在 H_c，三重态玻色子气体发生量子相变，变成一种新的凝聚态(单粒子基态的宏观占据)，可以用相干叠加来进行描述，即

$$|\psi\rangle=a_s|0,0\rangle+a_t e^{i\phi}|1,+1\rangle \tag{10.20}$$

式中：$a_s\approx1$，$a_t\ll1$ 分别为单态和三重态的振幅；ϕ 为相因子。a_t 和 ϕ 通过二聚体中两个 Cu^{2+} 的自旋期望值得到：

$$\begin{cases}\langle S_{x_1}\rangle=-\langle S_{x_2}\rangle\propto a_t\cos\phi\\ \langle S_{y_1}\rangle=-\langle S_{y_2}\rangle\propto a_t\sin\phi\\ \langle S_{z_1}\rangle=\langle S_{z_2}\rangle\propto a_t^2\end{cases} \tag{10.21}$$

$TlCuCl_3$ 在 H_c 是玻色－爱因斯坦凝聚态的实验证据是什么？理论预测在玻色－爱因斯坦凝聚态会产生无能隙 Goldstone 模式(交错磁有序使得旋转对称性破缺)；因此，出现具有线性色散行为的类似于自旋波的模式是玻色－爱因斯坦凝聚存在的可靠标志。这一理论预测已得到证实，如图10.12所示。

$TlCuCl_3$ 中的能隙 Δ 也可以通过施加静水压来关闭，这为利用其他外界参数来实现和探测量子相变提供了可能性。图10.13描绘了能隙随压强的变化：随着压强的增大，能隙逐渐软化并在临界压强 $P_c\approx1$kbar 消失。在 $P>P_c$ 时观测到了长程反铁磁有序，奈尔温度如图10.13所示。在高于 P_c 时测的自旋激发与理论预测的两个简并无能隙 Goldstone 模式非常一致，如图10.12所示。与场诱导有序相进行比较，自旋波劲度增大了将近两倍，这可以理解为压缩条件下交换

耦合参数增大了许多。

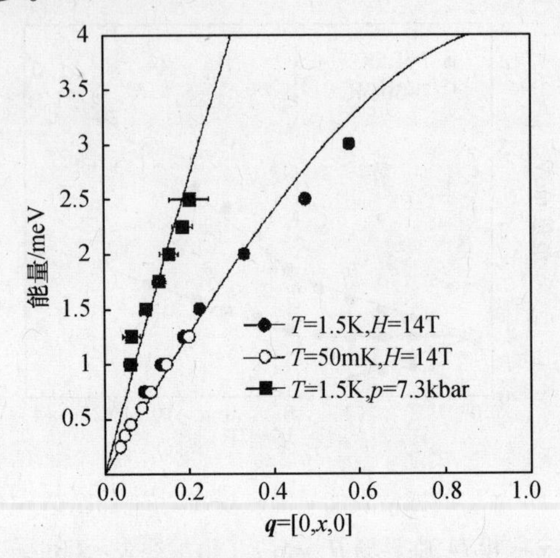

图 10.12　$TlCuCl_3$ 的低能磁激发能量色散，$H = 14T$，$P = 0$，$T = 1.5K$（实心圆），$T = 50mK$（空心圆）；以及 $H = 0$，$P = 7.3 kbar$①，$T = 1.5K$（实心方块）（Rüegg et al.（2003，2004）），实线证实了 Goldstone 模式的线性色散行为

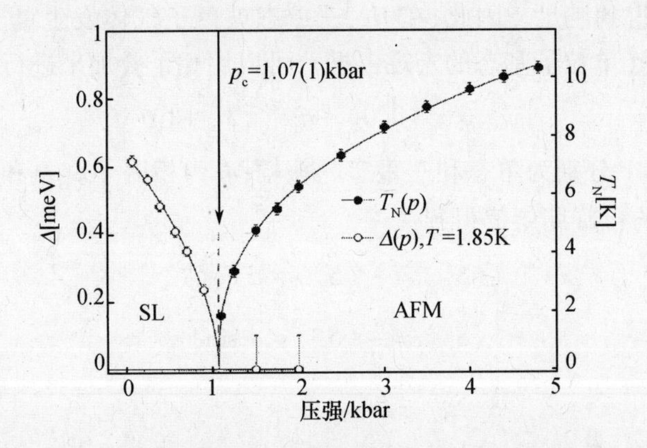

图 10.13　$TlCuCl_3$ 中压强诱导了自旋液体（SL）和反铁磁有序相（AFM）之间的量子相变，单态－三重态能隙 $\Delta(P)$ 与奈尔温度 $T_N(P)$ 是在 $\boldsymbol{Q} = (0,0,1)$ 测的（Rüegg et al.（2004））

10.6　扩展阅读

· R. A. Cowley, in *Magnetic neutron scattering*, ed. by A. Furrer (World

① 1bar = 10^{r}Pa。

Scientific, Singapore, 1995), p. 99: *Magnetic phase transitions*

· R. A. Cowley, in *Methods of experimental physics*, Vol. 23, Part C, ed. by D. L. Price and K. Sköld (Academic Press, London, 1987), p. 1: *Phase Transitions*

· V. F. Petrenko and R. W. Whitworth, *Physics of ice* (Oxford University Press, Oxford, 1999)

· H. E. Stanley, *Introduction to phase transitions and critical phenomena* (Oxford University Press, Oxford, 1987)

第11章　超导电性

11.1　绪论

1911年,Kamerlingh - Onnes观测到汞的电阻在临界温度$T_c = 4.2K$以下突然消失,由此发现超导现象。由于这种效应,电子输运没有损耗,可以产生极大的电流,通常用于产生极强的磁场。一般情况下,简单金属是第一类超导体,化合物与合金是第二类超导体;在磁场效应下,这两种类型的超导是截然不同的。

对于第一类超导体,外磁场会使其表面出现循环电流,该超导电流形成的磁场与外磁场抵消,使得全部磁通量彻底被超导体排出在外。这就是如图11.1(a)所示的Meissner效应。当外磁场比临界磁场$H_c(T)$大时,超导现象消失。在实际中,H_c非常小,很难有实际应用。

对于第二类超导体来说,情况将完全不同,如图11.1(b)所示。在Meissner相,低于下临界场$H_{c1}(T)$时,磁通量完全被超导体排出在外;而高于上临界场$H_{c2}(T)$时则恢复正常态且磁场在材料中呈均匀分布。H_{c2}通常比H_{c1}大100倍。特别有意思的是$H_{c1}(T)$和$H_{c2}(T)$之间的混合态,磁场以量子化磁涡旋的形式穿透超导体,磁涡旋的排布平行于磁场方向。这些磁涡旋由半径(相干长度)为ξ的磁通线构成,且每根磁通线的磁通量为$\Phi_0 = h/2e = 2.07 \times 10^{-15}$ Wb。磁通线规则排布,并形成二维的涡旋晶格。

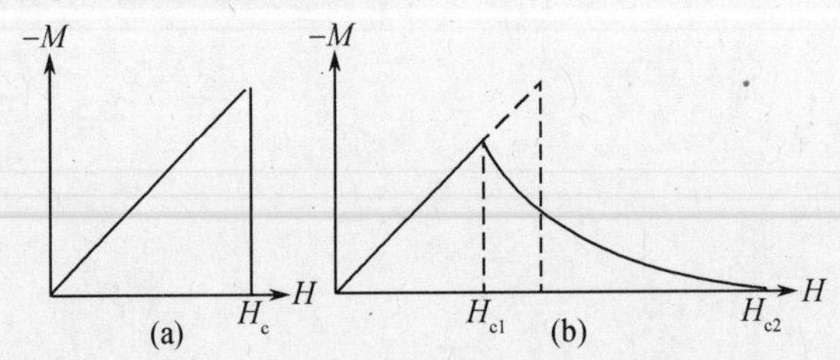

图11.1　(a)第一类和(b)第二类超导体的磁化强度曲线

同位素效应的观测极为重要,即超导转变温度与原子的质量m有关:$T_c \propto m^{-\alpha}$,这表明电子 - 声子相互作用是引起超导电性的机制。1957年Bardeen、Cooper和Schrieffer(BCS)提出的理论概念可用于超导的定量研究。BCS理论预测了库珀对(动量相反的电子对)的存在,它们是在微弱的电子 - 声子相互作用

下形成的。因此,电子态密度中会打开一个各向同性的 s 波能隙 Δ,且零温能隙与 T_c 之间存在简单的关系式:$2\Delta|_{T=0}\approx 3.5k_BT_c$。BCS 理论还预测同位素系数 $\alpha=\frac{1}{2}$。

1986 年超导领域发生了巨大变革,Bednorz 和 Müller 证实了 $La_{2-x}(Ba,Sr)_xCuO_4$ 型铜氧钙钛矿中超导电性的存在。不久之后,其他铜氧材料(铜氧化物,例如 $YBa_2Cu_3O_{7-\delta}$,$Bi_2Sr_2CaCu_2O_{8+\delta}$)相继被发现,它们的临界温度 T_c 突破了液氮的“温度壁垒”(77K)。人们发现,仅电子－声子相互作用已不足以解释铜氧化物中观测到的高临界温度现象,各种竞争性理论模型涌现出来。尤其是,磁性被认为是理解铜氧化物中的高温超导电性的一个关键因素。

图 11.2 所示为高温超导体随掺杂浓度和温度的变化相图。未掺杂的体系是反铁磁绝缘体。在少量掺杂时,奈尔温度 T_N 迅速降低并消失,体系进入自旋－玻璃相。继续掺杂,在临界温度 T_c 时出现超导现象,但是在欠掺杂区内,体系表现出一种奇特的金属行为。T_c 在最佳掺杂时达到最大,并在过掺杂区再次下降。反铁磁相与超导相的接近自然而然地引发磁性在超导机制中的重要性的问题。磁性模型的一个预测便是存在各向异性的 d 波能隙,波函数每旋转 90°时要改变符号。事实上,有节点的超导能隙函数可以通过角分辨光电子谱仪(ARPES)和相敏实验的方式测定。高温超导体与低温超导材料的不同之处是在 T_c 以上观测到了一个赝能隙。该赝能隙在温度 T^* 时关闭,T^* 随着掺杂浓度的降低而增大(图 11.2),且比值 $\Delta_{max}(T=0)/T_c$ 随着欠掺杂而增大。

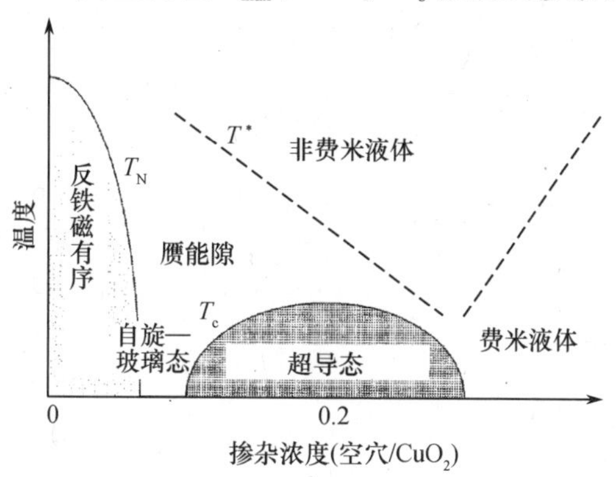

图 11.2　高温超导体的相图

中子散射在研究超导体的基本性质方面有着非凡的优势。下面将介绍中子散射取得的一些重要成果。尤其是,磁通线晶格可以用“晶体学”工具——SANS 实验来探测。非弹性中子散射实验在晶格动力学与自旋动力学方面发挥了独特的作用,分别给出了高温超导体中的电子－声子耦合以及自旋涨落的重要信息。

此外，晶体场谱仪为超导能隙及赝能隙的打开提供信息。

11.2 磁通线晶格

磁涡旋晶格的中子衍射之所以会发生是因为中子具有自旋，势能随空间变化。磁通线晶格的布拉格反射条件是每个晶胞中有一个磁通量子 Φ_0，因此对于三角和六角晶格，晶格参数 d 为

$$d_{\text{tri}} = \sqrt{\frac{\sqrt{3}\Phi_0}{2B}} \tag{11.1}$$

对于正方晶格，有

$$d_{\text{squ}} = \sqrt{\frac{\Phi_0}{B}} \tag{11.2}$$

对于磁场 $B = \mu_0 H \approx 0.2\text{T}$，晶格参数 d 的量级是 1000Å，入射中子波长 $\lambda \approx$ 10Å 时，由式(4.8)得到布拉格角 $\Theta \approx 0.5°$。因此，磁通线晶格的中子衍射恰是 SANS 实验的范畴(3.3.4 节)。

单个(h,k)峰的强度表达式由文献 Christen et al.（1977）给出，

$$I_{hk} = \frac{\pi\gamma^2\Phi(\lambda)}{8}\frac{V\lambda^2}{\Phi_0^2 \mid \boldsymbol{\tau}_{hk} \mid} \mid F_{hk} \mid^2 \tag{11.3}$$

式中：$\Phi(\lambda)$为入射中子注量；V 为样品体积；$\boldsymbol{\tau}_{hk}$为倒易晶格矢量，相应的晶格参数 d 为式(11.1)或式(11.2)；F_{hk}为磁形状因子，它是超导体内部磁场分布 $h(\boldsymbol{r})$ 的傅里叶逆变换：

$$F_{hk} = \frac{1}{\Phi_0}\int h(\boldsymbol{r})\,\mathrm{e}^{\mathrm{i}\boldsymbol{\tau}_{hk}\cdot\boldsymbol{r}}\mathrm{d}\boldsymbol{r} \tag{11.4}$$

在 London 理论中，式(11.4)可以写为(Forgan（1998）)

$$F_{hk} = \frac{B}{1 + (\boldsymbol{\tau}_{hk}\lambda_{\text{L}})^2} \tag{11.5}$$

式中：λ_{L} 为 London 穿透深度。

对于磁感应强度大于 B_{c1} 的所有情况，式(11.5)中分母的第二项起主要作用，因此强度式(11.3)呈$\mid\boldsymbol{\tau}_{hk}\mid^{-5}$衰减，即高次反射的强度比低次反射要微弱得多。从式(11.3)和式(11.5)还可以看出，强度呈 λ_{L}^{-4} 下降，这使得高温超导体和重费米子超导体(磁穿透深度很大)的 SANS 信号非常弱。

以铌单晶的 SANS 实验结果为例。图 11.3(a)描绘了涡旋晶格参数 d 随外场 B 的变化。比较式(11.1)和式(11.2)，清楚地表明涡旋晶格具有六角对称性。最近，随着二维探测器的应用，已经可以直接对铌的六角磁通线晶格成像，如图 11.3(b)所示。

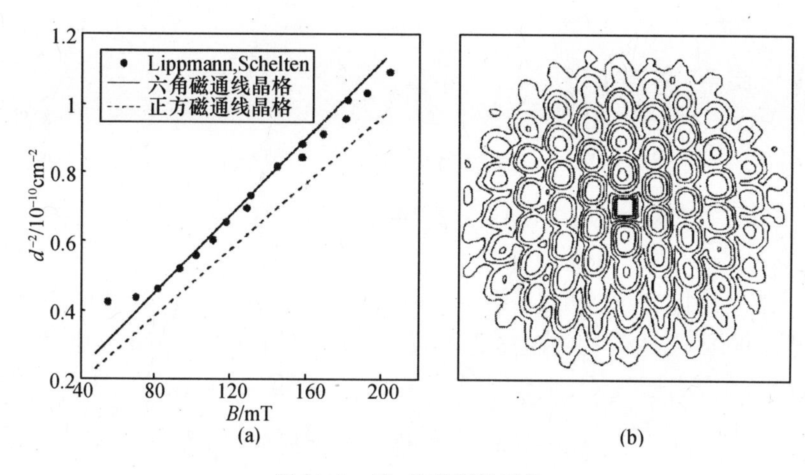

图 11.3　Nb 的磁通线晶格

(a)晶格参数 d 随磁场的变化,直线表示根据式(11.1)和式(11.2)计算出的六角和正方磁通线晶格的 d 值(Lippmann,Schelten (1974));(b)Nb 磁通线晶格的中子衍射谱(对数标度),$B=0.1T$,$T=1.6K$,直穿束被束流阻挡片阻挡(Forgan (1998))

鉴于中子强度正比于 λ_L^{-4},利用 SANS 测量高温超导体中的涡旋晶格($\lambda_L \approx 1000 \sim 2000Å$)显得极为迫切。图 11.4 是 $La_{1.83}Sr_{0.17}CuO_4$($T_c=37K$)的 SANS 实验结果。低磁场中观测到了六角磁通线晶格(图 11.4(a))。然而,随着场强的增大,观测到了正方磁通线晶格(图 11.4(b))。内禀四重对称是涡旋晶格与各向异性(例如 d 波超导能隙函数,费米面/速度各向异性,或者电荷/条纹涨落)耦合的标识。

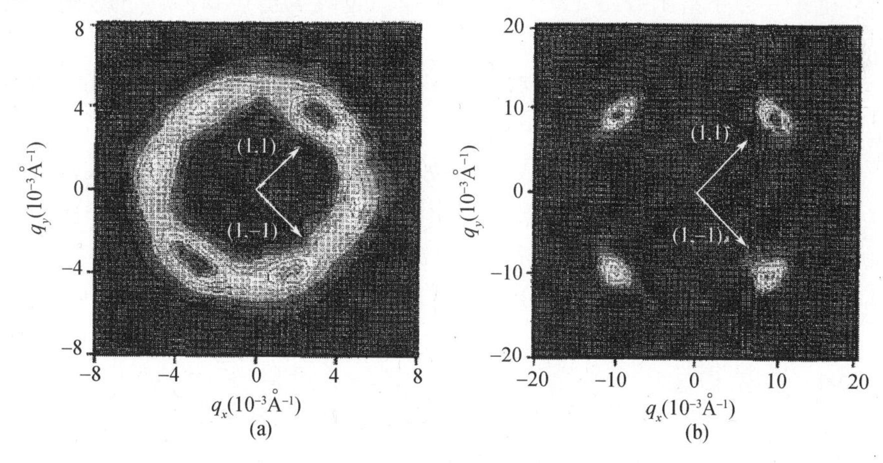

图 11.4　$La_{1.83}Sr_{0.17}CuO_4$ 的 SANS 衍射谱,$T=1.5K$

(a)磁场偏离 c 轴 10°, $B=0.1T$; (b)磁场平行于 c 轴,$B=1.0T$(Chang et al. (2006))

11.3 声子态密度

在 BCS 理论中,超导转变温度存在如下关系式(Bardeen et al. (1957a,b))

$$T_c = 1.14\hbar\omega_D e^{-\frac{1}{\lambda}} \tag{11.6}$$

式中:ω_D 为德拜频率;λ 为有效电子-声子耦合常数。

因此,T_c 可以通过增大参数 ω_D 和(或)λ 来提高。只要满足 $k_B T \ll \hbar\omega_D$,即在弱耦合极限下,式(11.6)就是适用的。参数 ω_D 和 λ 都与声子态密度 $g(\omega)$ 有关。ω_D 是在德拜温度 Θ_D 时的平均声子能量,德拜温度可以通过热容来得到:

$$\begin{aligned} c_V(T) &= k_B \int_0^\infty \left(\frac{\hbar\omega}{k_B T}\right)^2 \frac{e^{\frac{\hbar\omega}{k_B T}} g(\omega)}{\left(e^{\frac{\hbar\omega}{k_B T}} - 1\right)^2} d\omega \\ &= \frac{12\pi^4 nNk_B}{5}\left(\frac{T}{\Theta_D}\right)^3 \end{aligned} \tag{11.7}$$

式中:n,N 分别为每个晶胞中的原子数以及晶胞的数目。

λ 与态密度的关系式为

$$\lambda = 2\int_0^\infty \frac{\alpha^2(\omega)g(\omega)}{\omega} d\omega \tag{11.8}$$

式中:$\alpha(\omega)$ 为电子-声子相互作用,通常随频率平滑地变化,且时常近似为一个常数。

电子-声子谱函数,$\alpha^2(\omega)g(\omega)$,可以通过隧道谱得到,而 $g(\omega)$ 则通过非弹性中子散射实验得到(5.3 节)。

图 11.5 是在室温下开展非弹性中子散射实验测的 MgB_2($T_c = 39K$)的总声子态密度。

MgB_2 晶体为 AlB_2 型六方结构,其中 B 离子以蜂巢状原胞的形式构成了类似石墨的层状,被 Mg 的六角层分开。由于 B-B 共价键的原因,硼平面内的载流子呈金属性。图 11.5 展示了镁和硼的分态密度。较轻的硼原子主要对声子谱的高能部分做贡献,即与超导电性有关的声子能量是 $\hbar\omega \approx 80 \sim 105$meV,这表明式(11.6)不再适用。在中间耦合和强耦合极限,T_c 由半经验公式(McMillan (1968))给出,即

$$T_c = \frac{\hbar\omega_D}{1.45k_B}\exp\left(\frac{1.04(1+\lambda)}{\lambda - \mu^*(1+0.62\lambda)}\right) \tag{11.9}$$

式中:μ^* 为库仑排斥力,对于所有超导体来说,它的量级是 0.15。

根据 McMillan 公式(11.9)得到有效电子-声子耦合常数 $\lambda \approx 1$,即 MgB_2 处于中间耦合区域。

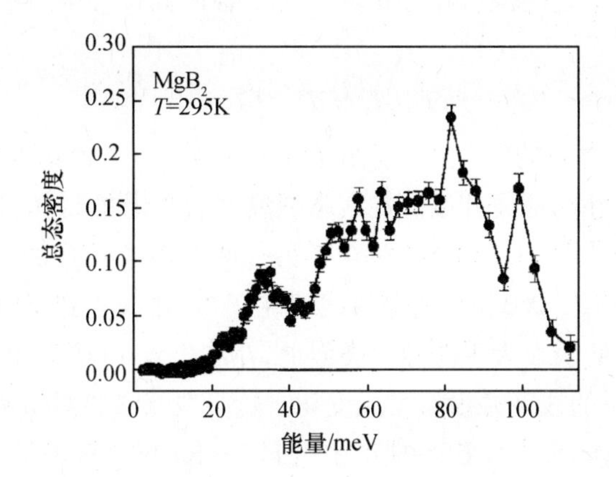

图 11.5　MgB_2 的总声子态密度，$T=295K$。数据对多声子散射、德拜－沃勒衰减及本底贡献进行了修正(Clementyev et al. (2001))

11.4　声子能量和线宽

在超导转变温度以下，由于能隙的打开，电子态的重新分布会导致声子峰位和线宽的变化，类似于 11.5 节中讨论的晶体场跃迁的弛豫。声子线宽 $\Gamma_{ep}(\boldsymbol{q})$（由于电子－声子相互作用）与电子－声子谱函数 $\alpha^2(\omega)g(\omega)$ 之间的精确关系式为(Allen (1972))：

$$\alpha^2(\omega)g(\omega) = \frac{2}{\pi N(E_F)\omega}\sum_{\boldsymbol{q}}\Gamma_{eq}(\boldsymbol{q})\delta(\omega-\omega(\boldsymbol{q})) \tag{11.10}$$

式中：$N(E_F)$ 为费米面的电子态密度。

因此，原则上说，中子散射实验不但可以测定声子态密度 $g(\omega)$，还能测 $\alpha^2(\omega)g(\omega)$。如果 $\Gamma_{ep}(\boldsymbol{q})$ 在整个布里渊区取样，那么通过式(11.8)可以获得有效电子－声子耦合常数 $\boldsymbol{\lambda}$。但该过程非常冗长，因此下面的表达式对于电子－声子平均线宽 $\langle\Gamma_{ep}\rangle$ 来说非常有用(Allen (1972))：

$$\lambda = \frac{12n\langle\Gamma_{ep}\rangle}{\pi N(E_F)\langle\omega^2\rangle} \tag{11.11}$$

式中：n 为原子总数；$\langle\omega^2\rangle$ 为均方声子频率。

以经典超导体 Nb_3Sn($T_c=18.3K$)为例。图 11.6(a)是在超导转变温度以下及以上测的横向声学声子(T_1 模式)，波矢 $\boldsymbol{q}=(0.18,0.18,0)$，能量 $\hbar\omega=3.8meV$。声子能量存在一个很小的增量，但最显著的效应是温度从 6K 到 26K 时本征线宽的增大。很明显，能量 $\hbar\omega<2\Delta$ 的声子没有足够的能量跨越能隙 Δ，

因而与电荷载流子之间没有相互作用。对于各向同性能隙,超导态中的本征线宽为

$$\Gamma_s(T) = \Gamma_n(T)\mathrm{e}^{-\frac{\Delta}{k_B T}} \tag{11.12}$$

式中:$\Gamma_n(T)$为正常态的线宽。这意味着 $\Gamma_s(T \ll T_c) \approx 0$,而谱线增宽刚好是在 T_c 以下超导能隙打开的地方开始。在线宽随温度的变化图 11.6(b)中可以清楚地观测到这一行为。图 11.6(b)还包含了另外两个声子模式的数据。对于 T_1 模式,在波矢 $\boldsymbol{q} = (0.3, 0.3, 0)$ 测得的线宽在 T_c 时并未受到影响,这是因为它的能量 $\hbar\omega = 8.0\mathrm{meV}$ 明显大于能隙。类似地,在波矢 $\boldsymbol{q} = (0.2, 0, 0)$ 测的横向声学声子在 T_c 上下的线宽并没有发生变化。这类线宽实验对于测定能隙大小(式(11.12))以及确定那些对 BCS 理论中引起 Nb_3Sn 超导现象的电子-声子相互作用做贡献的特定声子模式来说是极其有用的。

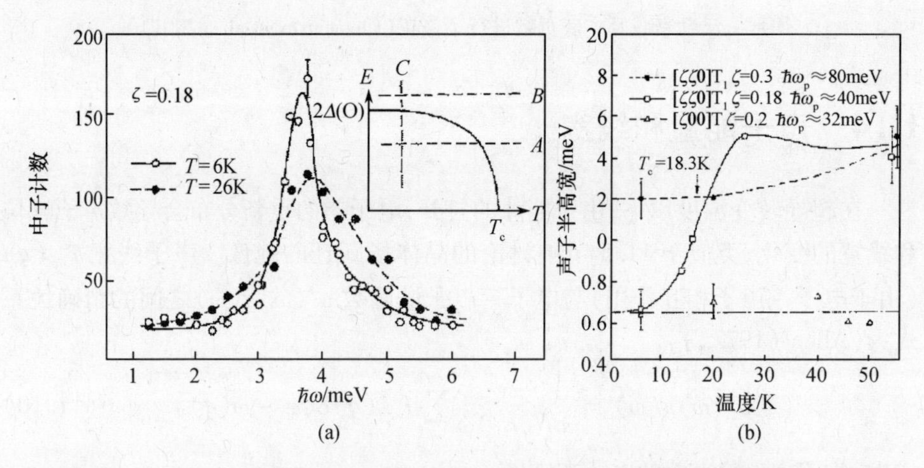

图 11.6 (a)低于和高于 $T_c = 18.3\mathrm{K}$ 时测的 Nb_3Sn 的中子散射谱,插图展示了声子的温度效应($\hbar\omega \sim T$):温度升高(扫描 A、B),固定温度(扫描 C);(b)不同波矢 $\boldsymbol{q}$ 下测的 3 个声子模式的线宽(Axe,Shirane (1973))

最近,超导化合物 RNi_2B_2C(R = Y, Lu)的实验不仅展示了声子线宽的温度效应,还观测到温度降到 T_c 以下这一过程中声子线形的急剧变化。图 11.7 展示了在 $\boldsymbol{Q} = (0.55, 0, 8)$ 测的 YNi_2B_2C($T_c = 14.2\mathrm{K}$)的声子谱随温度的变化。在 T_c 以上,声子响应是以 7meV 为中心的宽阔线形。当温度降到 T_c 以下,在 5meV 出现了一个新的峰。该峰的出现明显始于 T_c,峰强随温度的变化类似于超导电性的序参量。它真实地反映了超导态,在 H_{c1} 以上,峰强开始连续下降,在 H_{c2} 时彻底消失(Kawano et al. (1996))。理论上,当 $\omega < 2(1 + 2\Gamma_{ep}/\omega)\Delta$(Allen et al. (1997))时,声子的线宽、线形均发生变化。

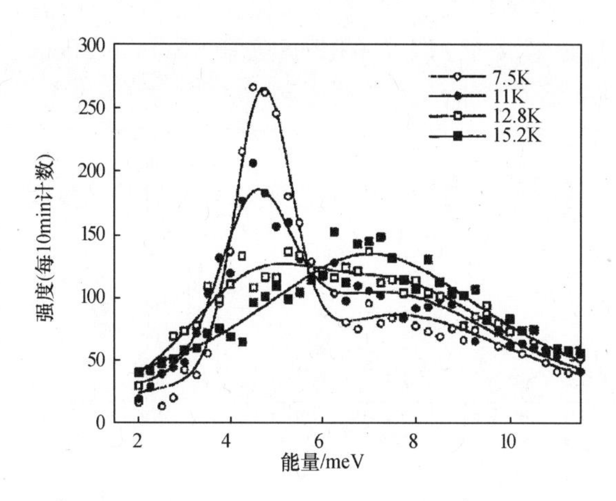

图 11.7　YNi_2B_2C(T_c = 14.2K)的声子谱随温度的变化，$\boldsymbol{Q}$ = (0.55,0,8)(Kawano et al. (1996))

11.5　晶体场跃迁的弛豫效应

在 9.4 节中讨论了由于稀土离子与电荷载流子的相互作用引起的晶体场跃迁的谱线增宽。这种情形与超导化合物很类似:由于电荷载流子的库珀对在超导转变温度 T_c 以下产生了一个能隙 Δ,所以能量 $\hbar\omega < 2\Delta$ 的晶体场激发没有足够的能量跨越这个能隙,类似于 11.4 节中声子的情况。对于各向同性能隙,超导态的本征线宽 $\Gamma_s(T)$ 由式(11.12)给出,其中 $\Gamma_n(T)$ 是正常态的线宽(式(9.21))。根据式(11.12),$\Gamma_s(T)$随温度的指数函数变化,这一预测在经典超导体 $La_{1-x}Tb_xAl_2$ 的中子谱研究中首次被证实。实验采用了低浓度 Tb(x = 0.001 和 0.003)的样品,以避免由 Tb 离子之间的交换相互作用引起的谱线增宽。图 11.8(a)所示为分别在超导转变温度以上及超导温度以下测的最低晶体场跃迁 $\hbar\omega$ = 0.68meV。经过仪器分辨率修正过的线宽如图 11.8(b)所示。超导态的线宽到正常态线宽(式(9.21))的过渡以及 T_c 以下线宽的指数衰减与理论预测值惊人的一致。

对于高温超导体,情况则完全不同,电荷载流子在赝能隙温度 T^* 形成库珀对,但长程的位相相干只发生在 $T_c < T^*$。在 $La_{1.96-x}Ho_{0.04}Sr_xCuO_4$ 的中子散射实验中,清楚地观测到了能隙在 T^* 打开。图 11.9 描绘了在不同掺杂浓度(x = 0.11,0.15,0.20)时,最低晶体场跃迁 $\hbar\omega = \pm 0.2$meV 的线宽 Γ 随温度的变化。所有数据都表现出相似的行为:低温时线宽非常小,随后不断增大且斜率 $d\Gamma/dT$ 也在增大,直至 T^*;而后斜率 $d\Gamma/dT$ 下降并保持不变(式(9.20))。从这

些实验得出的 T^* 随掺杂的变化情况与磁化率、电阻率、热容、NQR（Häfliger et al.（2006）及其参考文献）以及 ARPES 实验（Norman，Pépin（2003））非常一致。

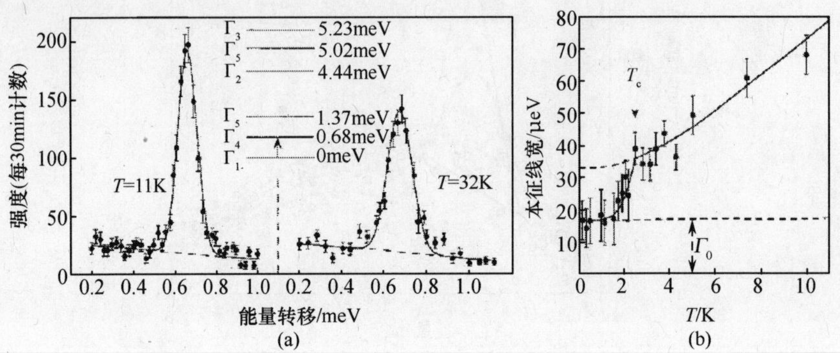

图 11.8 （a）在超导转变温度 $T_c = 2.6K$ 以下及以上测的 $La_{0.997}Tb_{0.003}Al_2$（$x = 0.003$）的中子散射谱，插图展示了 Tb^{3+} 离子的晶体场能级序列；（b）$La_{0.997}Tb_{0.003}Al_2$ 晶体场跃迁的线宽随温度的变化，实线根据式（9.21）和式（11.12）计算得到，由于 La^{3+} 离子和 Tb^{3+} 离子的离子半径不同而导致局部结构变形，从而产生额外的贡献，计算中假定这一额外贡献 Γ_0 为常数（Feile et al.（1981））

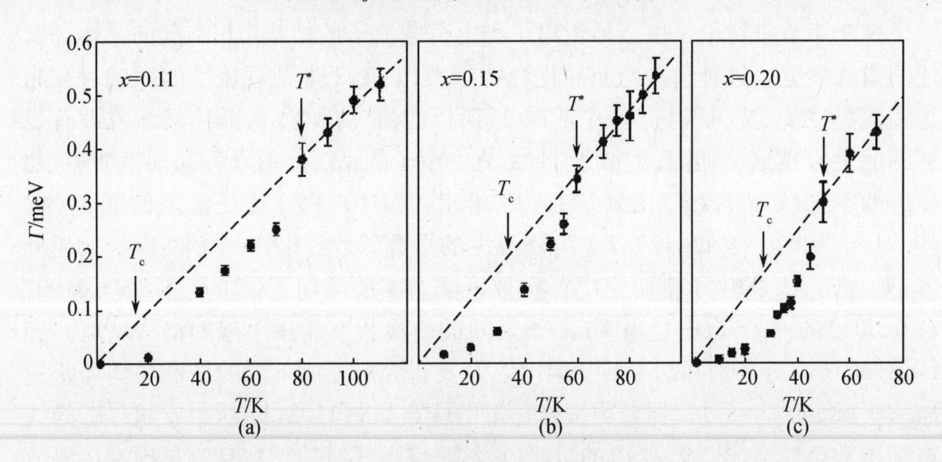

图 11.9 $La_{1.96-x}Ho_{0.04}Sr_xCuO_4$ 中最低能量的基态晶体场跃迁的本征线宽（HWHM）随温度的变化，虚线是根据式（9.20）计算的正常态的线宽（Häfliger et al.（2006））

11.6 高温超导体中的自旋涨落

非弹性中子散射实验揭示了高温超导体中存在很强的磁涨落。在未掺杂的母体化合物中，磁激发可以用标准的自旋波理论解释，以 8.2.2 节中 La_2CuO_4 为例。对于掺杂材料来说情况要复杂得多：磁激发不仅与正常态不一样，而且在超导转变温度 T_c 重新分布。图 11.10 所示为所有铜基化合物处于最佳掺杂时的主要特征。在正常态中，反铁磁倒易晶格矢(π,π)附近存在一些很宽的激发。在 $La_{2-x}Sr_xCuO_4$ 中，这些激发的峰值位于一些非公度波矢($\pi+\delta,\pi$)(Mason et al. (1992))，且 δ 随着 Sr 的掺杂比例 x 增大而增大。

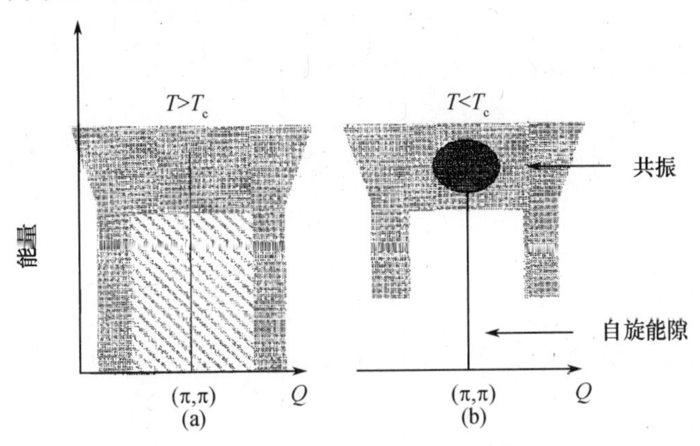

图 11.10　高温超导体中的自旋激发图

(a)正常态；(b)超导态。

由正常态变为超导态时，情况将发生显著的变化。人们观测到光谱权重的重新分布，并具有以下显著特征：①在(π,π)点附近，低能量的光谱权重的减少使自旋能隙打开；②在超导转变温度 T_c 高于 80K 的铜基化合物中，观测到了一个共振峰，即在(π,π)点观测到自旋磁化率虚部的强度在高于自旋能隙的某一能量处迅速增加(Bourges (1998))，以化合物 $YBa_2Cu_3O_{6+x}$ 为例，如图 11.11 所示。最近，$YBa_2Cu_3O_{6.6}$ 的实验证实了在非公度位置存在方形的连续激发，且其光谱权重远远超过了共振的权重(Hayden et al. (2004))。

在最佳掺杂的情况，自旋能隙和共振都将在 T_c 以上消失。此外，观测到共振能量 E_r 与 T_c 的关系 $E_r \approx 5k_BT_c$，表明铜基材料中磁自由度与电子自由度之间存在紧密的联系。基于巡游磁性方法，人们提出了许多模型来解释所观测到的磁激发(Norman, Pépin (2003))。总的来说，这些模型从费米液体绘景出发，其中 Lindhard 函数或者自旋磁化率 χ^0 可以写为

$$\chi^0(\boldsymbol{q},\omega) \approx \sum_{\boldsymbol{k}} \frac{f_{\boldsymbol{k}} - f_{\boldsymbol{k}+\boldsymbol{q}}}{\hbar\omega - (\varepsilon_{\boldsymbol{k}+\boldsymbol{q}} - \varepsilon_{\boldsymbol{k}}) + \mathrm{i}\delta} \tag{11.13}$$

式中：$\varepsilon_{\boldsymbol{k}}$，$f_{\boldsymbol{k}}$ 分别为电子能带色散和费米函数。

在超导相，必须考虑库珀对，$T=0$ 时 χ^0 为

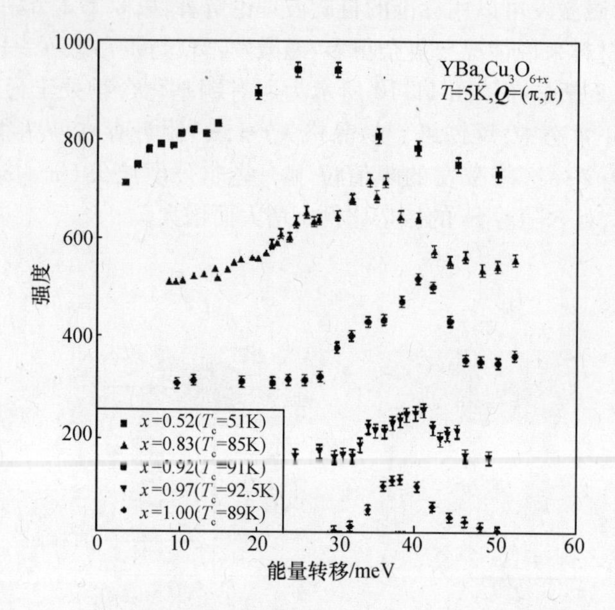

图 11.11　在不同掺杂程度下测的 $YBa_2Cu_3O_{6+x}$ 的自旋磁化率的虚部，$T=5K$, $\boldsymbol{Q}=(\pi,\pi)$ (Bourges(1998))，$x=0.97$, 0.92, 0.83 和 0.52 的数据分别上移了 150, 300, 500, 700 个计数

$$\chi^0(\boldsymbol{q},\omega) \approx \sum_{\boldsymbol{k}} \left(1 - \frac{\Delta_k \Delta_{k+q} + \varepsilon_k \varepsilon_{k+q}}{E_k E_{k+q}}\right) \times \frac{f_k + f_{k+q} - 1}{\hbar\omega - (E_k + E_{k+q}) + \mathrm{i}\delta} \tag{11.14}$$

式中：Δ_k 和 $E_k = \sqrt{\varepsilon_k^2 + \Delta_k^2}$ 分别为超导能隙函数和准粒子能量；括号中的这一项为相干因子，其在解释高温超导体中的自旋涨落时起着关键作用。在 $\varepsilon \to 0$ 的极限情况，对于各向同性能隙函数 $\Delta_k = |\Delta|$，相干因子为零。然而，对于 d 波能隙函数，有 $\Delta_k = -\Delta_{k+(\pi,\pi)}$，因此相干因子等于2。对于这类模型，依照式(11.14)，非弹性中子散射也可以间接地探测超导能隙函数的对称性。

式(11.14)中的磁化率不足以解释非弹性中子散射实验数据，必须考虑RPA 模型给出的磁化率 $\chi(\boldsymbol{q},\omega)$ 式(8.41)。对于铜基化合物，交换函数的傅里叶变换具有式(8.24)的形式。在 RPA 近似中，磁化率 $\chi''(\boldsymbol{q},\omega) = \mathrm{Im}\chi(\boldsymbol{q},\omega)$ 的大部分特征(自旋能隙，磁共振，非公度激发)都可以在最佳掺杂时得以再现。值得注意的是，其他诸如条纹相模型(Tranquada et al. (2004))或者 SO(5)超对称理论(Zhang(1997))也被用来解释中子散射数据。

11.7　扩展阅读

· J. F. Annett, *Superconductivity, superfluids and condensates*(Oxford University Press, Oxford, 2004)

· A. Furrer, *Neutron scattering in layered copper – oxide superconductors* (Kluwer Academic Publishers, Dordrecht, 1998)

· M. R. Norman and C. Pépin, Rep. Prog. Phys. 66, 1547 (2003): *The electronic nature of high temperature cuprate superconductors*

· D. R. Tilley and J. Tilley, *Superfluidity and superconductivity*(Hilger, Bristol, 1990)

第12章 超 流 态

12.1 绪论

只在低温下观测到了超流现象。最广为人知的超流体有氦的两种同位素，^{3}He 和^{4}He。人们在冷原子气体中也找到了超流体存在的证据，并认为中子星的内部存在超流体。1937 年，Kapitza、Allen 和 Misener 发现了超流体。随着^{4}He 冷却到临界温度 $T_\lambda = 2.17$K，他们观测到热容有一个明显的不连续点，一部分液体变成无黏性的超流体。由于比热曲线的形状很像希腊字母 λ，因此该不连续点称为 λ 点。

尽管^{4}He 与^{3}He 超流态现象非常相似，但是转变的微观机制却极为不同。^{4}He 原子是玻色子，其超流现象可以用它们所遵从的玻色统计来解释。特别是，^{4}He 超流体可以看作是相互作用体系中的玻色 – 爱因斯坦凝聚的结果(10.5 节)。另一方面，^{3}He 原子是费米子，该体系中的超流转变可以用超导体的 Bardeen – Cooper – Schrieffer 理论来进行描述(11.1 节)。然而，此时配对的不是电子而是两个^{3}He 原子，它们之间的吸引力是由自旋涨落而不是声子引起的。

超流体表现出许多非同寻常的性质，它像是正常态成分(具有正常流体的所有性质)与超流成分的混合，后者具有零黏滞性、零熵以及极大的热导率。因此，超流体中不可能出现温度梯度，就像超导体中不可能出现电势差一样。如果将超流体装在一个旋转的容器里面，就可以观察到一个有趣的性质。与正常流体随容器一起旋转不同，超流体的旋转态由量子化涡旋组成。涡旋线的数目与常数 h/m 有关，其中 h 是普朗克常数，m 是原子的质量。迄今为止，超流体中的涡旋线——与第二类超导体的磁通线(11.2 节)类似——尚未被中子散射观测到。

本章将讨论液态^{4}He 和^{3}He 的一些重要的中子散射实验结果，为检验玻色统计法和费米液体理论提供了绝佳的机会。

12.2 液体^{4}He

12.2.1 相图

^{4}He 在绝对零度不凝固是纯的量子效应。原子间微弱的范德华力不足以克

服极大的零点振动能(因其质量小)将氦原子局限在一个格点上。只有在加压的情况下才可能使^{4}He 固化。^{4}He 的相图如图 12.1 所示。在零压下,转变温度T_λ以上及以下的液相分别用^{4}He－Ⅰ和^{4}He－Ⅱ表示。在^{4}He－Ⅱ中,只有小部分原子形成凝聚,因此超流体氦是两种流体的混合。中子散射实验给出了超流分数以及激发谱等重要信息。

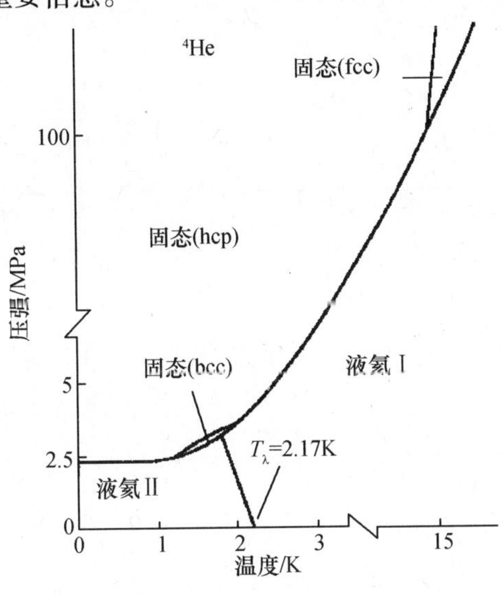

图 12.1　^{4}He 的相图

12.2.2　元激发

与其他液体不同,^{4}He－Ⅱ中的元激发是尖锐而清晰的,如图 12.2 所示。波矢较小时,色散关系几乎是线性的

$$\hbar\omega(q) = c \cdot q \tag{12.1}$$

类似于固体中的纵向声子模式(5.2 节)。随着波矢增大,色散曲线出现一个极大值,称为极大子,紧接着出现极小值,称为旋子,这是由于人们最初认为这部分色散曲线包含液体中所有的旋转性质。在旋子极小值区域,色散曲线呈抛物线形,并可用朗道表达式精确描述,即

$$\hbar\omega(q) = \Delta_R + \frac{\hbar^2 (Q - Q_R)^2}{2\mu_R} \tag{12.2}$$

式中:Δ_R 为 Q_R 处的旋子能隙;μ_R 为旋子有效质量。

因此,旋子能隙的出现与^{4}He－Ⅱ中的超流态成分有关,类似于超导体中的能隙(第 11 章)。

在转变温度 T_λ 以上,声子仍然是相当尖锐且清晰的激发;而对于旋子来说,在超流态极其尖锐,但旋子－旋子相互作用使得激发变宽、变模糊。旋子能量

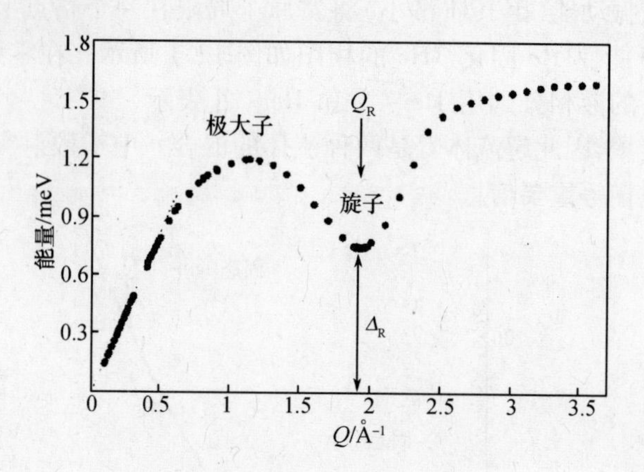

图 12.2 ^{4}He 的色散曲线，$T\leqslant 1.2$K(Donnelly et al.（1981))

Δ_R 以及旋子半高宽 Γ_R 随温度的变化可以通过下面的式子计算(Bedell et al.（1984))：

$$\Delta_R(T)=\Delta_R(0)+P_\Delta\cdot(1+R\sqrt{T})\sqrt{T}\cdot e^{-\frac{\Delta_R(T)}{k_BT}}$$

$$\Gamma_R(T)=P_\Gamma\cdot(1+R\sqrt{T})\sqrt{T}\cdot e^{-\frac{\Delta_R(T)}{k_BT}} \tag{12.3}$$

图 12.3 总结了一系列实验数据，与理论预测值非常吻合，其中模型参数分别为 $P_\Delta=24.72$，$P_\Gamma=41.6$，$R=0.0603$。

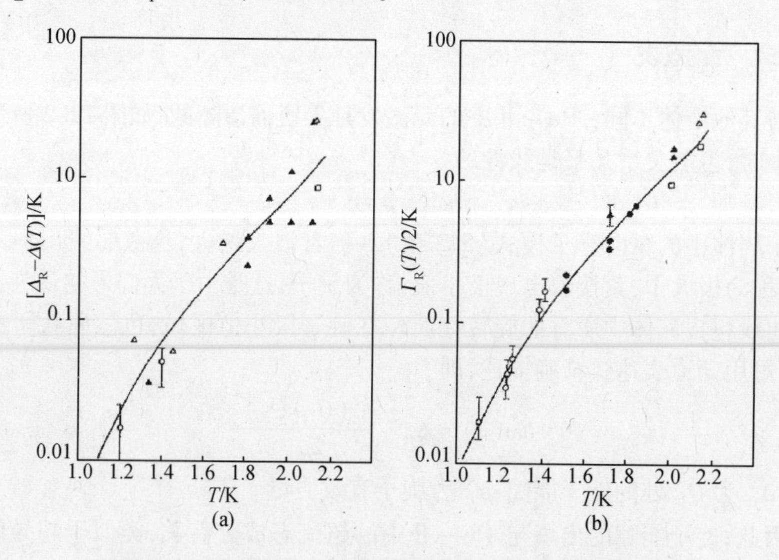

图 12.3 旋子能量 Δ_R(a)和半高宽 Γ_R(b)随温度的变化，
实线是基于式(12.3)的理论预测(Bedell et al.（1984))

12.2.3　凝聚分数

当散射矢量 $\boldsymbol{Q}$ 的模足够大时,利用冲量近似,$S(\boldsymbol{Q},\omega)$将直接反映原子的动量分布 $n(\boldsymbol{p})$(G.11)。若是像 London 最初提出的那样,^{4}He－Ⅱ超流相中部分原子 n_0 凝聚成零动量态,则 $n(\boldsymbol{p})$可以写为

$$n(\boldsymbol{p})=n_0\delta(\boldsymbol{p})+(1-n_0)n^*(\boldsymbol{p}) \tag{12.4}$$

式中:$n^*(\boldsymbol{p})$为未凝聚原子的动量分布。

将式(12.4)代入式(G.11)可以得到 $S(\boldsymbol{Q},\omega)$,它由一个 δ 函数形式的凝聚部分构成,该部分位于非凝聚原子引起的宽峰的顶部,并关于反冲能 $E_r=\dfrac{\hbar^2Q^2}{2M}$ 对称。这一点已通过不同温度下的实验数据加以证实,如图 12.4(a)所示,该图清楚地描绘了转变温度 T_λ 以下由于凝聚部分引起的额外散射。δ 函数部分的相对权重直接给出了凝聚分数 n_0,如图 12.4(b)所示。可利用下面的表达式来分析温度的影响:

$$n_0(T)=n_0(0)\left(1-\left(\frac{T}{T_\lambda}\right)^\alpha\right) \tag{12.5}$$

得到 $n_0=0.139(23)$和 $\alpha=3.6(1.4)$。

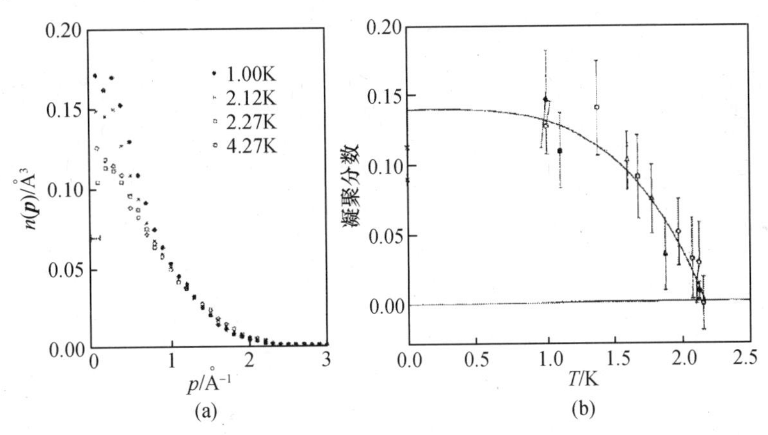

图 12.4　(a)在不同温度下,液态^{4}He 的动量分布 $n(\boldsymbol{p})$;(b)^{4}He 超流体的凝聚分数 $n_0(T)$,实线是用式(12.5)做的拟合(Sears et al.(1982))

12.2.4　静态结构因子

图 12.5(a)所示为转变温度 T_λ 以上及以下测得的液态^{4}He 的静态结构因子。由于低密度,且零点振动能极大,因此 $S(\boldsymbol{Q})$振荡幅度较小,且随着 Q 的增

大而迅速衰减。在大 Q 极限(6Å^{-1}以上),可以通过非常精确的傅里叶分析得到对关联函数 $g(r)$(6.2 节):

$$g(r) = \frac{1}{2\pi^2 \rho r}\int_0^\infty Q(S(Q) - 1)\sin(Qr)\mathrm{d}Q \tag{12.6}$$

式中:ρ 为数密度。

根据图 12.5(a)的结果,可以得到 $g(r)$ 的各个特征随温度的变化,如图 12.5(b)所示。在 $g(r)=1$ 附近的振荡幅度是原子间关联的一种直接度量,从图中可以看出,在 T_λ 以上振幅随着温度的下降而增大,但随后会出现突然的逆转,且随着在超流相中进一步冷却,振幅连续下降。这是^{4}He 超流体所独有的——是在转变温度 T_λ 以下形成零动量玻色凝聚的直接后果。因此,可以通过下面的关系式测量凝聚分数 n_0:

$$g(r) - 1 = (1 - n_0)^2(g_n(r) - 1) \tag{12.7}$$

式中:$g_n(r)$ 为未凝聚原子的对关联函数。

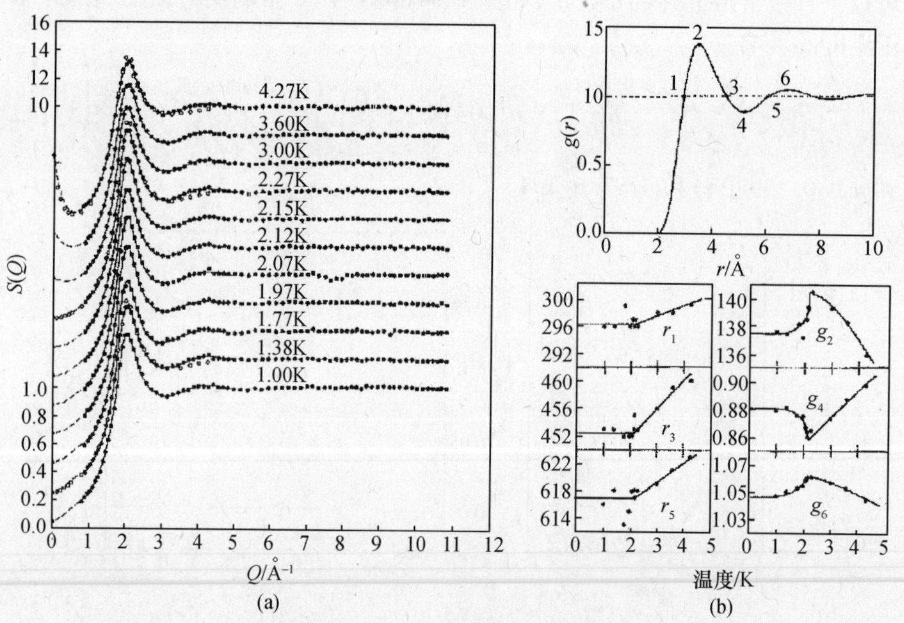

图 12.5 (a)在不同温度下测得的液态^{4}He 的静态结构因子 $S(Q)$ (Svensson et al. (1980))和(b)液态^{4}He 的对关联函数 $g(r)$, $T=1.00$K,若干振幅值 g_i 以及 $g(r)$ 与直线 $g(r)=1$ 的交叉点 r_i 随温度的变化(Glyde, Svensson (1987))

图 12.4(b)中的空心圆表示 n_0,由式(12.7)得到。这与利用 12.2.3 节所介绍的动量分布 $n(\boldsymbol{p})$(式(12.4))进行分析得到的值非常吻合。

随着温度下降，^{4}He 像正常流体一样缩小，因此 $g(r)$ 的极大值将向较小的 r 移动，如图 12.5(b) 中的交叉点 r_i 所示。在转变温度 T_λ，体系发生自发膨胀，一直持续到温度低至 $T=1$K 左右，在这之后，再次开始缩小。但是，图 12.5(b) 中并没有观测到这些异常特征。

12.3　液体^{3}He

12.3.1　相图

1972 年，Osheroff、Richardson、Lee 以及 Leggett 在 3 mK 温度以下发现了^{3}He 超流态。^{3}He 的相图如图 12.6 所示。其总体特征与^{4}He 非常像，但超流态的转变温度极低。原因是^{3}He 遵从费米－狄拉克统计理论，不允许大量的原子在最低能量态发生凝聚。

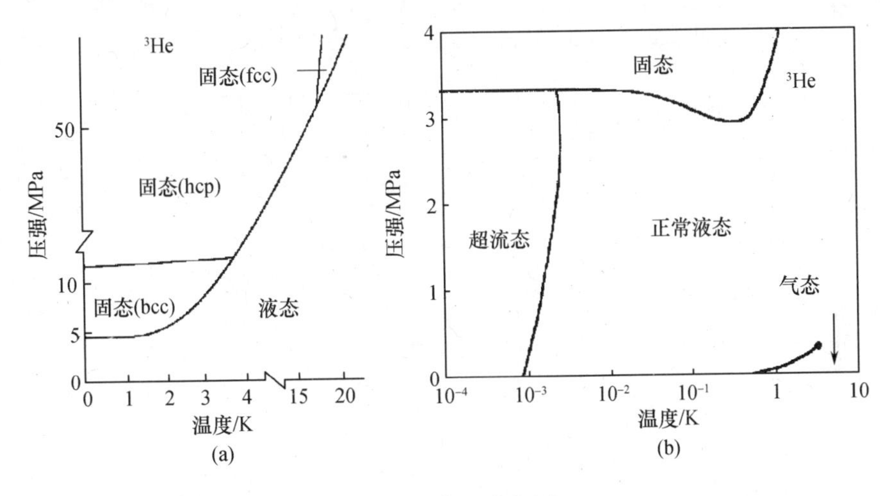

图 12.6　^{3}He 的相图

^{3}He 的中子散射实验因其极大的吸收截面（附录 B）而受限，实验数据严重缺乏。此外，还亟须 mK 温区内的中子实验；^{3}He 超流态的中子散射实验较少，因此这里只总结了一些正常液态的实验结果。

12.3.2　元激发

^{3}He 原子核自旋 $I=\dfrac{1}{2}$，散射律 $S(\boldsymbol{Q},\omega)$ 是相干散射 S_{coh}（由于密度激发）和自旋相关散射 S_{inc}（由于自旋密度激发）之和，

$$S(\boldsymbol{Q},\omega)=S_{\mathrm{coh}}(\boldsymbol{Q},\omega)+\frac{\sigma_{\mathrm{inc}}}{\sigma_{\mathrm{coh}}}S_{\mathrm{inc}}(\boldsymbol{Q},\omega) \tag{12.8}$$

式中:σ_{coh},σ_{inc}分别为相干散射截面(2.30)和非相干散射截面(2.31)。事实上,当 $Q\leqslant1.2$ Å^{-1}时,在 $T=15$mK 测的能谱中有两个峰,如图 12.7 所示。较低能量的峰是自旋涨落共振引起的(S_{inc}部分),Leggett 预言了这一点,而位于较高能量的峰则被认为是零声模式(相干散射部分 S_{coh})。这可以通过强度随 Q 的变化关系 $S_{\mathrm{inc}}\propto F^2(Q)$(2.6 节),以及 $S_{\mathrm{coh}}\propto Q^2$(5.1 节)加以验证,其中 $\sigma_{\mathrm{coh}}=4.4$barn(附录 B),$\sigma_{\mathrm{inc}}\approx1.1$barn(经实验数据校正)。自旋涨落能量大致上与 Q 无关,而零声模式在小于 $Q\approx1$Å^{-1}的范围内随 Q 的演化遵从线性色散关系式(12.1)。

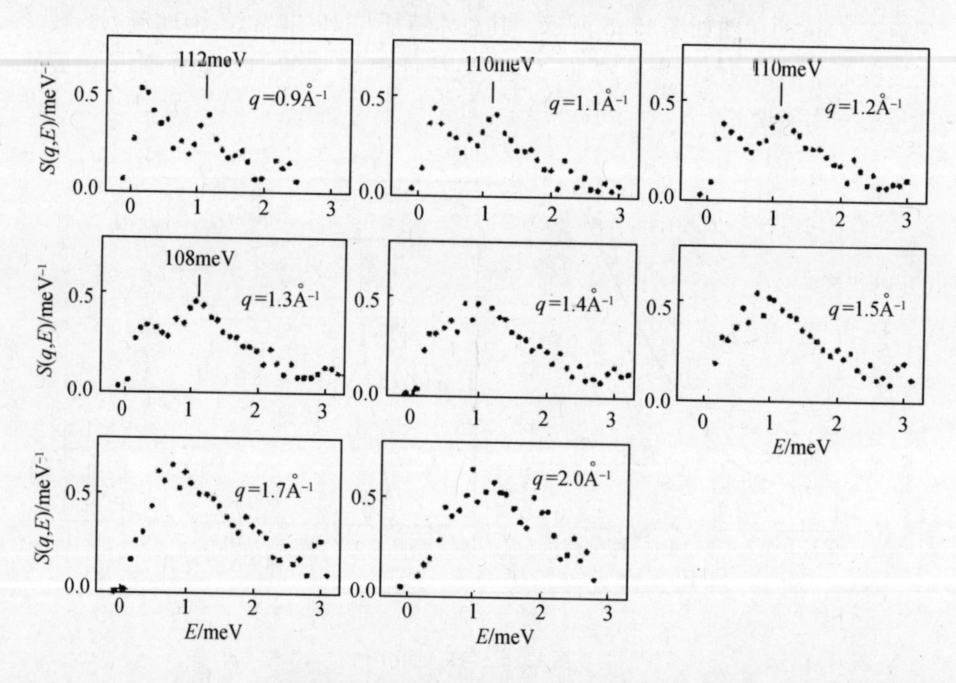

图 12.7　液态^{3}He 的 $S(\boldsymbol{Q},\omega)$,$T=15$mK(Sköld et al. (1976))

当 $Q\geqslant1.3$Å^{-1},由于谱线增宽,无法再明确地区分 S_{coh}与 S_{inc}这两部分。谱线增宽很可能是由于单个粒子-空穴(p-h)激发对或者粒子-空穴多重散射(朗道阻尼)的相互作用引起的。尤其是,如果这些模式能量重叠,那么声子可能变成单个 p-h 对。图 12.8 所示为零声模式的色散关系,以及根据有效质量 $m^*=3m_0$ 计算出的单粒子-空穴激发。

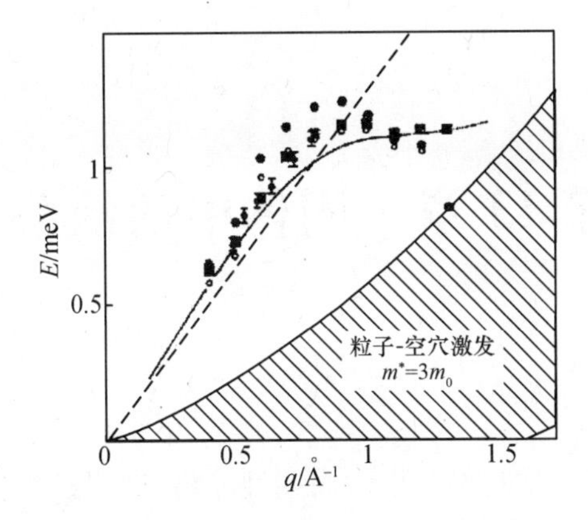

图 12.8　^{3}He 零声模式的色散，$T = 15$mK(Sköld et al. (1976))，阴影区域表示粒子－空穴激发，这里假设有效质量与 Q 无关：$m^* = 3m_0$(Glyde，Svensson (1987))

12.4　扩展阅读

· M. A. Adams, in *Neutron scattering in novel materials*, ed. by A. Furrer (World Scientific, Singapore, 2000), p. 289: *Superfluid^{4}He – a very novel material*

· J. F. Annett, *Superconductivity, superfluids and condensates* (Oxford University Press, Oxford, 2004)

· B. Fåk, in *Cold neutrons: large scales – high resolution*, ed. by A. Furrer (Proc. 97-01, ISSN 1019-6447, PSI Villigen, 1997), p. 47: *Excitations in normal liquid^{3}He and superfluid^{4}He*

· H. Glyde, in *Methods of experimental physics*, Vol. 23, Part B, ed. by D. L. Price and K, Sköld (Academic Press, London, 1987), p. 303: *Solid and liquid helium*

· W. G. Stirling and H. R. Glyde, Phys. Rev. B 41, 4224 (1990): *Temperature dependence of the phonon and roton excitations in liquid ^{4}He*

· D. R. Tilley and J. Tilley, *Superfluidity and superconductivity* (Hilger, Bristol, 1990)

第 13 章 固体中的缺陷

13.1 绪论

前面章节中的讨论是基于理想的周期性晶格,即假设材料是完美的。但实际上材料绝非完美,可能存在晶格缺陷、位错、杂质、密度梯度等情况。如果这类缺陷的浓度低于 10^{-3},那么它们通常对材料的性质没有影响。此外,中子散射技术并不擅长研究此类缺陷。对于更高浓度(例如 10^{-2} 及以上),缺陷将非常重要,且必须考虑在内。这些缺陷不仅会影响到局部结构及动力学效应,还会对周围的基体产生影响,此外,它们之间还会相互影响。对于这类研究,应优先考虑中子散射技术。

完美晶体的相干弹性散射产生布拉格峰(第 4 章),而实际中的晶体在布拉格峰附近及布拉格峰之间会出现额外的散射。散射的弹性部分称为漫散射,包含了晶体格点的占位及静态局部位移的信息。

最简单的缺陷是点缺陷,如空位(Schottky 缺陷)、置换原子、自间隙(Frenkel 缺陷),以及外来填隙,如图 13.1 所示。点缺陷会引起局部的结构畸变,在磁性材料中,由于交换耦合强烈依赖于磁性离子之间的距离,因此点缺陷将对磁性材料的性质产生很大的影响。

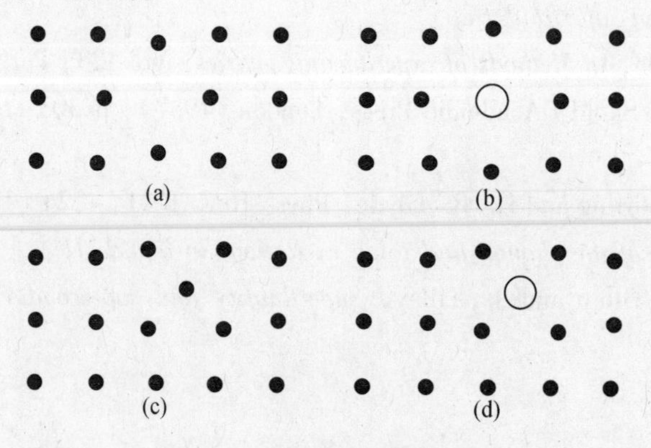

图 13.1 不同类型的点缺陷

(a)空位;(b)置换原子;(c)自间隙;(c)外来填隙。

本章关注的几种缺陷可以很好地利用中子散射技术加以阐释。首先是点缺陷的静态性质，它们通常有聚集成对，甚至聚集成数目更庞大的团簇进而演化为宏观缺陷的趋势。其次是点缺陷对主晶格的动力学性质的影响，产生共振模式和局域模式。

13.2　点缺陷的短程有序

考虑由 A、B 两种原子构成的化合物，这两种原子随机共享相同的晶格占位。其相对浓度分别为 p_A 和 p_B，且 $p_A + p_B = 1$。根据式（2.32），平均散射长度为

$$\langle b \rangle = p_A b_A + p_B b_B \tag{13.1}$$

$$\langle b^2 \rangle = p_A b_A^2 + p_B b_B^2$$

将式（13.1）代入非相干散射截面式（2.31），得到漫散射截面：

$$\left(\frac{d\sigma}{d\Omega}\right)_{\text{diff}} \sim \langle b^2 \rangle - \langle b \rangle^2 = p_A p_B (b_A - b_B)^2 \tag{13.2}$$

这恰是无定形本底。根据式（13.2），令 $b_B = 0$，可以直接算出空位的漫散射截面。

现在考虑二元合金中 $p_A \gg p_B$ 的情况；即 B 类原子作为点缺陷引入并置换掉主晶格中的一部分 A 类原子。原则上，点缺陷是随机分布在所有晶体格点的，但实际上它们通常趋向于形成团簇甚至更大的聚集体，如图 13.2 所示。因此，缺陷的位置之间存在着明确的关联。假设缺陷是对关联的，则漫散射可根据式（4.4）计算：

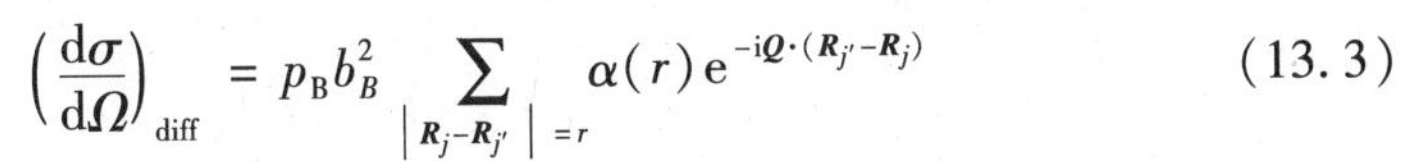

$$\left(\frac{d\sigma}{d\Omega}\right)_{\text{diff}} = p_B b_B^2 \sum_{|R_j - R_{j'}| = r} \alpha(r) e^{-i\boldsymbol{Q}\cdot(\boldsymbol{R}_{j'} - \boldsymbol{R}_j)} \tag{13.3}$$

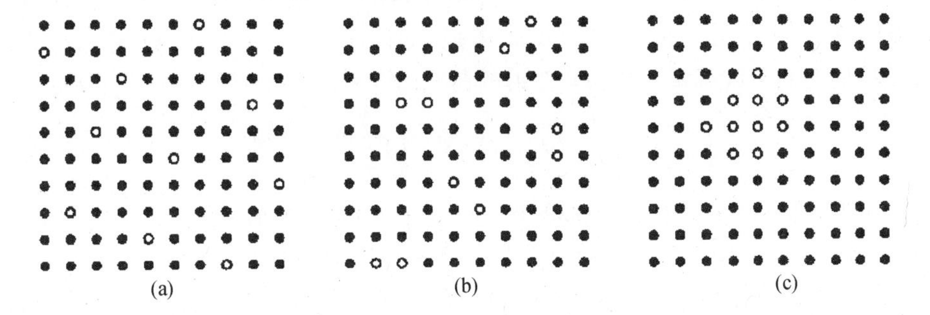

图 13.2　二元合金 $A_{0.9}B_{0.1}$ 的原子位置分布

（a）少量 B 原子的统计分布；（b）B 原子多以最近邻和次近邻原子对的形式出现；（c）B 原子聚集成一个大团簇。

式中：$\alpha(r)$ 为两个点缺陷之间的距离为 $r = |\boldsymbol{R}_j - \boldsymbol{R}_{j'}|$ 的概率。

式(13.3)中截面与 $\boldsymbol{Q}$ 的函数关系和自旋二聚体的截面式(8.9)、式(8.10)很相似。对于多晶材料,式(13.3)变为

$$\left(\frac{\mathrm{d}\sigma}{\mathrm{d}\Omega}\right)_{\mathrm{diff}} = 2p_{\mathrm{B}}b_{B}^{2}\sum_{r}\alpha(r)\left(1-\frac{\sin(Qr)}{Qr}\right) \tag{13.4}$$

在氧缺陷化合物 $\mathrm{Zr(Y)O_{2-x}}$ 中清楚地观测到缺陷原子择优以成对的形式出现,如图13.3所示。除了主要的布拉格峰,中子衍射谱中还存在一个正弦调制的漫散射本底,根据式(13.4),这应该是由于最近邻氧离子向空位弛豫并产生了缺陷原子对。

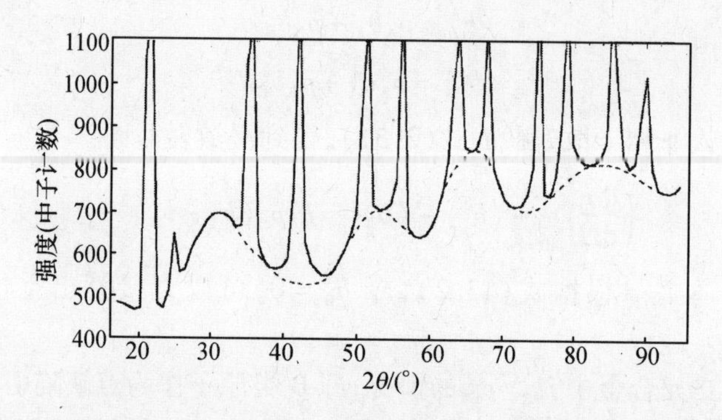

图13.3　固溶体 $\mathrm{Zr(Y)O_{2-x}}$ 的中子衍射谱展示了正弦调制的漫散射本底
(Steele,Fender (1974)

再以反铁磁稀土—硫族元素化物为例,其晶体结构为NaCl结构。稍微偏离最佳配比将会导致磁学性质发生很大的变化。例如,对于非化学计量比化合物 $\mathrm{TbSe_{1-x}}$,实验上观测到了长程反铁磁有序(低于 $T_{\mathrm{N}}=52\mathrm{K}$)与短程磁有序(低至4.2K)异常共存。后者是由于Se亚点阵中的Schottky缺陷(图13.1(a)),使得相邻的 $\mathrm{Tb^{3+}}$ 离子对之间的局域关联增强,如图13.4所示。数据分析时,式(13.4)前面的系数需要调整为磁散射的情况(式(7.3)):

$$\left(\frac{\mathrm{d}\sigma}{\mathrm{d}\Omega}\right)_{\mathrm{diff.\,magn.}} \propto F^{2}(Q)\langle\hat{S}^{z}\rangle^{2}\left(1-\frac{\sin(Qr)}{Qr}\right) \tag{13.5}$$

式中:r 为Schottky缺陷位置上的两个 $\mathrm{Tb^{3+}}$ 离子之间的(等效)距离。

一般而言,短程有序并不一定像上述两个例子那样局限于最近邻离子对,而是必须考虑式(13.3)和式(13.4)中 $\alpha(r)$ 的各种可能性。此外,漫散射的一套完整计算必须将单个原子偏离理想格点的情况(图13.1)考虑在内。这是一个相当复杂的问题,因此漫散射的计算是基于蒙特卡罗或者团簇变分算法的模拟,再与实验数据进行比较。实验上,最好是像图13.5关于合金 $\mathrm{Ni_{0.9}Al_{0.1}}$ 的例子一样,采集一整套覆盖不可约布里渊区的漫散射数据。

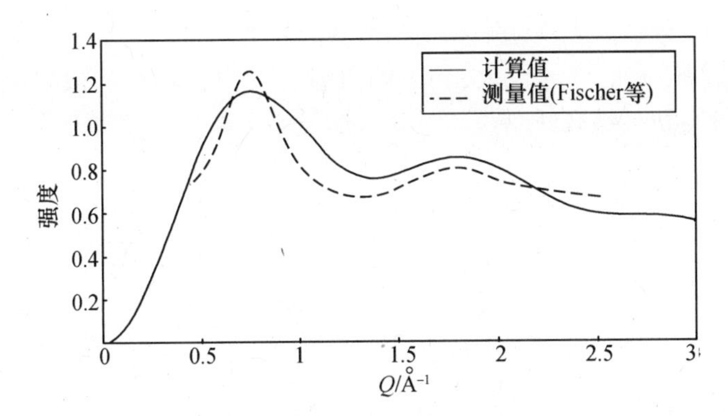

图 13.4　非化学计量比 $TbSe_{1-x}$ 的漫散射谱(虚线)，$T=4.2$K(Fischer 等 (1976))，实线表示根据式(13.5)计算出的次近邻 Tb 离子对的短程关联

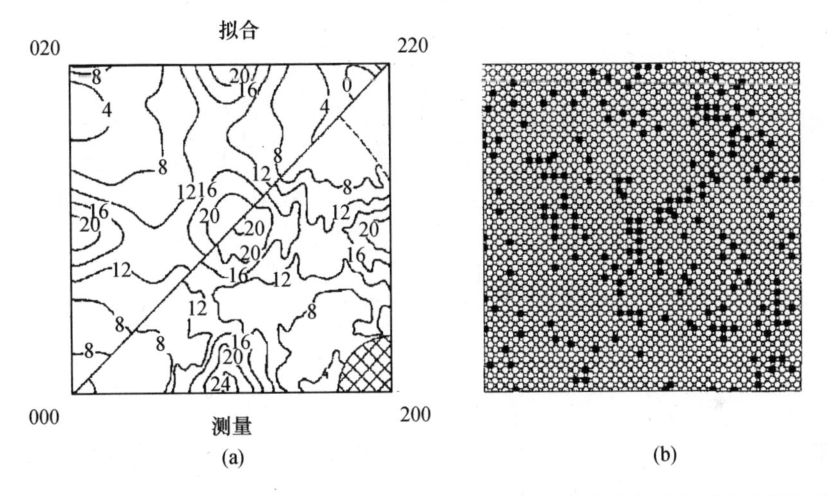

图 13.5　(a)$Ni_{0.9}Al_{0.1}$ 在倒易平面(100)内的漫散射谱，等值线表示等强度的漫散射，实验结果(测量值)与模型计算(拟合值)进行了比较以及(b)原子分布在实空间的重构(Schönfeld 等(1997))

13.3　宏观缺陷

如图 13.2(c)所示，点缺陷有形成大聚集体的趋势。例如，空位(图 13.1(a))可以聚集成孔洞；置换原子(图 13.1(b))在基体内可以聚集成“岛”。直径超过 50Å 的聚集体称作宏观缺陷。为了描述宏观缺陷的散射，可以利用液体的截面式(6.13)：

$$\frac{\mathrm{d}\sigma}{\mathrm{d}\Omega} \propto S(Q) = \int (\rho(\boldsymbol{r}) - \rho_h) \mathrm{e}^{\mathrm{i}\boldsymbol{Q}\cdot\boldsymbol{r}} \mathrm{d}\boldsymbol{r} \tag{13.6}$$

式中:$\rho(\boldsymbol{r})$,ρ_h 分别为宏观缺陷和主晶格的散射密度。

由于宏观缺陷的尺寸较大,相关的散射将发生在较小的散射矢量 $\boldsymbol{Q}$,将式(13.6)进行泰勒级数展开,有

$$\frac{\mathrm{d}\sigma}{\mathrm{d}\Omega} \propto S(Q) = \int(\rho(\boldsymbol{r}) - \rho_h)\left(1 + \mathrm{i}\boldsymbol{Q}\cdot\boldsymbol{r} - \frac{1}{2}(\boldsymbol{Q}\cdot\boldsymbol{r})^2 + \cdots\right)\mathrm{d}\boldsymbol{r} \quad (13.7)$$

假设 $\rho(\boldsymbol{r})$ 具有反演对称性,则线性项的积分为零。此外,利用二次项的空间平均代替二次项

$$\frac{\mathrm{d}\sigma}{\mathrm{d}\Omega} \propto S(Q) = \int(\rho(\boldsymbol{r}) - \rho_h)\left(1 - \frac{1}{2}\cdot\frac{2}{3}Q^2r^2\right)\mathrm{d}\boldsymbol{r} \quad (13.8)$$

定义衬度散射密度为

$$\bar{\rho} = \frac{1}{V}\int\rho(\boldsymbol{r})\,\mathrm{d}\boldsymbol{r} - \rho_h \quad (13.9)$$

并将其代入式(13.8),有

$$\frac{\mathrm{d}\sigma}{\mathrm{d}\Omega} \propto S(Q) = \bar{\rho}V\left(1 - \frac{Q^2}{3}\cdot\frac{1}{\bar{\rho}V}\int(\rho(\boldsymbol{r}) - \rho_h)\boldsymbol{r}^2\mathrm{d}\boldsymbol{r}\right) \quad (13.10)$$

式中:V 为样品的体积。

式(13.10)中最后一项是衬度密度的二阶矩,描述了宏观缺陷的均方半径:

$$R_{\mathrm{g}}^2 = \frac{1}{\bar{\rho}V}\int(\rho(\boldsymbol{r}) - \rho_h)r^2\mathrm{d}\boldsymbol{r} \quad (13.11)$$

式中:R_{g} 为回旋半径。

将式(13.11)代入式(13.10),得

$$\boxed{\frac{\mathrm{d}\sigma}{\mathrm{d}\Omega} \propto S(Q) = \bar{\rho}V\left(1 - \frac{Q^2R_{\mathrm{g}}^2}{3}\right) \approx \bar{\rho}V\mathrm{e}^{-Q^2R_{\mathrm{g}}^2/3}} \quad (13.12)$$

其中,括号内的这一项是一阶泰勒级数,变回了指数形式。式(13.12)即是 Guinier 近似,用于分析小 $\boldsymbol{Q}$ 情况下的弹性中子散射数据。

Guinier 近似被广泛用于解析大尺度结构,特别是生物学中的一系列问题,例如测定溶液中蛋白质,胶体或者病毒的尺寸等。但是,它的应用依赖于一个足够强的散射衬度(式(13.9))。通常利用同位素替代(图 1.1)来实现一个如此强的衬度,这是中子散射(与 X 射线实验相比)的一个显著特征。对于生物材料,氢与它的同位素氘的衬度十分明显。

图 13.6 所示为单晶合金 $\mathrm{Cu}_{1-x}\mathrm{Co}_x$($x \ll 1$)的 SANS 实验结果,样品中的 Co 原子形成了大的聚集体。根据附录 B,天然 Cu 和 Co 的散射长度相差很大,因此确保了很强的散射衬度。根据式(13.12),强度随 Q^2 变化的对数关系如图 13.6 所示,因而回旋半径 R_{g} 可以通过实验数据的斜率得到。

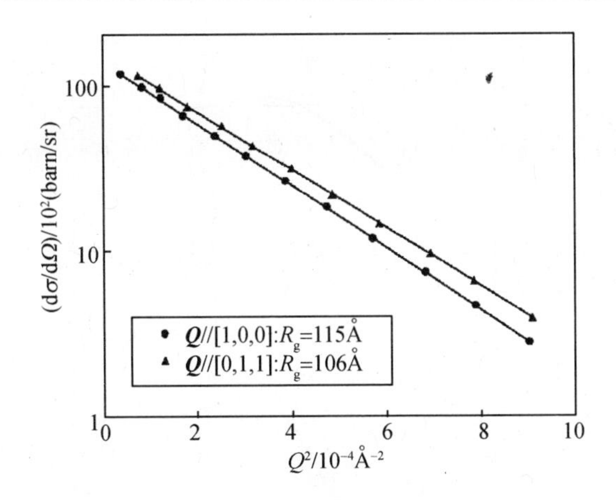

图 13.6　掺杂 Co 的 Cu 单晶 SANS 实验结果。数据表明 Co 聚集体有轻微的各向异性，即 Co 聚集体是一个主轴沿[100]方向的椭球体(Aberfelder et al. (1980))

13.4　三角测量法

如果人们研究宏观缺陷甚或大尺度结构的兴趣仅限于探测某些子单元的位置;那么，三角测量法是一种很有用的方法。其源于经典制图学，通过依次测定某些点之间的相互距离来构建一个最终的三角网络。对于中子散射，其工作原理如图 13.7 所示。相距 r 的两个子单元 1 和 2 分别用同位素 a 或者 b 置换来进行标记，这样就可以得到 4 种不同的结构。在该体系中引入对关联，通过强度的总和来表示:

$$I(1,2)=I(1a,2a)+I(1b,2b)-I(1a,2b)-I(1b,2a) \tag{13.13}$$

与 13.2 节中缺陷的对关联类似，式(13.13)的强度与 Q 的关系式为

$$I(1,2)\propto\frac{\sin(Qr)}{Qr} \tag{13.14}$$

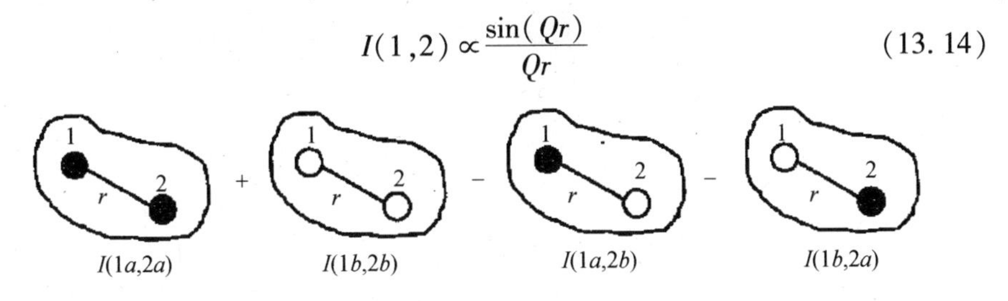

图 13.7　三角测量法的示意图

根据式(13.14)可以得出子单元 1 和 2 之间的相互距离。虽然在凝聚态物理中，人们较少关注三角实验(样品制备非常耗时)，但是该方法在生物领域中取得了很大的成功，以图 13.8 为例。

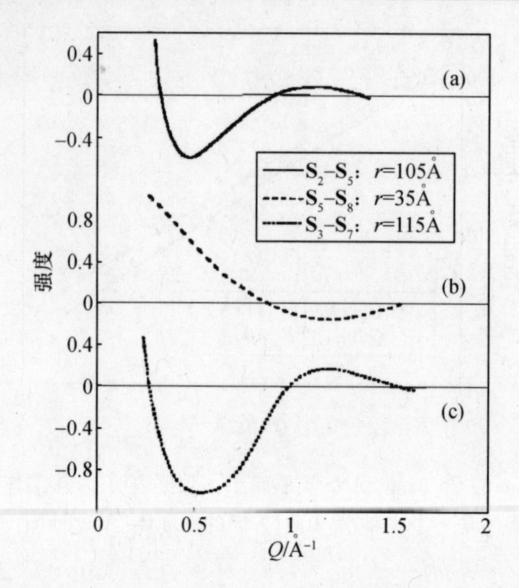

图 13.8　核糖体单元 30S 的 SANS 结果。曲线是根据式(13.13)得到的强度差，利用式(13.14)，测定了子单元 $\mathbf{S}_j$ 和 $\mathbf{S}_{j'}$ 之间的距离
(a) $\mathbf{S}_2-\mathbf{S}_5$: $r=105$Å; (b) $\mathbf{S}_5-\mathbf{S}_8$: $r=35$Å;
(c) $\mathbf{S}_3-\mathbf{S}_7$: $r=115$Å，子单元用 H 和 D 标记(Engelman et al. (1975))。

13.5　共振模式和局域模式

对含有缺陷的晶体的振动性质进行理论描述时，遇到的主要难题在于它缺乏严格的周期性。当杂质浓度 c 很低，且杂质与基体原子的区别仅在于质量不同的时候，人们得到了散射律 $S(\boldsymbol{Q},\omega)$ 的一个简化模型(Nicklow (1983))：

$$S(\boldsymbol{Q},\omega) \propto \frac{c\mathrm{Im}T(\omega)}{(\omega^2-\omega_j^2(\boldsymbol{q})-c\mathrm{Re}T(\omega))^2+(c\mathrm{Im}T(\omega))^2} \tag{13.15}$$

式中

$$T(\omega)=\frac{M\varepsilon\omega^2}{1-(1-c)M\varepsilon\omega^2P(\omega)} \tag{13.16}$$

式中：$\varepsilon=\dfrac{(M-M')}{M}$，$M$ 和 M' 分别为基体原子和缺陷原子的质量；$P(\omega)$ 为基体的格林函数，其极点发生在完美晶体的频率 $\omega_j(\boldsymbol{q})$。因此，散射截面中的 δ 函数(式(5.23))将变成一个宽化的散射函数(频率自 $\omega_j(\boldsymbol{q})$ 发生移动)；如果 $\mathrm{Re}T(\omega)$ 和 $\mathrm{Im}T(\omega)$ 随 ω 的变化不大，则该散射函数接近于洛伦兹函数。

对于低浓度的重元素置换原子和轻元素置换原子，非弹性中子散射实验将分别产生共振模式和局域模式。对于重型杂质 $M'>M$，共振模式出现在纯基体的频带内。以铜晶体掺杂 3 at. %　Au 为例，如图 13.9 所示。在频率 $\nu\approx2.4\mathrm{THz}$ 的共振模式附近，观测到 Cu－Au 样品中的峰明显比 Cu 的峰要宽很多。此外，Cu－Au 样品中的峰位与 Cu 中的峰位 ν_0 相比发生了移动。值得注意的是，当 $\nu_0<2.4\mathrm{THz}$ 时，频移较大，且为负值；而当 $\nu_0>2.5\mathrm{THz}$ 时，频移较小，且为正值，与式(13.15)一致。

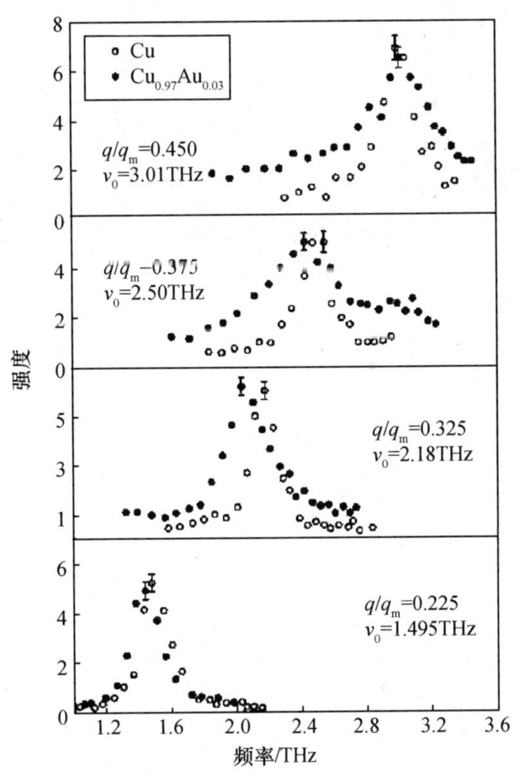

图 13.9　恒 Q 扫描测量 Cu 和 $\mathrm{Cu_{0.97}Au_{0.03}}$ 的 $\mathrm{T_1}$ 声子，波矢 $\boldsymbol{q}=(0,x,x)$。q_m 表示倒格点(011)的波矢(Nicklow (1983))

原子质量 $M'<M$ 的杂质会产生比主晶格的最大频率更高的振动模式。但是，杂质的振动模式不会深入传播到主晶格中，这是因为它的频率并非主晶格的简正模式频率。因此，该模式在空间中是局域的。以铜晶体掺杂 4 at. % Al 为例，图 13.10 为[111]－布里渊区边界以及稍微远离边界的实验结果。除了纵向声子模式以外(最高频率约为 7THz)，在 8.8THz 附近还有一个峰。后者的局域特征通过强度随 $\boldsymbol{Q}$ 不断远离布里渊区边界而下降得以证实。对于局域模式的分析，令 $\omega^2-\omega_j^2(q)-c\mathrm{Re}T(\omega)=0$，式(13.15)是适用的；因此，正如实验所测，局域模式以 δ 函数形式出现，如图 13.10 所示(高斯线形由仪器分辨率所致)。

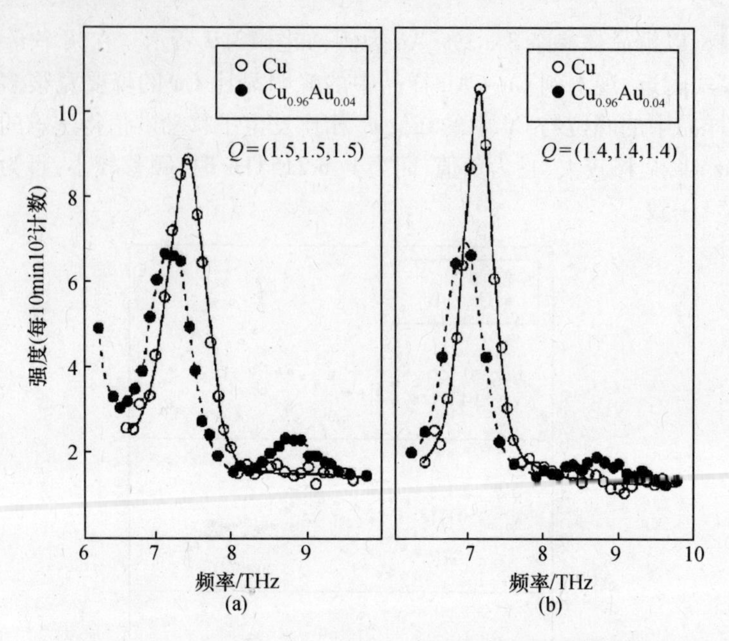

图 13.10 Cu 和 $Cu_{0.96}Au_{0.04}$ 的恒 Q 扫描(Nicklow(1983)),
数据进行高斯最小二乘法拟合

13.6 扩展阅读

· T. Egami and S. Billinge, *Underneath the Bragg peaks: Structural analysis of complex materials*, Pergamon Materials Series, Vol. 7 (Pergamon, New York, 2003)

· G. Kostorz, in *Neutron scattering*, ed. by A. Furrer (Proc. 93-01, ISSN 1019-6447, PSI Villigen, 1993), p. 273: *Wide- and small-angle diffuse scattering from metals and alloys*

· G. Kostorz, in *Introduction to neutron scattering*, ed. by A. Furrer (Proc. 96-01, ISSN 1019-6447, PSI Villigen, 1996), p. 129: *Diffuse scattering*

· M. A. Krivoglaz, *X-ray and neutron diffraction in nonideal crystals* (Springer, Berlin, 199)

· R. M. Nicklow, in *Methods of experimental physics*, Vol. 21, ed. by J. N. Mundy, S. J. Rothman, M. J. Fluss and L. C. Smedskjaer (Academic Press, Orlando, 1983), p. 172: *Dynamic properties of defects*

· W. Schmatz, in *Methods of experimental physics*, Vol. 21, ed. by J. N. Mundy, S. J. Rothman, M. J. Fluss, and L. C. Smedskjaer (Academic Press, Orlando, 1983), p. 147: *Static properties of defects*

· W. Schmatz, in *Methods of experimental physics*, Vol. 23, Part B, ed. by D. L. Price and K. Sköld (Academic Press, London, 1987), p. 85: *Defects in solids*

· B. Schönfeld, Progr. Mater. Sci. 44, 435 (1999): *Local atomic arrangements in binary alloys*

· B. Schönfeld, in *Neutron scattering in novel materials*, ed. by A. Furrer (World Scientific, Singapore, 2000), p. 79: *Scattering between Bragg peaks*

第 14 章　表面与界面

14.1　绪论

薄膜沉积及多层膜体系制备技术的不断发展为基础物理和应用物理领域都带来了大量的具有新奇物理性质的人工材料，也因此需要通过适当的实验方法来表征这些新型材料的表面和界面。表面和界面对应于非常少量的物质，在几微克的量级，因此乍看之下，中子散射技术由于强度受限，似乎并无用武之地。但是，掠入射中子反射增大了中子与样品的相互作用，因此中子反射谱仪适合用于这类研究（3.3.5 节）。

在中子反射谱仪中，发生的是弹性散射，因此入射中子波矢 $\boldsymbol{k}_0 \equiv \boldsymbol{k}$ 与散射中子波矢 $\boldsymbol{k}_1 \equiv \boldsymbol{k}$ 的模是相同的，即 $|\boldsymbol{k}_0| \equiv |\boldsymbol{k}_1|$。如图 14.1 所示，散射矢量 $\boldsymbol{Q} = \boldsymbol{k}_0 - \boldsymbol{k}_1$ 具有以下分量：

$$\boldsymbol{Q} = k_0 \begin{pmatrix} \cos\theta_0 - \cos\theta_1 \cos\chi \\ -\sin\chi \\ -\sin\theta_0 - \sin\theta_1 \cos\chi \end{pmatrix} \tag{14.1}$$

图 14.1 描绘了 3 种不同的反射测量，分别用于探测不同的长度尺度 ξ 及方向：

(1) 镜反射指的是入射面内 $\theta_0 = \theta_1$ 且 $\chi = 0$ 的散射。因此，散射矢量 $\boldsymbol{Q} = (0, 0, Q_z)$ 垂直于表面，可以探测到与表面垂直的结构，长度尺度为 $2\text{nm} < \xi < 100\text{nm}$。

(2) 非镜反射指的是入射面内 $\theta_0 \neq \theta_1$ 且 $\chi = 0$ 的散射。散射矢量 $\boldsymbol{Q} = (Q_x, 0, Q_z)$ 具有一个面内分量 Q_x，由于几何原因，$Q_x \ll Q_z$，因此可以在相当大的长度尺度范围 $500\text{nm} < \xi < 50\mu\text{m}$ 内探测到面内结构（如表面粗糙度）。

(3) 掠入射散射指的是与入射平面垂直的散射，且 $\theta_0 = \theta_1, \chi \neq 0$，因此散射矢量为 $\boldsymbol{Q} = (0, Q_y, Q_z)$。它是非镜反射的一个延伸，可以探测到更小的长度尺度范围 $2\text{nm} < \xi < 100\text{nm}$ 内的表面特征。

以上长度尺度是直接依据式（14.1）中的 Q 范围估算的，中子的波长范围为 $2\text{Å} < \lambda_0 < 20\text{Å}$ $(\lambda_0 = 2\pi / k_0)$。

关于中子反射率的描述详见 2.8 节。针对磁性薄膜的中子散射，现将磁性项(式(2.39))引入到相互作用势 U 中：

$$U=\frac{2\pi\hbar^2\rho\langle b\rangle}{m}-\boldsymbol{\mu}\cdot\boldsymbol{H} \tag{14.2}$$

能量为 E 的中子入射到势能 $U\ll E$ 的介质中，折射率 n 为

$$n=\sqrt{1-\frac{U}{E}}\approx 1-\frac{U}{2E} \tag{14.3}$$

U 的磁性部分使得折射率 $n^{\pm}$ 依赖于入射中子自旋与磁性薄膜的内部场之间的相对取向：

$$n^{\pm}=1-\delta\pm\delta_{\mathrm{M}}=1-\frac{\rho\lambda^2\langle b\rangle}{2\pi}\pm\frac{2m\lambda^2\mu H}{h^2} \tag{14.4}$$

式中：$\delta,\delta_{\mathrm{M}}$ 分别为核散射贡献和磁散射贡献，其大小在同一个数量级。

根据式(2.63)，全反射的临界角 $\gamma_{\mathrm{c}}=\arccos(n^{\pm})$。反射角大于 γ_{c} 时，反射和透射中子的波函数可以写为

$$\psi_0=\mathrm{e}^{\mathrm{i}k_0z}+r_0\cdot\mathrm{e}^{-\mathrm{i}k_0z} \tag{14.5}$$

$$\psi_1=t_0\cdot\mathrm{e}^{\mathrm{i}k_1z}$$

式中：z 轴垂直于反射表面，透射中子的波数为

$$k_1=\sqrt{k_0^2-\frac{2mU}{\hbar^2}} \tag{14.6}$$

如 2.8 节所述，波函数式(14.5)在表面必须是连续的，且一阶导数也连续：

$$\psi_0(z)\big|_{z=z_0}=\psi_1(z)\big|_{z=z_0} \tag{14.7}$$

$$\frac{\partial}{\partial z}\psi_0(z)\big|_{z=z_0}=\frac{\partial}{\partial z}\psi_1(z)\big|_{z=z_0}$$

利用式(14.7)，可以得到式(14.5)中的反射系数和透射系数：

$$r_0=\frac{k_0-k_1}{k_0+k_1}\mathrm{e}^{\mathrm{i}2k_0z_0},\ t_0=\frac{2k_0}{k_0+k_1}\mathrm{e}^{\mathrm{i}(k_0-k_1)z_0} \tag{14.8}$$

对于一个 n 层膜体系，由于透过第 i 层界面的部分中子会被第$(i+1)$层界面反射，因此计算将逐渐变得复杂，式(14.5)需要改写为

$$\psi_i=\mathrm{e}^{\mathrm{i}k_iz}+r_i\cdot\mathrm{e}^{-\mathrm{i}k_iz} \tag{14.9}$$

$$\psi_{i+1}=t_i\cdot\mathrm{e}^{\mathrm{i}k_{i+1}z}+r_{i+1}\cdot\mathrm{e}^{-\mathrm{i}k_{i+1}z}$$

为了计算有效反射率和透射率，需要利用式(14.9)及矩阵连乘

$$Q_{i-1,i}=\frac{1}{2}\begin{pmatrix}\left(1+\dfrac{k_i}{k_{i-1}}\right)\mathrm{e}^{\mathrm{i}(k_i-k_{i-1})z_i} & \left(1-\dfrac{k_i}{k_{i-1}}\right)\mathrm{e}^{-\mathrm{i}(k_i+k_{i-1})z_i}\\ \left(1-\dfrac{k_i}{k_{i-1}}\right)\mathrm{e}^{\mathrm{i}(k_i+k_{i-1})z_i} & \left(1+\dfrac{k_i}{k_{i-1}}\right)\mathrm{e}^{-\mathrm{i}(k_i-k_{i-1})z_i}\end{pmatrix} \tag{14.10}$$

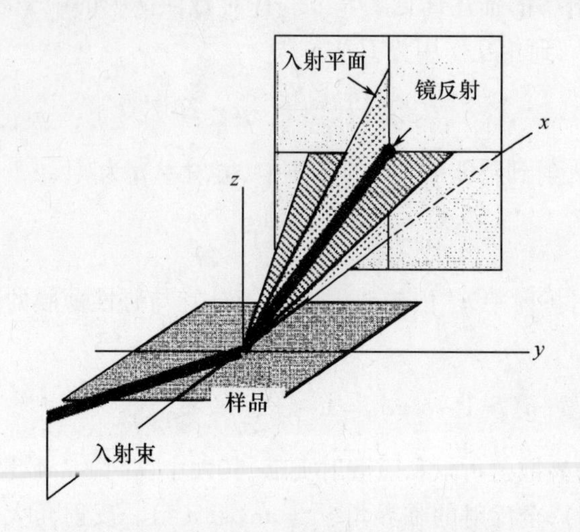

图 14.1　几种不同的反射测量,镜反射由粗线标示,
打点的面以及阴影面分别表示非镜反射和掠入射散射(Ott (2007))

得到最终的表达式(Blundell, Bland (1992))

$$\begin{pmatrix}1\\r\end{pmatrix} = \prod_{i=1}^{n} Q_{i-1,i}\begin{pmatrix}t\\0\end{pmatrix} = \begin{pmatrix}M_{11} & M_{12}\\M_{21} & M_{22}\end{pmatrix}\begin{pmatrix}t\\0\end{pmatrix} \tag{14.11}$$

反射系数与透射系数分别为 $r = M_{21}/M_{11}$ 和 $t = 1/M_{11}$,也即是人们熟知的 Fresnel 系数。根据式(14.11)计算发现,在反射角大于 γ_c 时,总的有效反射率 $R = r^2$ 随着 Q_z^{-4} 极速下降。

14.2　镜反射

对于镜反射,散射矢量 $\boldsymbol{Q}$ 的模是 Q_z(式(14.1))。首先考虑衬底表面的反射,衬底的散射长度密度 $\rho\langle b\rangle = 3.183\times10^{-6}\text{Å}^{-2}$。计算的反射率随 Q_z^{-4} 明显下降,如图 14.2(a)所示。

图 14.2(b)所示为沉积在衬底上的单层膜的反射率计算值,单层膜的散射长度密度 $\rho\langle b\rangle = 2.387\times10^{-6}\text{Å}^{-2}$,厚度为 $d = 30\text{nm}$,衬底表面的反射率如图 14.2(a)所示。反射率受到调制(叠加在整个 Q_z^{-4} 下降曲线上),对应于两种界面(真空-单层膜,单层膜-衬底)的散射中子的相长干涉和相消干涉。根据布拉格条件式(4.8),可以得出振荡图纹的周期性与单层膜的厚度 d 之间的关系为 $d = 2\pi/Q_z$。

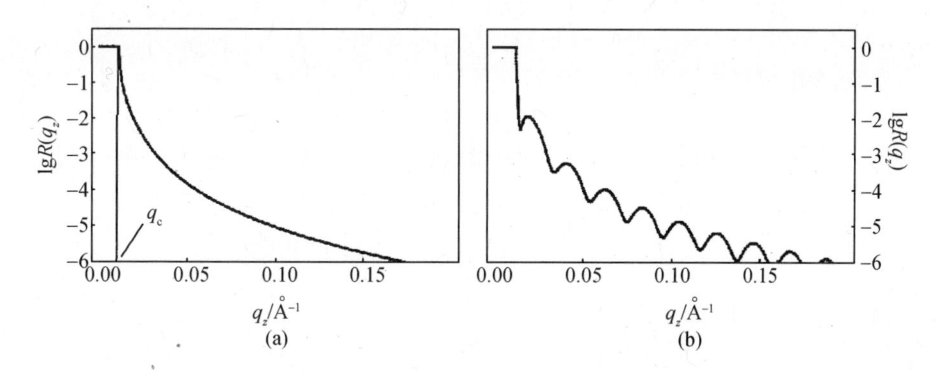

图 14.2　(a)衬底表面反射率的计算值,衬底的散射长度密度为 $\rho\langle b\rangle=2.387\times10^{-6}$Å^{-2}和(b)沉积在衬底上的单层膜的反射率计算值,单层膜的散射长度密度为 $\rho\langle b\rangle=2.387\times10^{-6}$Å^{-2},厚度为 $d=30$nm,衬底的散射长度密度为 $\rho\langle b\rangle=3.183\times10^{-6}$Å^{-2}(Hoppler (2005))

图 14.3(a)所示为等厚度的双层膜的反射率,每层的厚度为 $d=15$nm,散射长度密度分别为 $\rho\langle b\rangle=2.387\times10^{-6}$Å^{-2}(图 14.2(b))和 $\rho\langle b\rangle=3.979\times10^{-6}$Å^{-2}。该体系中有 3 个界面会产生干涉效应。与图 14.2(b)相比,振荡的反射率曲线中每一组极大值中的第二个受到抑制。选择膜厚度的比值为 2:1,即 $d_1=20$nm 和 $d_2=10$nm,则每组极大值中的第三个受到抑制(图 14.3(b))。

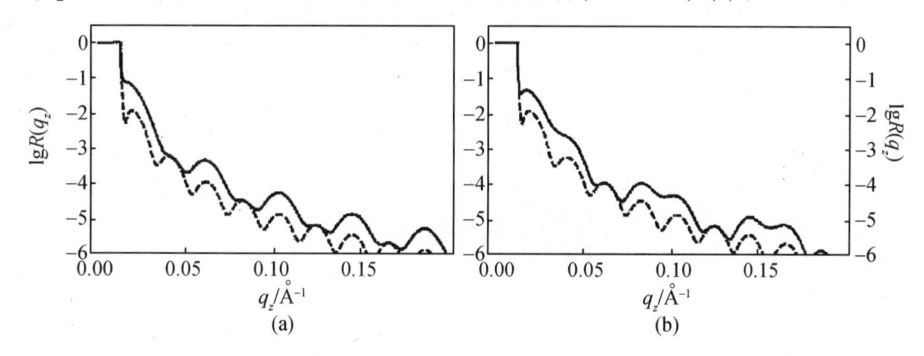

图 14.3　(a)沉积在衬底上的双层膜的反射率计算值。双层膜的散射长度密度分别是 $\rho\langle b\rangle=2.387\times10^{-6}$Å^{-2}(虚线)和 $\rho\langle b\rangle=3.979\times10^{-6}$Å^{-2}(实线),厚度相同,皆为 $d=15$nm,衬底的散射长度密度是 $\rho\langle b\rangle=3.183\times10^{-6}$Å^{-2}。(b)与(a)相同,但双层膜的厚度比为 2:1,即 $d_1=20$nm,$d_2=10$nm。单层膜的结果如虚线所示(Hoppler (2005))

这些结果可以推广至包含 n 个双层膜的体系。在散射角与单个双层膜的厚度满足布拉格条件的地方,会出现布拉格反射。在布拉格位置之间,将有($n-$

1)个较弱的振荡,反映体系的总厚度。这些振荡称为 Kiessig fringes,如图 14.4 所示,该体系由 8 个镍(7nm)/钛(7nm)双层膜组成。

以上考虑是针对理想界面,然而实际中界面存在相互扩散和粗糙度,如图 14.5(a)所示,因此需要用到数值模型来重构层状体系中的所有特征。界面缺陷的统计一般可以用高斯分布来描述,其方差即界面的粗糙度。因此,界面可以近似为连续介质,相互作用势变得平滑,如图 14.5(b)所示。但是需要指出的是,若要获得面内粗糙度的详细信息,还需进行非镜反射或者掠入射散射测量。

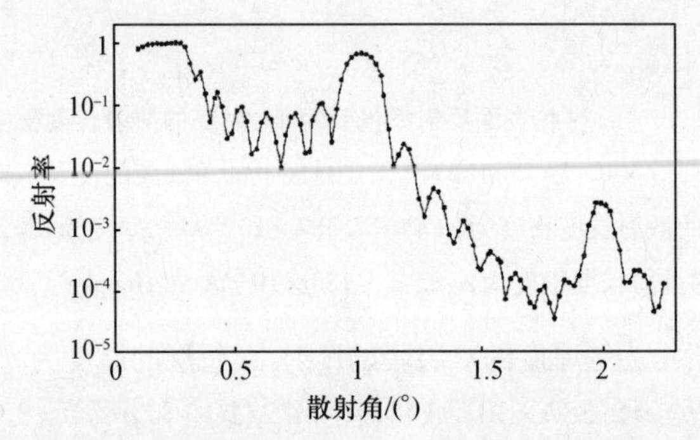

图 14.4 沉积在浮法玻璃上的 8 个 Ni(7nm)/Ti(7nm)双层膜体系的反射率,入射中子的波长是 $\lambda = 4.7$Å(SwissNeutronics AG, CH－5313 Klingnau)

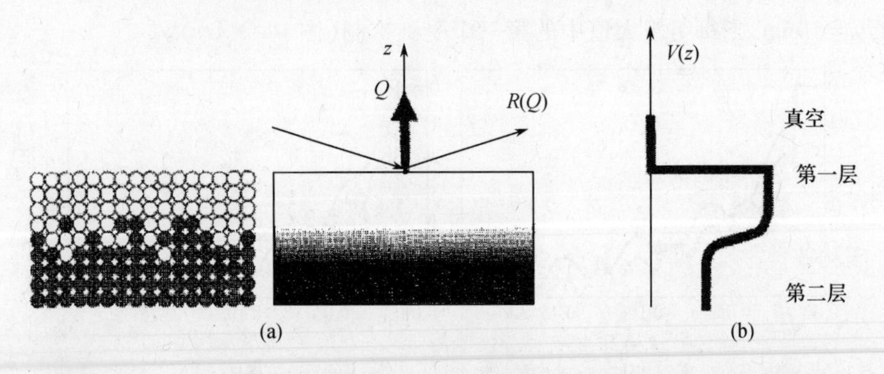

图 14.5 (a)两层膜之间的界面和(b)相互作用势沿 z 轴的变化(Ott (2007))

在极化反射率实验中,有可能测 4 个截面:两个非自旋翻转截面 R^{++} 和 R^{--},以及两个自旋翻转截面 R^{+-} 和 R^{-+}。根据式(2.53),自旋翻转和非自旋翻转截面分别对平行和垂直于外加磁场的磁化强度分量敏感。GaMnAs/GaAs 超晶格的极化中子反射研究证实了这一点(Kepa et al. (2002)),这种材料是很好的半导体,且呈铁磁性,因此在自旋电子学中它作为一种潜在的固态电子器件广受关注。GaMnAs 磁性膜的厚度为 50 个单分子层,Mn 浓度为 6%,GaAs 隔层的厚度是 6 个单分子层。整个超晶格的重复单元是 50 个,反射表面的面积在

$1cm^2$ 的量级上。根据磁化测量结果，样品在 $T_c = 40K$ 以下呈铁磁性。对于这 4 种截面，表 14.1 列出了散射长度的计算值。由于 Mn 的散射长度为负（附录 B），而 Mn 自旋的磁散射振幅为正，因此对于 R^{--} 截面来说，GaAs 与 GaMnAs 之间几乎没有差别。因此在 T_c 以下，实验测量 R^{--} 时不会产生超晶格峰。

表 14.1 GaMnAs 和 GaAs 的散射长度密度，单位是 $10^{-6}Å^{-2}$，b 和 p 分别是 7.8 节中介绍的核散射振幅和磁散射振幅

GaMnAs：R^{++} $\rho\cdot(b-p)$	GaMnAs：R^{--} $\rho\cdot(b+p)$	GaMnAs：$R^{+-}=R^{-+}$ $\rho\cdot p$	GaAs：R（非极化） $\rho\cdot p$
2.713	3.067	0.177	3.070

在 $Q_z = 0.041Å^{-1}$ 测得的一级超晶格峰附近的反射率如图 14.6 所示。图 14.6(a)是在温度 T_c 以下，以及在场强为 2Gs① 的杂散场中（源自引导场，3.2.7

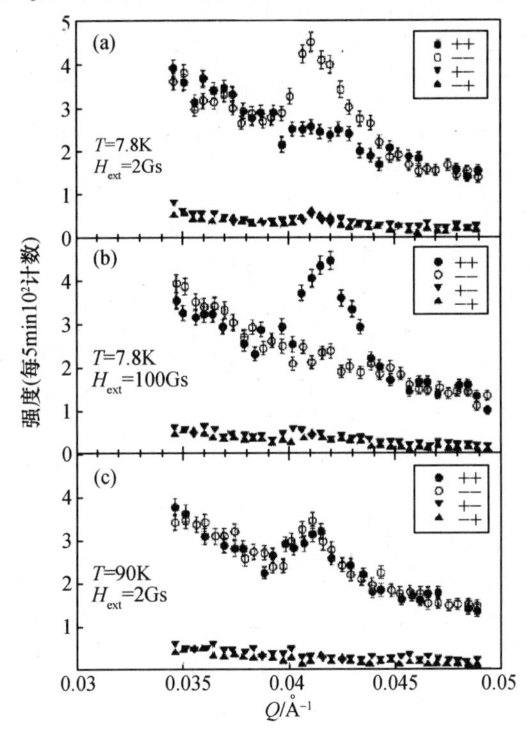

图 14.6 GaMnAs/GaAs 超晶格中一级超晶格峰附近的极化中子反射实验结果（Kepa et al.（2002））

① 1Gs（高斯）$=10^{-4}$T（特斯拉）。

节)的极化中子反射测量结果。在 R^{--} 数据中观察到了超晶格峰,而 R^{++} 数据中却不存在,这表明磁性薄膜的磁矩是沿着杂散场的反方向排列的。此外,自旋翻转反射率 R^{+-} 和 R^{-+} 基本上为零,因此在垂直于杂散场的方向上没有磁化强度分量。当施加一个与杂散场方向相反的磁场时,如图 14.6(b)所示,超晶格峰出现在 R^{++} 数据中,在 R^{--} 数据中消失,这与表 14.1 所列的散射长度密度一致。高于 T_c 时(图 14.7(c)),样品是顺磁性的,鉴于只存在核散射,因此有 $R^{++} = R^{--}$。所有这些测量结果表明,每层 GaMnAs 形成了单磁畴。另外,所有磁性层的磁化都是平行的,这是铁磁耦合的超晶格的一大特征。

14.3 非镜反射

在实际中,表面和界面可能受粗糙度(图 14.5(a))或磁畴形成的干扰,发生漫散射(第 14 章)。在镜反射测量中,由于只沿着样品的深度方向测量,因此面内的缺陷被平均掉了。至于面内结构的测定,则是非镜反射的目标,其在散射矢量 $\boldsymbol{Q} = (Q_x, 0, Q_z)$ 中引入了一个小的分量 Q_x(14.1)。非镜反射能测的长度尺度(μm 量级)与微磁畴结构的典型尺寸相匹配。

通过非镜反射可以观测到两种效应:一方面,由粗糙度或磁畴形成所引起的缺陷的横向面内关联将产生布拉格片,即布拉格反射沿 Q_x 方向的谱线增宽,如图 14.7(a)所示;另一方面,如果同时存在横向关联和垂直于表面的关联,则漫散射谱中会出现 Yoneda 峰,如图 14.7(b)所示。(严格说来,Yoneda 峰只出现在全反射的边缘)。在这两种情形中,关联的范围都与测到的谱宽成

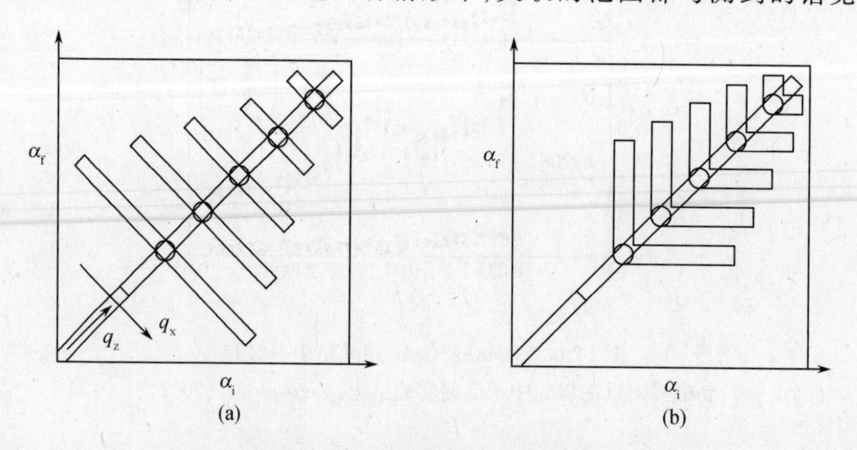

图 14.7 非镜反射的示意图

(a)观测到布拉格片;(b)观测到 Yoneda 峰(Hoppler (2005))。

反比。

对非镜反射数据进行模拟非常复杂，可以查阅相关文献（Pietsch et al. (2004)）以便获悉更多细节。图 14.8 是生长在蓝宝石衬底上的$[^{57}Fe(68Å)/Cr(9Å)]_{12}/Cr(68Å)$多层膜的二维强度图（Lauter et al. (2002)）。位于反射率线上 $Q_x = Q_z = 0.041 Å^{-1}$ 的一级布拉格峰附近，几乎没有观测到非镜散射。然而，$\frac{1}{2}$和$\frac{3}{2}$级布拉格峰（分别位于 $Q_x = Q_z = 0.020 Å^{-1}$ 和 $Q_x = Q_z = 0.063 Å^{-1}$）表明，散射是由于相邻膜层中反铁磁关联的横向磁涨落引起的。

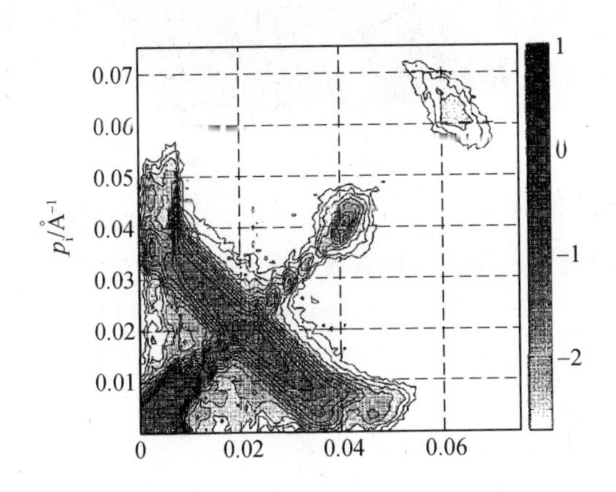

图 14.8　Fe/Cr 多层膜的二维反射图谱（Lauter et al. (2002)）

14.4　掠入射散射

由于几何原因，在非镜反射测量中，Q_x 分量远小于 Q_z 分量。目前，非镜技术已推广至针孔 SANS 几何（3.3.4 节）以便探测散射矢量 $\boldsymbol{Q} = (0, Q_y, Q_z)$，其中 Q_y 的范围是 $10^{-4} nm^{-1} < Q_y < 3 nm^{-1}$。图 14.9 所示为首次掠入射散射实验结果（Fermon et al. (1999)），样品是由 Fe 和 Pd 单层膜交叠而成的厚度为 50nm 的薄膜。将样品沿易磁化轴磁化以后，形成了条纹磁畴。利用 SANS 技术对该条纹结构进行了研究，入射中子的掠入射角 $\theta = 0.7°$，磁畴与入射平面平行。衍射中子束由二维计数器探测。可以看到一个明亮的镜反射斑和两个较弱的（10^{-3}）非镜峰，其位置反映了条纹磁畴的周期性（100nm）。

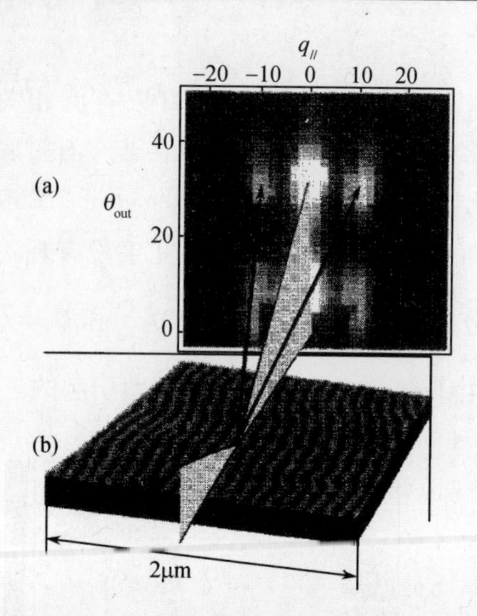

图 14.9　FePd 薄膜的掠入射 SANS 测量(a)多探测器观测到的镜反射峰和非镜反射峰。(b)条纹磁畴的磁力显微镜图。底部的信号来自于衍射波(Fermon et al. (1999))。

14.5　扩展阅读

· S. J. Blundell and J. A. C. Bland, Phys. Rev. B 46, 3391 (1992): *Polarized neutron reflection as a probe of magnetic films and multilayers*

· G. P. Felcher, Physica B 267 – 268, 154 (1999): *Polarized neutron reflectometry a historical perspective*

· C. F. Majkrzak, in *Magnetic neutron scattering*, ed. by A. Furrer (World Scientific, Singapore, 1995), p. 78: *Neutron scattering studies of magnetic superlattices*

· C. F. Majkrzak, K. V. O'Donovan and N. F. Berk, in *Neutron scattering from magnetic materials*, ed. by T. Chatterji (Elsevier, Amsterdam, 2006), p. 397: *Polarized neutron reflectometry*

· D. F. McMorrow, in *Complementarity between neutron and synchrotron x – ray scattering*, ed. by A. Furrer (World Scientific, Singapore, 1998), p. 3: *From thin films to superlattices studied with x – rays and neutrons*

· F. Ott, C. R. Physique 8, 763 (2007): *Neutron scattering on magnetic surfaces*

· J. R. P. Webster, in *Cold neutrons: large scales – high resolution*, ed. by

A. Furrer (Proc. 97 - 01, ISSN 1019 - 6447, PSI Villigen, 1997), p. 143: *The potential of neutron off - specular reflectivity studies*

· H. Zabel, in *Frontiers of neutron scattering*, ed. by A. Furrer (World Scientific, Singapore, 2000), p. 210: *Future trends in heterostructure research with neutron scattering*

· H. Zabel and K. Theis - Bröhl, J. Phys.: Condens. Matter 15, S505 (2003): *Polarized neutron reflectivity and scattering studies of magnetic heterostructures*

第15章 氢动力学

15.1 绪论

宇宙中氢元素含量最高,占了普通物质质量的75%,原子数目则超过90%。氢气在地球大气层中很稀少,但氢却是地球表面上丰度排名第三的元素,大部分以水、化合物和生物体的形式存在。氢可与大多数元素形成化合物,且高度可溶于许多金属化合物,从而形成一些具有新奇性质及应用的材料。作为薛定谔方程可精确求解的中性原子,氢原子在量子力学的发展中起到了非常关键的作用。在先前的一些章节中,氢元素的重要性重点体现在同位素替代(2.4节和13.4节)、金属氢化物形成(4.3节)、氢原子扩散(6.3节),以及冰的相变(10.3节)。此外,氢原子还会引起局域模式(13.5节),而且是用到冲量近似(附录G)的最佳实例。本章将详细讨论氢键的量子力学性质,包括氢隧穿效应。

15.2 氢键动力学

氢键非常重要,且普遍存在;它们使水具有独特的性质;它们维持了大分子中三级结构和四级结构的稳定并保障了生物活性;它们还是质子传导的物理基础。氢键一般写成A–H⋯B的形式,表示氢原子与A原子之间形成强键,而与B原子之间形成较弱的键。A–H的间距通常要比H⋯B的间距短。因此,H原子的能量可以用一个不对称的双极小值势能来描述,如图15.1所示。对于一些特殊情况,双极小值势能可能是对称的。氢原子能够以一定的跃迁概率r_A从构型A–H⋯B变成A⋯H–B,并以跃迁概率r_B变回A–H⋯B。分别用$p_A(t)$和$p_B(t)$来定义构型为A和B的概率,且$p_A(t)+p_B(t)=1$。氢原子的运动方程为

$$\frac{\partial}{\partial t}p_A=-\frac{\partial}{\partial t}p_B=-r_A p_A(t)+r_B p_B(t)=-(r_A+r_B)p_A(t)+r_B \tag{15.1}$$

具有以下解:

$$p_A(t)=\left(p_A(0)-\frac{r_B}{r_A+r_B}\right)e^{-(r_A+r_B)t}+\frac{r_B}{r_A+r_B} \tag{15.2}$$

$$p_B(t)=1-p_A(t)$$

在 $t\to\infty$ 时达到热平衡。将 $t=\infty$ 代入式(15.2)得到 $p_A(\infty)=r_B/(r_A+r_B)$,以及 $p_B(\infty)=r_A/(r_A+r_B)$,因此式(15.2)可以改写为

$$p_A(t)=(p_A(0)-p_A(\infty))e^{-(r_A+r_B)t}+p_A(\infty) \tag{15.3}$$

$$p_B(t)=(p_B(0)-p_B(\infty))e^{-(r_A+r_B)t}+p_B(\infty)$$

布居因子 $p_{A,B}(\infty)$ 遵从玻尔兹曼统计:

$$p_A(\infty)=\frac{1}{Z},p_B(\infty)=\frac{1}{Z}e^{-\frac{E_B-E_A}{k_BT}},Z=1+e^{-\frac{E_B-E_A}{k_BT}} \tag{15.4}$$

式中:$E_{A,B}$ 为双极小值势能的最低能级。

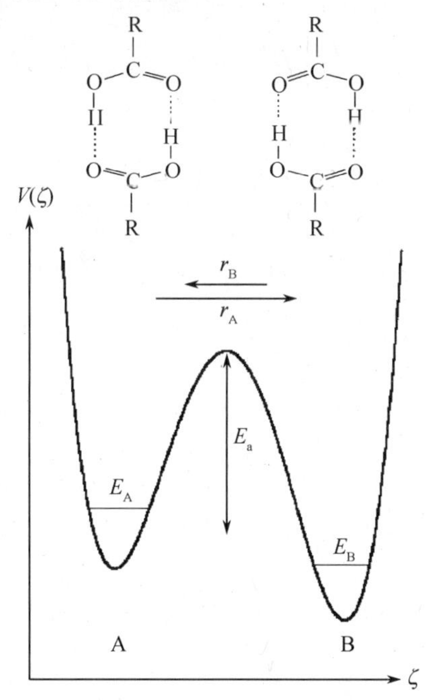

图 15.1 双质子交换的示意图(以羧酸为例)

V—不对称的双极小值势能;E_A,E_B—最低能级;E_a—激活能;r_A,r_B—跃迁概率。

为了计算氢键动力学的中子截面,需要用到 6.3 节中的跳跃-扩散模型。氢原子从初始位置 $\boldsymbol{l}_\alpha$ 跳跃到终态位置 $\boldsymbol{l}_\beta=\boldsymbol{l}_\alpha+\boldsymbol{R}$,其中 $\boldsymbol{R}$ 是跳跃矢量,将其代入式(5.2),得

$$\frac{d^2\sigma}{d\Omega d\omega}\propto\sum_{\alpha,\beta}e^{i\boldsymbol{Q}\cdot(\boldsymbol{l}_\alpha-\boldsymbol{l}_\beta)}\int_{-\infty}^{\infty}\langle e^{-i\boldsymbol{Q}\cdot\boldsymbol{u}_\alpha(0)}e^{i\boldsymbol{Q}\cdot\boldsymbol{u}_\beta(t)}\rangle e^{-i\omega t}dt \tag{15.5}$$

令 $\boldsymbol{l}_\alpha=\boldsymbol{l}_\beta$(非相干散射,2.4 节),$\boldsymbol{u}_\alpha(0)=0$ 以及 $\boldsymbol{u}_\beta(t)=\boldsymbol{R}$(在用跳跃矢量 $\boldsymbol{R}$ 来等量代换位移矢量 $\boldsymbol{u}$ 时丢失了德拜-沃勒因子(5.12))。式(15.5)的期望值为

$$\sum_{\alpha,\beta}\langle \mathrm{e}^{-\mathrm{i}\boldsymbol{Q}\cdot\boldsymbol{u}_\alpha(0)}\mathrm{e}^{\mathrm{i}\boldsymbol{Q}\cdot\boldsymbol{u}_\beta(t)}\rangle$$

$$= p_\mathrm{A}(\infty)[P(\mathrm{A},\mathrm{A},t) + P(\mathrm{A},\mathrm{B},t)\mathrm{e}^{\mathrm{i}\boldsymbol{Q}\cdot\boldsymbol{R}}]$$

$$+ p_\mathrm{B}(\infty)[P(\mathrm{B},\mathrm{A},t)\mathrm{e}^{-\mathrm{i}\boldsymbol{Q}\cdot\boldsymbol{R}} + P(\mathrm{B},\mathrm{B},t)] \tag{15.6}$$

式中：$P(\alpha,\beta,t)$表示氢原子在 $t=0$ 时刻处于 α 态而后在 t 时刻处于 β 态的概率。对于 $\alpha=\mathrm{A}$，令 $p_\mathrm{A}(0)=1, p_\mathrm{B}(0)=0$；对于 $\alpha=\mathrm{B}$，令 $p_\mathrm{A}(0)=0, p_\mathrm{B}(0)=1$；概率 $P(\mathrm{A},\mathrm{B},t)$ 由式(15.3)计算，得

$$p(\mathrm{A},\mathrm{A},t)=p_\mathrm{A}(t)=(1-p_\mathrm{A}(\infty))\mathrm{e}^{-(r_\mathrm{A}+r_\mathrm{B})t}+p_\mathrm{A}(\infty)$$

$$=p_\mathrm{B}(\infty)\mathrm{e}^{-(r_\mathrm{A}+r_\mathrm{B})t}+p_\mathrm{A}(\infty)$$

$$p(\mathrm{A},\mathrm{B},t)=p_\mathrm{B}(t)=(0-p_\mathrm{B}(\infty))\mathrm{e}^{-(r_\mathrm{A}+r_\mathrm{B})t}+p_\mathrm{B}(\infty)$$

$$=-p_\mathrm{B}(\infty)\mathrm{e}^{-(r_\mathrm{A}+r_\mathrm{B})t}+p_\mathrm{B}(\infty) \tag{15.7}$$

$$p(\mathrm{B},\mathrm{A},t)=p_\mathrm{A}(t)=(0-p_\mathrm{A}(\infty))\mathrm{e}^{-(r_\mathrm{A}+r_\mathrm{B})t}+p_\mathrm{A}(\infty)$$

$$=-p_\mathrm{A}(\infty)\mathrm{e}^{-(r_\mathrm{A}+r_\mathrm{B})t}+p_\mathrm{A}(\infty)$$

$$p(\mathrm{B},\mathrm{B},t)=p_\mathrm{B}(t)=(1-p_\mathrm{B}(\infty))\mathrm{e}^{-(r_\mathrm{A}+r_\mathrm{B})t}+p_\mathrm{B}(\infty)$$

$$=p_\mathrm{A}(\infty)\mathrm{e}^{-(r_\mathrm{A}+r_\mathrm{B})t}+p_\mathrm{B}(\infty)$$

联合式(15.6)和式(15.7)，得

$$\sum_{\alpha,\beta}\langle \mathrm{e}^{-\mathrm{i}\boldsymbol{Q}\cdot\boldsymbol{u}_\alpha(0)}\mathrm{e}^{\mathrm{i}\boldsymbol{Q}\cdot\boldsymbol{u}_\beta(t)}\rangle = 1-4p_\mathrm{A}(\infty)p_\mathrm{B}(\infty)\sin^2\left(\frac{\boldsymbol{Q}\cdot\boldsymbol{R}}{2}\right) \tag{15.8}$$

$$+4p_\mathrm{A}(\infty)p_\mathrm{B}(\infty)\sin^2\left(\frac{\boldsymbol{Q}\cdot\boldsymbol{R}}{2}\right)\mathrm{e}^{-(r_\mathrm{A}+r_\mathrm{B})t}$$

将期望值(15.8)代入式(15.5)并积分，不含时项会出现一个 δ 函数，而含时项将出现洛伦兹函数。最终的中子截面为

$$\frac{\mathrm{d}^2\sigma}{\mathrm{d}\Omega\mathrm{d}\omega}=N\frac{k'}{k}(\langle b_\mathrm{H}^2\rangle-\langle b_\mathrm{H}\rangle^2)\mathrm{e}^{-2W(Q)}\left(S_0(Q)\delta(\omega)+S_1(Q)\frac{1}{\pi}\cdot\frac{\tau}{1+(\omega\tau)^2}\right)$$

$$S_0(Q)=1-4p_\mathrm{A}(\infty)p_\mathrm{B}(\infty)\sin^2\left(\frac{\boldsymbol{Q}\cdot\boldsymbol{R}}{2}\right)$$

$$S_1(Q)=4p_\mathrm{A}(\infty)p_\mathrm{B}(\infty)\sin^2\left(\frac{\boldsymbol{Q}\cdot\boldsymbol{R}}{2}\right) \tag{15.9}$$

式中：$\tau = 1/(r_A + r_B)$是构型 A 和 B 的平均弛豫时间。

对于多晶材料，式(15.9)需要在 $\boldsymbol{Q}$ 空间求平均，即

$$S_0(Q) = 1 - 2p_A(\infty)p_B(\infty)\left(1 - \frac{\sin(QR)}{QR}\right) \tag{15.10}$$

$$S_1(Q) = 2p_A(\infty)p_B(\infty)\left(1 - \frac{\sin(QR)}{QR}\right)$$

式中：$S_0(Q)$，$S_1(Q)$皆以零能量转移为中心，$S_0(Q)$为纯弹性散射，而 $S_1(Q)$为准弹性散射。

以铁电化合物 KH_2PO_4 为例，H 原子在 PO_4 四面体之间形成键，如图 15.2 所示。在顺电相，每个氢原子可以在 O－H…O 与 O…H－O 两种状态之间跳跃，但在铁电相是有序的。在居里温度以上开展了单晶的中子散射实验，测量截面式(15.9)中的弹性分量 $S_0(Q)$。测量时，从 0°到 360°对散射矢量 $\boldsymbol{Q}$ 与平均跳跃矢量 $\boldsymbol{R}$ 之间的角度进行扫描。测到的强度调制与模型预测非常一致，如图 15.2 所示。

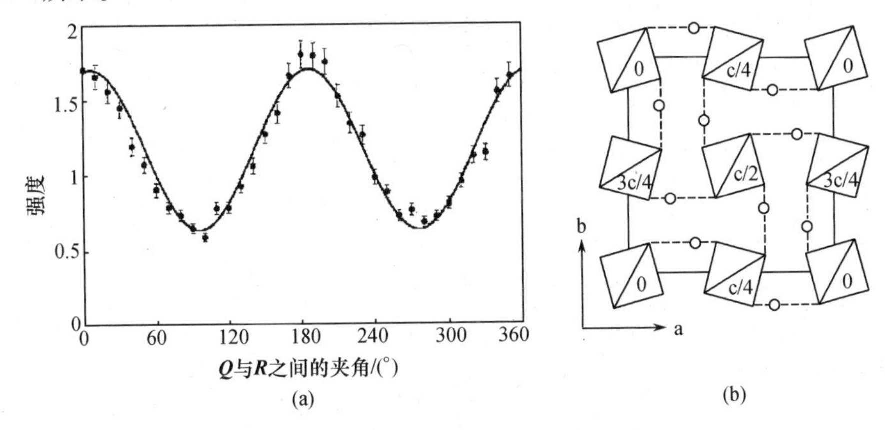

图 15.2　(a)KH_2PO_4 单晶的非相干弹性峰强度随 $\boldsymbol{Q}$ 与 $\boldsymbol{R}$ 之间的夹角的函数关系，实线是 $S_0(\boldsymbol{Q})$(式(15.9))的拟合结果以及(b)KH_2PO_4 晶胞在(a, b)平面的投影图，晶胞中有 4 个 PO_4 四面体(□)和 8 个氢原子(◦)，PO_4 四面体中心的高已做标识。

化学成分为 HOOC－R－COOH 的许多羧酸都以氢键二聚体形式存在，如图 15.1 所示(例如，二羧酸，$R = C_2$；对苯二酸，$R = C_6H_4$)。关于这些体系中的质子动力学的机制，文献中存在一些争论：一种观点认为质子直接沿着氢键的方向跳跃；另一种观点认为质子交换是通过 COOH 官能团的扭转(180°旋转)发生的。通过中子散射实验，可以弄清楚这个问题。以对苯二酸为例，为了避免受氢键以外的氢原子影响，多晶样品进行了芳环氘代(C_6D_4)。实验利用背散射谱仪

(3.3.8节)进行测量,其能量分辨率约为10μeV,可以将$S_0(Q)$和$S_1(Q)$这两个分量明确地区分开来,如图15.3所示。以$\omega=0$为中心的信号可以很好地用δ函数和洛伦兹函数的叠加来描述,二者皆与高斯型仪器分辨函数进行卷积。在$T=170\mathrm{K}$测的洛伦兹峰强随Q的变化如图15.4(a)所示。将实验结果与上面提到的两种跳跃模型相比较:对于直接机制,跳跃距离为$R=0.70\text{Å}$,而扭转机制的跳跃距离更长,为$R=2.23\text{Å}$。$S_1(Q)$(式(15.10))的最小二乘法拟合结果清楚地支持H原子沿着氢键直接跳跃这一观点。

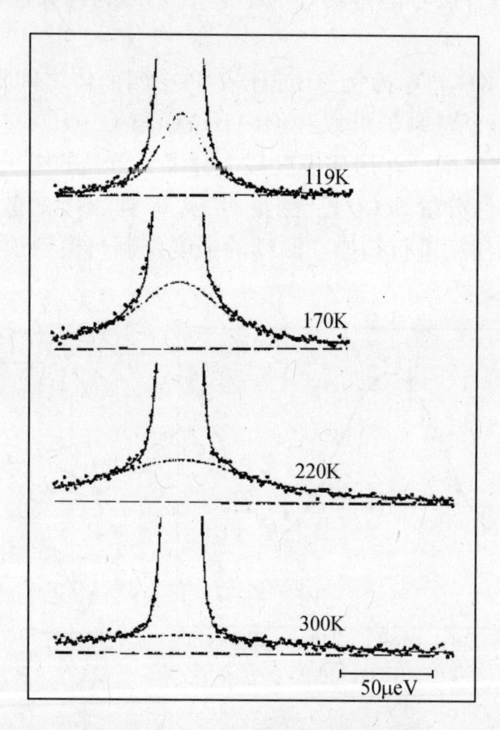

图15.3 芳环氘代对苯二酸的中子散射谱,实线是最小二乘法拟合结果,点线和虚线分别表示本底贡献和准弹性散射贡献(Meier (1984))

如图15.3所示,洛伦兹函数的线宽随着温度的升高而急剧增大。根据方程(15.9),洛伦兹函数的线宽参数是弛豫时间τ,其随温度的变化可用Arrhenius定律描述:

$$\frac{1}{\tau}=\frac{1}{\tau_0}\mathrm{e}^{-\frac{E_a}{k_B T}} \tag{15.11}$$

其中E_a是激活能,如图15.1所示。图15.4(b)是弛豫时间的倒数与温度倒数的对数关系图。用方程(15.11)进行最小二乘法拟合得到$1/\tau_0=1.5\times10^{11}\,\mathrm{s}^{-1}$,及$E_a=50\mathrm{meV}$。

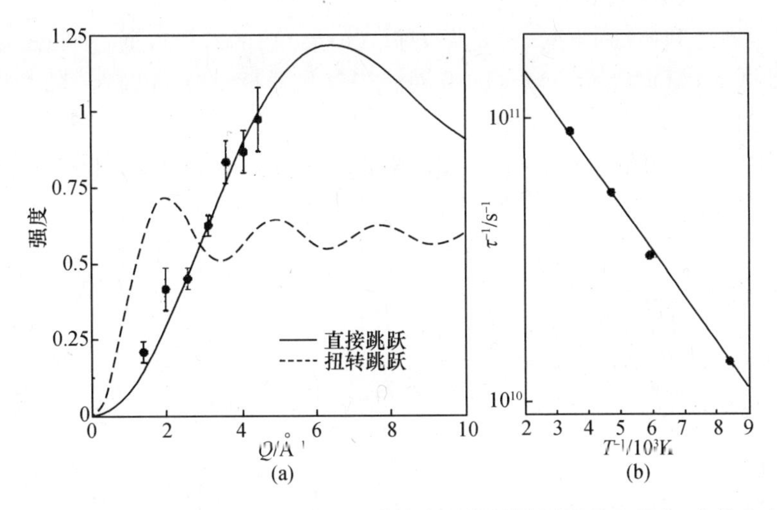

图 15.4　(a)芳环氘代对苯二酸的准弹性中子散射强度随 Q 的变化,实线和虚线分别表示利用 H 的直接跳跃机制和扭转跳跃机制做的最小二乘法拟合(Meier et al. (1984))以及(b)弛豫率 τ 的倒数与温度倒数的对数关系图

15.3　氢隧穿效应

隧穿效应是一种量子力学现象,即粒子违背了经典力学的原理,穿透或者越过一个比粒子的动能更高的势垒。1928 年,Gamov 利用隧穿效应解释了原子核的 α 衰变理论,自此这一过程广为人知。紧随其后,玻恩认识到隧穿效应并不仅限于核物理学,而是一种适用于很多不同体系的普遍现象。本节将讨论分子的量子旋转,其在很大程度上得益于中子散射实验。

量子旋转最简单的情况是只有一个旋转自由度。由分子的环境引起的势能为

$$V(\phi) = \frac{V_n}{2}(1 - \cos(n\phi)) \tag{15.12}$$

式中:指数 n 为一个 2π 旋转过程中的势垒数目。

薛定谔方程具有如下形式:

$$\frac{\hbar^2}{2I}\nabla^2\psi + (E - V(\phi))\psi = 0 \tag{15.13}$$

式中:I 为转动惯量(例如,对于 CH_3,$I = 5.31 \times 10^{-47}\text{kg}\cdot\text{m}^2$)。最简单的情况是处于势 $V(\phi)$($n = 2$)中的哑铃型分子,但是目前在自然界中尚未找到。已知的最简单的例子是具有三重对称性($n = 3$)的转子,绕 σ 键或者分子偶极矩旋转。

典型的例子有 CH_3 和 NH_3 官能团。

对于势能 $V(\phi)(n=3)$，薛定谔方程式(15.13)的解可以通过 Mathieu 方程得到，如图 15.5(a)所示。$V(\phi)=0$ 对应于气相的自由转子极限。随着势能的增大，能量 E 的本征态可以看作势阱中的扭转振子，如图 15.5(b)所示。如果相邻势阱中的波函数发生重叠，则会引起隧穿劈裂 $\hbar\omega_t$，如图 15.5(b)所示。关于隧穿劈裂的详细讨论，参考习题 15.1。

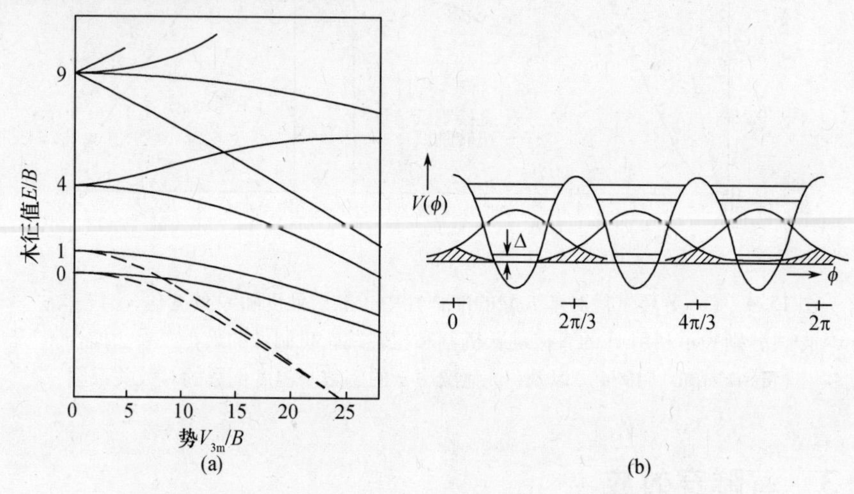

图 15.5　(a)处于势 $V(\phi)(n=3)$ 中的 CH_3 官能团的本征值 E，E 和 V 都已对 $B=\hbar^2/2I$ 进行归一化；(b)处于势 $V(\phi)(n=3)$ 中的旋转态的隧穿劈裂示意图(Asmussen, Press (1994))

隧穿劈裂对势能 $V(\phi)$ 的微弱变化极为敏感。对于四面体分子，当势能较大时($V>30\text{meV}$)，渐进行为可以用指数衰减函数来描述(Voll, Hüller (1988))：

$$\hbar\omega_t=\beta e^{-\alpha\sqrt{\frac{V(\phi)}{B}}} \tag{15.14}$$

式中：$B=\hbar^2/2I$。α(一般约为 1)与 β(一般约等于 B)的值表征转子的类型以及势能的形状。由于扭转激发态的势垒更窄，因此隧穿劈裂通常比基态的大很多。式(15.14)清楚地表明隧穿劈裂有很强的同位素效应。在简谐近似下，氘代后的 CH_3 官能团的天平动模式的能量将降低$\sqrt{2}$倍，隧穿劈裂可能降低一个数量级。

对于孤立的具有三重对称性的含氢转子(如 CH_3)的多晶样品，以及平均布居的隧穿态，散射律 $S(\boldsymbol{Q},\omega)$ 为(Hüller(1977))

$$S(Q,\omega)=\frac{1}{3}\left[\left(5+4\frac{\sin(Qr)}{Qr}\right)\delta(\hbar\omega)+2\left(1-\frac{\sin(Qr)}{Qr}\right)\delta(\hbar\omega\pm\hbar\omega_t)\right]$$

式中：r 为质子－质子距离。

因此,中子散射谱中包含一个弹性峰以及一对 Stokes 和反 Stokes 非弹性峰,其峰位处的能量转移等于隧穿劈裂 $\hbar\omega_t$。弹性峰与非弹性峰的比率由散射矢量 $\boldsymbol{Q}$ 决定,因此,在不止一种转子的情况下,根据测量强度有可能得到转子数。

图 15.6 所示为利用背散射谱仪(3.3.8 节)测得的乙酰胺 CH_3CONH_2 中的甲基官能团隧穿谱。对于氕化合物,在图 15.6(a)中可以清楚地观测到位于 ±32.0μeV 的隧穿跃迁对应的峰。氘代化合物的隧穿劈裂会急剧降低到 ±1.18μeV,如图 15.6(b)所示。

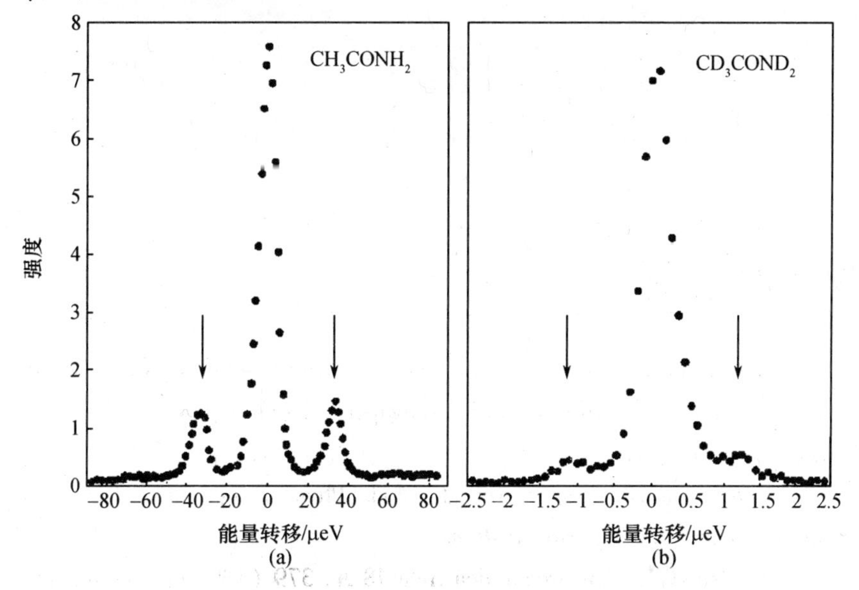

图 15.6　氕化(a)和氘代(b)乙酰胺的中子散射谱,$T=4K$,仪器的能量分辨率分别是(a)5.0μeV 和(b)0.5μeV(Heidemann et al. (1989b))

目前只考虑了孤立转子,并用单粒子势(式(15.12))进行描述。在实际中,相邻分子具有取向自由度,所以这种做法有待商榷,必须将耦合效应考虑在内。CH_3二聚体的哈密顿量可以写为

$$H = H_1 + H_2 + H_{12}$$

$$H_i = -\frac{\hbar^2}{2I}\nabla^2 + \frac{V_3}{2}(1-\cos(3\phi_i)),(i=1,2) \tag{15.15}$$

$$H_{12} = \frac{W}{2}(1-\cos(3(\phi_1-\phi_2)))$$

耦合效应将解除非耦合转子态的某些简并度,发生能级劈裂。在乙酸锂 $CH_3COOLi \cdot 2D_2O$ 的实验中很好地观测到了这一现象,如图 15.7 所示。式(15.15)可以推广至 3 个甚至更多的相互作用分子体系(Häusler (1992))。

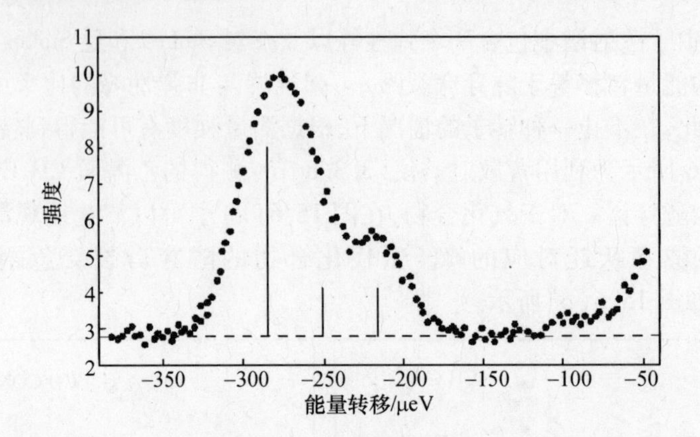

图 15.7　$CH_3COOLi \cdot 2D_2O$ 的中子散射谱，$T = 4K$，$Q = 1.7 Å^{-1}$，图中的竖条标记隧穿跃迁(Heidemann et al.（1989a))

15.4　扩展阅读

· B. Asmussen and W. Press, in *Neutron scattering from hydrogen in materials*, *ed.* by A. Furrer (World Scientific, Singapore, 1994), p. 184: *Rotational dynamics of molecular groups*

· C. Carlile and M. Prager, Int. J. Mod. Phys. B 7, 3113 (1993): *Rotational tunneling spectroscopy with neutrons*

· A. J. Horsewill, Spectrochimica Acta 48 A, 379 (1992): *Rotational tunneling in organic molecules*

· A. Hüller, Phys. Rev. B 16, 1844 (1977): *Rotational tunneling in solids: The theory of neutron scattering*

· P. C. H. Mitchell, S. F. Parker, A. J. Ramirez – Cuesta and J. Tomkinson, in *Vibrational spectroscopy with neutrons* (World Scientific, Singapore, 2005), p. 393: *Hydrogen bonding*

· W. Press, *Single – particle rotations in molecular crystals* (Springer, Berlin, 1981)

· T. Springer and D. Richter, in *Methods of experimental physics*, Vol. 23, Part B, ed. by D. L. Price and K. Sköld (Academic Press, London, 1987), p. 131: *Hydrogen in metals*

· J. Tomkinson, in *Neutron scattering from hydrogen in materials*, ed. by A. Furrer (World Scientific, Singapore, 1994), p. 168: *The inelastic neutron scattering spectroscopy of hydrogen bonds*

15.5　习题

习题 15.1

图 15.8 所示为理想的双极小值势，由两条抛物线描述，即

$$V_A = \frac{m\omega^2}{2}(x+r)^2,\ V_B = s + \frac{m\omega^2}{2}(x-r)^2 \tag{15.16}$$

式中：m 为原子的质量；ω 为振荡频率。

(a) 计算激活能 E_a；

(b) 如果单独考虑这两个势，就会出现两个简谐振子的情况，势 A 的基态能量为 $\hbar\omega$，计算简谐振子零点运动的振幅 σ；

(c) 通过求解下面的薛定谔方程，计算势 A 中简谐振子的波函数

$$\frac{\hbar^2}{2m}\frac{\partial^2\psi}{\partial x^2} + (E - V(x))\psi = 0 \tag{15.17}$$

拟设

$$\psi(x) = a \cdot e^{-bx^2/2} \tag{15.18}$$

由于这两个势的形状是一样的，势 B 中简谐振子的波函数将与势 A 中的一样。

(d) 双极小值势的波函数是上一问题中获得的波函数的线性组合，

$$|A\rangle = \alpha|\psi_A\rangle + \beta|\psi_B\rangle$$

$$|B\rangle = -\beta|\psi_A\rangle + \alpha|\psi_B\rangle \tag{15.19}$$

其中 $\alpha>0$，$\beta>0$，且 $\alpha^2+\beta^2=1$。根据以下哈密顿量，算出基态能量 E_A 和 E_B，以及系数 α 和 β

$$\hat{H} = -\frac{\hbar^2}{2m}\frac{\partial^2}{\partial x^2} + V(x) \tag{15.20}$$

(e) 讨论所得结果 E_A 和 E_B，并给出发生隧穿的判据。

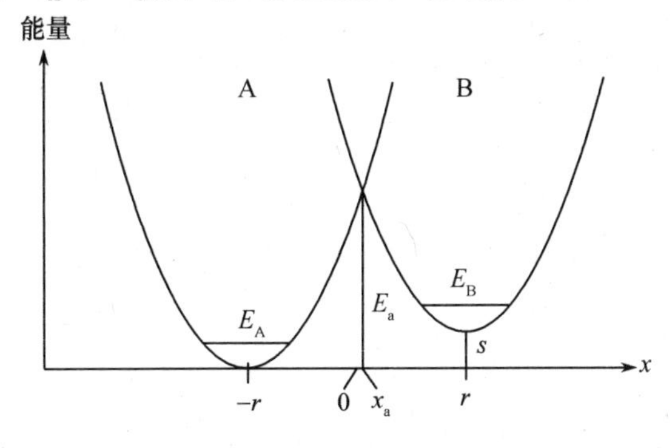

图 15.8　理想的双极小值势示意图

15.6 答案

习题 15.1

(a) 式(15.16)中的两条抛物线有一个交点,即

$$x_a = \frac{s}{2mr\omega^2}$$

将 x_a 代入式(15.16)得到激活能,即

$$E_a = \frac{m\omega^2}{2}\left(r + \frac{s}{2mr\omega^2}\right)$$

(b) 将 σ 代入式(15.16),得

$$\frac{m\omega^2}{2}\sigma^2 = \frac{1}{2}\hbar\omega \quad \rightarrow \quad \sigma = \sqrt{\frac{\hbar}{m\omega}}$$

(c) 薛定谔方程(15.17)的解为

$$b = \frac{m\omega}{\hbar}, a = \left(\frac{m\omega}{\pi\hbar}\right)^{1/4}$$

后者由归一化条件 $\int |\psi(x)|^2 \mathrm{d}x = 1$ 得到。

(d) 基态能量 E_A 和 E_B 是行列式的解,即

$$\begin{vmatrix} H_{AA} - E & H_{AB} \\ H_{BA} & H_{BB} - E \end{vmatrix} = 0$$

其中

$$H_{ij} = \int_{-\infty}^{x_a} \psi_i H \psi_j \mathrm{d}x + \int_{x_a}^{\infty} \psi_i H \psi_j \mathrm{d}x, \quad (i,j = \mathrm{A},\mathrm{B})$$

ψ_i 和 H 分别为式(15.19)和式(15.20)。经过冗长的计算以后,得到以下结果:

$$E_{A,B} = \frac{s}{2} \pm \sqrt{\left(\frac{s}{2}\right)^2 + t^2}, \quad t = \frac{2}{\sqrt{\pi}} u \cdot \mathrm{e}^{-u^2} \hbar\omega, \quad u = \frac{2r}{\sigma}$$

式中:σ 为(b)中得到的结果。波函数(15.19)中的系数为

$$\alpha = \sqrt{\frac{\left(\frac{s}{2}\right)^2 + t^2}{\left(\frac{s}{2}\right)^2 + 2t^2}}, \beta = \sqrt{\frac{t^2}{\left(\frac{s}{2}\right)^2 + 2t^2}}$$

(e) 当 $s \ll t$ 时可以得到一个近乎对称的双极小值势,因此

$$E_A - E_B \approx 2t,\ \alpha \approx \beta \approx \frac{1}{\sqrt{2}}$$

在这种情况下，波函数 $|A\rangle$ 和 $|B\rangle$ 是离域的，可以发生隧穿，隧穿能量是 $2t$。另一方面，对于一个不对称的双－极小值势，条件 $s \gg t$ 成立，因此

$$E_A - E_B \approx s, 且\ \alpha \approx 1, \beta \approx 0$$

即，局域波函数 $|A\rangle$ 和 $|B\rangle$ 之间没有重叠，且不能发生隧穿。

附录 A　狄拉克 δ 函数与晶格求和

1. 狄拉克 δ 函数

定义

$$\delta(x) = \begin{cases} 0 & (x \neq 0) \\ \infty & (x = 0) \end{cases} \tag{A.1}$$

$$\int_{-\infty}^{\infty} \delta(x)\,\mathrm{d}x = 1$$

因此

$$\int_{-\infty}^{\infty} f(x)\delta(x-a)\,\mathrm{d}x = f(a)$$

$$\delta(c \cdot x) = \frac{1}{c} \cdot \delta(x) \quad (c>0) \tag{A.2}$$

$$\delta(-x) = \delta(x)$$

$\delta(x)$并非一个严格的数学函数,但可以写成无穷积分的形式表示一个数学函数的极限。考虑如下函数:

$$f(x) = \int_{-k_0}^{k_0} \mathrm{e}^{\mathrm{i}kx}\,\mathrm{d}k = \frac{1}{\mathrm{i}x}(\mathrm{e}^{\mathrm{i}k_0x} - \mathrm{e}^{-\mathrm{i}k_0x}) = \frac{2}{x}\sin(k_0x) \tag{A.3}$$

当 $x=0$ 时有一个尖峰。随着参数 k_0 的增大,峰高增加而峰宽减小。当 $k_0\to\infty$ 时,式(A.3)具有 δ 函数的形状。由于积分

$$\int_{-\infty}^{\infty} f(x)\,\mathrm{d}x = 2\int_{-\infty}^{\infty} \frac{1}{x}\sin(k_0x)\,\mathrm{d}x = 2\pi \tag{A.4}$$

不依赖于 k_0 的值,因此可得以下积分表达式:

$$\delta(x) = \frac{1}{2\pi}\int_{-\infty}^{\infty} \mathrm{e}^{\mathrm{i}kx}\,\mathrm{d}k \tag{A.5}$$

下面的式子对于中子散射截面计算非常有用:

$$\delta(\hbar\omega) = \frac{1}{\hbar}\delta(\omega) = \frac{1}{2\pi\hbar}\int_{-\infty}^{\infty} \mathrm{e}^{\mathrm{i}\omega t}\,\mathrm{d}t \tag{A.6}$$

在三维空间中,式(A.1)、式(A.2)写为

$$\delta(\boldsymbol{r}) = \begin{cases} 0 & (|\boldsymbol{r}| \neq 0) \\ \infty & (|\boldsymbol{r}| = 0) \end{cases} \tag{A.7}$$

$$\int_{-\infty}^{\infty} \delta(\boldsymbol{r})\,\mathrm{d}\boldsymbol{r} = 1$$

$$\int_{-\infty}^{\infty} f(\boldsymbol{r})\delta(\boldsymbol{r}-\boldsymbol{r}_0)\mathrm{d}\boldsymbol{r} = f(\boldsymbol{r}_0) \tag{A.8}$$

$$\delta(\boldsymbol{r}) = \frac{1}{(2\pi)^3}\int \mathrm{e}^{\mathrm{i}\boldsymbol{Q}\cdot\boldsymbol{r}}\mathrm{d}\boldsymbol{Q} \tag{A.9}$$

2. 晶格求和与晶格积分

分别定义实空间与倒易空间的晶格矢为 $\boldsymbol{l} = l_1\boldsymbol{a}_1 + l_2\boldsymbol{a}_2 + l_3\boldsymbol{a}_3$ 和 $\boldsymbol{\tau} = t_1\boldsymbol{\tau}_1 + t_2\boldsymbol{\tau}_2 + t_3\boldsymbol{\tau}_3$。则有以下关系式成立：

$$\sum_{\boldsymbol{l}} \mathrm{e}^{\mathrm{i}\boldsymbol{Q}\cdot\boldsymbol{l}} = \frac{(2\pi)^3}{v_0}\sum_{\boldsymbol{\tau}}\delta(\boldsymbol{Q}-\boldsymbol{\tau}) \tag{A.10}$$

$$\sum_{\boldsymbol{l}} \mathrm{e}^{\mathrm{i}(\boldsymbol{Q}-\boldsymbol{Q}')\cdot\boldsymbol{l}} = N\cdot\delta_{\boldsymbol{Q}\boldsymbol{Q}'} \tag{A.11}$$

$$\int \mathrm{e}^{\mathrm{i}(\boldsymbol{\tau}-\boldsymbol{\tau}')\cdot\boldsymbol{r}}\mathrm{d}\boldsymbol{r} = v_0\delta_{\boldsymbol{\tau}\boldsymbol{\tau}'} \tag{A.12}$$

$$\int \mathrm{e}^{\mathrm{i}\boldsymbol{Q}\cdot(\boldsymbol{l}-\boldsymbol{l}')}\mathrm{d}\boldsymbol{Q} = \frac{(2\pi)^3}{v_0}\delta_{\boldsymbol{l}\boldsymbol{l}'} \tag{A.13}$$

其中积分式是对实空间中的整个晶胞体积 v_0 求积分的，N 为体系中晶胞的个数。

附录 B　中子散射长度和截面

表 B.1　若干元素及其同位素的中子散射长度和截面(单位:barn)

同位素	conc/%	b_{coh}/fm	b_{inc}/fm	σ_{coh}	σ_{inc}	σ_{tot}	σ_{abs}
H	—	-3.7390	—	1.7568	80.26	82.02	0.3326
^{1}H	99.985	-3.7406	25.274	1.7583	80.27	82.03	0.3326
^{2}H	0.015	6.671	4.04	5.592	2.05	7.64	0.000519
He	—	3.26(3)	—	1.34	0	1.34	0.00747
^{3}He	0.00014	5.74-1.483i	-2.5+2.568i	4.42	1.6	6	5333(7)
^{4}He	99.99986	3.26	0	1.34	0	1.34	0
Li	—	-1.90	—	0.454	0.92	1.37	70.5
^{6}Li	7.5	2.00-0.261i	-1.89+0.26i	0.51	0.46	0.97	940(4)
^{7}Li	92.5	-2.22	-2.49	0.619	0.78	1.4	0.0454
Be	100	7.79	0.12	7.63	0.0018	7.63	0.0076
B	—	5.30-0.213i	—	3.54	1.7	5.24	767(8)
^{10}B	20	-0.1-1.066i	-4.7+1.231i	0.144	3	3.1	3835(9)
^{11}B	80	6.65	-1.3	5.56	0.21	5.77	0.0055
C	—	6.646	—	5.551	0.001	5.551	0.0035
^{12}C	98.9	6.6511	0	5.559	0	5.559	0.00353
^{13}C	1.1	6.19	-0.52	4.81	0.034	4.84	0.00137
N	—	9.36	—	11.01	0.5	11.51	1.9
^{14}N	99.63	9.37	2.0	11.03	0.5	11.53	1.91
^{15}N	0.37	6.44	-0.02	5.21	0.00005	5.21	0.000024
O	—	5.803	—	4.232	0.0008	4.232	0.00019
^{16}O	99.762	5.803	0	4.232	0	4.232	0.0001
^{17}O	0.038	5.78	0.18	4.2	0.004	4.2	0.236
^{18}O	0.2	5.84	0	4.29	0	4.29	0.00016
F	100	5.654	-0.082	4.017	0.0008	4.018	0.0096

（续）

同位素	conc/%	b_{coh}/fm	b_{inc}/fm	σ_{coh}	σ_{inc}	σ_{tot}	σ_{abs}
Na	100	3.63	3.59	1.66	1.62	3.28	0.53
Mg	—	5.375	—	3.631	0.08	3.71	0.063
^{24}Mg	78.99	5.66	0	4.03	0	4.03	0.05
^{25}Mg	10	3.62	1.48	1.65	0.28	1.93	0.19
^{26}Mg	11.01	4.89	0	3	0	3	0.0382
Al	100	3.449	0.256	1.495	0.0082	1.503	0.231
Si	—	4.1491	—	2.163	0.004	2.167	0.171
^{28}Si	92.23	4.107	0	2.12	0	2.12	0.177
^{29}Si	4.67	4.70	0.09	2.78	0.001	2.78	0.101
^{30}Si	3.1	4.58	0	2.64	0	2.64	0.107
P	100	5.13	0.2	3.307	0.005	3.312	0.172
S	—	2.847	—	1.0186	0.007	1.026	0.53
^{32}S	95.02	2.804	0	0.988	0	0.988	0.54
^{33}S	0.75	4.74	1.5	2.8	0.3	3.1	0.54
^{34}S	4.21	3.48	0	1.52	0	1.52	0.227
^{36}S	0.02	3(1)	0	1.1	0	1.1	0.15
Cl	—	9.5770	—	11.5257	5.3	16.8	33.5
^{35}Cl	75.77	11.65	6.1	17.06	4.7	21.8	44.1
^{37}Cl	24.23	3.08	0.1	1.19	0.001	1.19	0.433
Ar	—	1.909	—	0.458	0.225	0.683	0.675
^{36}Az	0.337	24.90	0	77.9	0	77.9	5.2
^{38}Ar	0.063	3.5	0	1.5(3.1)	0	1.5(3.1)	0.8
^{40}Ar	99.6	1.830	0	0.421	0	0.421	0.66
K	—	3.67	—	1.69	0.27	1.96	2.1
^{39}K	93.258	3.74	1.4	1.76	0.25	2.01	2.1
^{40}K	0.012	3.(1.)	—	1.1	0.5	1.6	35.(8.)
^{41}K	6.73	2.69	1.5	0.91	0.3	1.2	1.46
Ca	—	4.70	—	2.78	0.05	2.83	0.43
^{40}Ca	96.941	4.80	0	2.9	0	2.9	0.41
^{42}Ca	0.647	3.36	0	1.42	0	1.42	0.68
^{43}Ca	0.135	-1.56	—	0.31	0.5	0.8	6.2
^{44}Ca	2.086	1.42	0	0.25	0	0.25	0.88

（续）

同位素	conc/%	b_{coh}/fm	b_{inc}/fm	σ_{coh}	σ_{inc}	σ_{tot}	σ_{abs}
^{46}Ca	0.004	3.6	0	1.6	0	1.6	0.74
^{48}Ca	0.187	0.39	0	0.019	0	0.019	1.09
Ti	—	−3.438	—	1.485	2.87	4.35	6.09
^{46}Ti	8.2	4.93	0	3.05	0	3.05	0.59
^{47}Ti	7.4	3.63	−3.5	1.66	1.5	3.2	1.7
^{48}Ti	73.8	−6.08	0	4.65	0	4.65	7.84
^{49}Ti	5.4	1.04	5.1	0.14	3.3	3.4	2.2
^{50}Ti	5.2	6.18	0	4.8	0	4.8	0.179
V	—	−0.3824	—	0.0184	5.08	5.1	5.08
^{50}V	0.25	7.6	—	7.3(1.1)	0.5	7.8(1.0)	60.(40.)
^{51}V	99.75	−0.402	6.35	0.0203	5.07	5.09	4.9
Cr	—	3.635	—	1.66	1.83	3.49	3.05
^{50}Cr	4.35	−4.50	0	2.54	0	2.54	15.8
^{52}Cr	83.79	4.920	0	3.042	0	3.042	0.76
^{53}Cr	9.5	−4.20	6.87	2.22	5.93	8.15	18.1(1.5)
^{54}Cz	2.36	4.55	0	2.6	0	2.6	0.36
Mn	100	−3.73	1.79	1.75	0.4	2.15	13.3
Fe	—	9.45	—	11.22	0.4	11.62	2.56
^{54}Fe	5.8	4.2	0	2.2	0	2.2	2.25
^{56}Fe	91.7	9.94	0	12.42	0	12.42	2.59
^{57}Fe	2.2	2.3	—	0.66	0.3	1	2.48
^{58}Fe	0.3	15(7)	0	28	0	28(26)	1.28
Co	100	2.49	−6.2	0.779	4.8	5.6	37.18
Ni	—	10.3	—	13.3	5.2	18.5	4.49
^{58}Ni	68.27	14.4	0	26.1	0	26.1	4.6
^{60}Ni	26.1	2.8	0	0.99	0	0.99	2.9
^{61}Ni	1.13	7.60	±3.9	7.26	1.9	9.2	2.5
^{62}Ni	3.59	−8.7	0	9.5	0	9.5	14.5
^{64}Ni	0.91	−0.37	0	0.017	0	0.017	1.52
Cu	—	7.718	—	7.485	0.55	8.03	3.78
^{63}Cu	69.17	6.43	0.22	5.2	0.006	5.2	4.5
^{65}Cu	30.83	10.61	1.79	14.1	0.4	14.5	2.17

（续）

同位素	conc/%	b_{coh}/fm	b_{inc}/fm	σ_{coh}	σ_{inc}	σ_{tot}	σ_{abs}
Zn	—	5.680	—	4.054	0.077	4.131	1.11
^{64}Zn	48.6	5.22	0	3.42	0	3.42	0.93
^{66}Zn	27.9	5.97	0	4.48	0	4.48	0.62
^{67}Zn	4.1	7.56	−1.50	7.18	0.28	7.46	6.8
^{68}Zn	18.8	6.03	0	4.57	0	4.57	1.1
^{70}Zn	0.6	6.(1.)	0	4.5	0	4.5(1.5)	0.092
Ga	—	7.288	—	6.675	0.16	6.83	2.75
^{69}Ga	60.1	7.88	−0.85	7.8	0.091	7.89	2.18
^{71}Ga	39.9	6.40	−0.82	5.15	0.084	5.23	3.61
Ge	—	8.185	—	8.42	0.18	8.6	2.2
^{70}Ge	20.5	10.0	0	12.6	0	12.6	3
^{72}Ge	27.4	8.51	0	9.1	0	9.1	0.8
^{73}Ge	7.8	5.02	3.4	3.17	1.5	4.7	15.1
^{74}Ge	36.5	7.58	0	7.2	0	7.2	0.4
^{76}Ge	7.8	8.2	0	8.(3.)	0	8.(3.)	0.16
As	100	6.58	−0.69	5.44	0.06	5.5	4.5
Se	—	7.970	—	7.98	0.32	8.3	11.7
^{74}Se	0.9	0.8	0	0.1	0	0.1	51.8(1.2)
^{76}Se	9	12.2	0	18.7	0	18.7	85.(7.)
^{77}Se	7.6	8.25	±0.6(1.6)	8.6	0.05	8.65	42.(4.)
^{78}Se	23.5	8.24	0	8.5	0	8.5	0.43
^{80}Se	49.6	7.48	0	7.03	0	7.03	0.61
^{82}Se	9.4	6.34	0	5.05	0	5.05	0.044
Br	—	6.795	—	5.8	0.1	5.9	6.9
^{79}Br	50.69	6.80	−1.1	5.81	0.15	5.96	11
^{81}Br	49.31	6.79	0.6	5.79	0.05	5.84	2.7
Sr	—	7.02	—	6.19	0 06	6.25	1.28
^{84}Sr	0.56	7.(1.)	0	6(2.)	0	6.(2)	0.87
^{86}Sr	9.86	5.67	0	4.04	0	4.04	1.04
^{87}Sr	7	7.40	—	6.88	0.5	7.4	16.(3.)
^{88}Sr	82.58	7.15	0	6.42	0	6.42	0.058
Y	100	7.75	1.1	7.55	0.15	7.7	1.28

（续）

同位素	conc/%	b_{coh}/fm	b_{inc}/fm	σ_{coh}	σ_{inc}	σ_{tot}	σ_{abs}
Zr	—	7.16	—	6.44	0.02	6.46	0.185
^{90}Zr	51.45	6.4	0	5.1	0	5.1	0.011
^{91}Zr	11.32	8.7	−1.08	9.5	0.15	9.7	1.17
^{92}Zr	17.19	7.4	0	6.9	0	6.9	0.22
^{94}Zr	17.28	8.2	0	8.4	0	8.4	0.0499
^{96}Zr	2.76	5.5	0	3.8	0	3.8	0.0229
Nb	100	7.054	−0.139	6.253	0.0024	6.255	1.15
Mo	—	6.715	—	5.67	0.04	5.71	2.48
^{92}Mo	14.84	6.91	0	6	0	6	0.019
^{94}Mo	9.25	6.80	0	5.81	0	5.81	0.015
^{95}Mo	15.92	6.91	—	6	0.5	6.5	13.1
^{96}Mo	16.68	6.20	0	4.83	0	4.83	0.5
^{97}Mo	9.55	7.24	—	6.59	0.5	7.1	25
^{98}Mo	24.13	6.58	0	5.44	0	5.44	0.127
^{100}Mo	9.63	6. 73	0	5.69	0	5.69	0.4
Pd	—	5.91	—	4.39	0.093	4.48	6.9
^{102}Pd	1.02	7. 7(7)	0	7.5(1.4)	0	7.5(1.4)	3.4
^{104}pd	11.14	7. 7(7)	0	7.5(1.4)	0	7.5(1.4)	0. 6
^{105}Pd	22.33	5.5	−2.6(1.6)	3.8	0.8	4.6(1.1)	20.(3.)
^{106}Pd	27.33	6.4	0	5.1	0	5.1	0.304
^{108}Pd	26. 46	4.1	0	2.1	0	2.1	8.55
^{110}Pd	11. 72	7.7(7)	0	7.5(1.4)	0	7.5(1.4)	0.226
Ag	—	5.922	—	4.407	0.58	4.99	63.3
^{107}Ag	51.83	7.555	1.00	7.17	0.13	7.3	37.6(1.2)
^{109}Ag	48.17	4.165	−1.60	2.18	0.32	2.5	91.0(1.0)
Cd	—	4.87 −0.70i	—	3.04	3.46	6.5	2520.(50.)
^{106}Cd	1.25	5.(2.)	0	3.1	0	3.1(2.5)	1
^{108}Cd	0.89	5.4	0	3.7	0	3.7	1.1
^{110}Cd	12.51	5.9	0	4.4	0	4.4	11
^{111}Cd	12.81	6.5	—	5.3	0.3	5.6	24
^{112}Cd	24. 13	6.4	0	5.1	0	5.1	2.2

（续）

同位素	conc/%	b_{coh}/fm	b_{inc}/fm	σ_{coh}	σ_{inc}	σ_{tot}	σ_{abs}
^{113}Cd	12.22	-8.0-5.73i	—	12.1	0.3	12.4	20600.(400.)
^{114}Cd	28.72	7.5	0	7.1	0	7.1	0.34
^{116}Cd	7.47	6.3	0	5	0	5	0.075
Sn	—	6.225	—	4.871	0.022	4.892	0.626
^{112}Sn	1	6.(1.)	0	4.5(1.5)	0	4.5(1.5)	1
^{114}Sn	0.7	6.2	0	4.8	0	4.8	0.114
^{115}Sn	0.4	6.(1.)	—	4.5(1.5)	0.3	4.8(1.5)	30.(7.)
^{116}Sn	14.7	5.93	0	4.42	0	4.42	0.14
^{117}Sn	7.7	6.48	—	5.28	0.3	5.6	2.3
^{118}Sn	24.3	6.07	0	4.63	0	4.63	0.22
^{119}sn	8.6	6.12	—	4.71	0.3	5	2.2
^{120}Sn	32.4	6.49	0	5.29	0	5.29	0.14
^{122}Sn	4.6	5.74	0	4.14	0	4.14	0.18
^{124}Sn	5.6	5.97	0	4.48	0	4.48	0.133
Cs	100	5.42	1.29	3.69	0.21	3.9	29.0(1.5)
Ba	—	5.07	—	3.23	0.15	3.38	1.1
^{130}Ba	0.11	-3.6	0	1.6	0	1.6	30.(5.)
^{132}Ba	0.1	7.8	0	7.6	0	7.6	7
^{134}Ba	2.42	5.7	0	4.08	0	4.08	2.0(1.6)
^{135}Ba	6.59	4.67	—	2.74	0.5	3.2	5.8
^{136}Ba	7.85	4.91	0	3.03	0	3.03	0.68
^{137}Ba	11.23	6.83	—	5.86	0.5	6.4	3.6
^{138}Ba	71.7	4.84	0	2.94	0	2.94	0.27
La	—	8.24	—	8.53	1.13	9.66	8.97
^{138}La	0.09	8.(2.)	—	8.(4.)	0.5	8.5(4.0)	57.(6.)
^{139}La	99.91	8.24	3.0	8.53	1.13	9.66	8.93
Ce	—	4.84	—	2.94	0.001	2.94	0.63
^{136}Ce	0.19	5.80	0	4.23	0	4.23	7.3(1.5)
^{138}Ce	0.25	6.70	0	5.64	0	5.64	1.1
^{140}Ce	88.48	4.84	0	2.94	0	2.94	0.57
^{142}Ce	11.08	4.75	0	2.84	0	2.84	0.95

（续）

同位素	conc/%	b_{coh}/fm	b_{inc}/fm	σ_{coh}	σ_{inc}	σ_{tot}	σ_{abs}
Pr	100	4.58	−0.35	2.64	0.015	2.66	11.5
Nd	—	7.69	—	7.43	9.2	16.6	50.5(1.2)
^{142}Nd	27.16	7.7	0	7.5	0	7.5	18.7
^{143}Nd	12.18	14.(2.)	±21.(1.)	25.(7.)	55.(7)	80.(2.)	337.(10.)
^{144}Nd	23.8	2.8	0	1	0	1	3.6
^{145}Nd	8.29	14.(2.)	—	25.(7.)	5.(5.)	30.(9.)	42.(2.)
^{146}Nd	17.19	8.7	0	9.5	0	9.5	1.4
^{148}Nd	5.75	5.7	0	4.1	0	4.1	2.5
^{150}Nd	5.63	5.3	0	3.5	0	3.5	1.2
Sm	—	0.80−1.65i	—	0.422	39.(3.)	39.(3.)	5922.(56.)
^{144}Sm	3.1	−3(4.)	0	1.(3.)	0	1.(3.)	0.7
^{147}Sm	15.1	14.(3.)	±11.(7.)	25.(11)	143(19.)	39.(16.)	57.(3.)
^{148}Sm	11.3	−3.(4.)	0	1.(3.)	0	1.(3.)	2.4
^{149}Sm	13.9	−19.2−11.7i	±31.4−10.3i	63.5	137(5.)	200.(5.)	42080.(400.)
^{150}Sm	7.4	14.(3.)	0	25.(11.)	0	25.(11.)	104.(4.)
^{152}Sm	26.6	−5.0	0	3.1	0	3.1	206.(6.)
^{154}Sm	22.6	9.3	0	11.(2.)	0	11.(2.)	8.4
Gd	—	6.5−13.82i	—	29.3	151.(2.)	180.(2.)	49700(125.)
^{152}Gd	0.2	10.(3.)	0	13.(8.)	0	13.(8.)	735.(20.)
^{154}Gd	2.1	10(3)	0	13.(8.)	0	13.(8.)	85.(12.)
^{155}Gd	14.8	6.0−17.0i	±5.(5.) −13.16i	40.8	25.(6.)	66.(6.)	61100.(400.)
^{156}Gd	20.6	6.3	0	5	0	5	1.5(1.2)
^{157}Gd	15.7	−1.14−71.9i	±5.(5.) −55.8i	650.(4.)	394.(7.)	1044.(8.)	259000.(700.)
^{158}Gd	24.8	9.(2.)	0	10.(5.)	0	10.(5.)	2.2
^{160}Gd	21.8	9.15	0	10.52	0	10.52	0.77
Tb	100	7.38	−0.17	6.84	0.004	6.84	23.4
Dy	—	16.9−0.276i	—	35.9	54.4(1.2)	90.3	994.(13.)
^{156}Dy	0.06	6.1	0	4.7	0	4.7	33.(3)
^{158}Dy	0.1	6.(4.)	0	5.(6.)	0	5.(6.)	43.(6.)

（续）

同位素	conc/%	b_{coh}/fm	b_{inc}/fm	σ_{coh}	σ_{inc}	σ_{tot}	σ_{abs}
^{160}Dy	2.34	6.7	0	5.6	0	5.6	56.(5.)
^{161}Dy	19	10.3	±4.9	13.3	3.(1.)	16.(1.)	600.(25.)
^{162}Dy	25.5	-1.4	0	0.25	0	0.25	194.(10.)
^{163}Dy	24.9	5.0	1.3	3.1	0.21	3.3	124.(7.)
^{164}Dy	28.1	49.4-0.79i	0	307.(3.)	0	307.(3.)	2840.(40.)
Ho	100	8.01	-1.70	8.06	0.36	8.42	64.7(1.2)
Er	—	7.79	—	7.63	1.1	8.7	159.(4.)
^{162}Er	0.14	8.8	0	9.7	0	9.7	19.(2.)
^{164}Er	1.56	8.2	0	8.4	0	8.4	13.(2.)
^{166}Er	33.4	10.6	0	14.1	0	14.1	19.6(1.5)
^{167}Er	22.9	3.0	1.0	1.1	0.13	1.2	659.(16.)
^{168}Er	27.1	7.4	0	6.9	0	6.9	2.74
^{170}Er	14.9	9.6	0	11.6	0	11.6(1.2)	5.8
Tm	100	7.07	0.9	6.28	0.1	6.38	100.(2.)
Ta	—	6.91	—	6	0.01	6.01	20.6
^{180}Ta	0.012	7.(2.)	—	6.2	0.5	7.(4.)	563.(60.)
^{181}Ta	99.988	6.91	-0.29	6	0.011	6.01	20.5
W	—	4.86	—	2.97	1.63	4.6	18.3
^{180}W	0.1	5.(3.)	0	3.(4.)	0	3.(4.)	30.(20.)
^{182}W	26.3	6.97	0	6.1	0	6.1	20.7
^{183}W	14.3	6.53	—	5.36	0.3	5.7	10.1
^{184}W	30.7	7.48	0	7.03	0	7.03	1.7
^{186}W	28.6	-0.72	0	0.065	0	0.065	37.9
Au	100	7.63	-1.84	7.32	0.43	7.75	98.65
Tl	—	8.776	—	9.678	0.21	9.89	3.43
^{203}Tl	29.524	6.99	1.06	6.14	0.14	6.28	11.4
^{205}Tl	70.476	9.52	-0.242	11.39	0.007	11.4	0.104
Pb	—	9.405	—	11.115	0.003	11.118	0.171
^{204}Pb	1.4	9.90	0	12.3	0	12.3	0.65
^{206}Pb	24.1	9.22	0	10.68	0	10.68	0.03
^{207}Pb	22.1	9.28	0.14	10.82	0.002	10.82	0.699
^{208}Pb	52.4	9.50	0	11.34	0	11.34	0.00048

（续）

同位素	conc/%	b_{coh}/fm	b_{inc}/fm	σ_{coh}	σ_{inc}	σ_{tot}	σ_{abs}
Bi	100	8.532	—	9.148	0.0084	9.156	0.0338
U	—	8.417	—	8.903	0.005	8.908	7.57
^{234}U	0.005	12.4	0	19.3	0	19.3	100.1(1.3)
^{235}U	0.72	10.47	±1.3	13.78	0.2	14	680.9(1.1)
^{238}U	99.275	8.402	0	8.871	0	8.871	2.68

注：$1\,fm = 10^{-15}\,m$，$1\,barn = 10^{-24}\,cm^2$

扩展阅读

· L. Koester, *Neutron scattering lengths and fundamental neutron interactions*, *Springer tracts in modern physics*, Vol. 80 (Springer, Berlin, 1977)

· V. F. Sears, in *Methods of experimental physics*, Vol. 23, Part A, ed. by D. L. Price and K. Sköld (Academic Press, London, 1986), p. 521: *Neutron scattering lengths and cross sections*

附录 C　泡利自旋算符

泡利自旋算符也即是一般自旋算符在 $S=1/2$ 时的情况。在这种情况下，需要考虑以下两个态 $|S,M\rangle$：

$$\begin{cases} u = \left|\dfrac{1}{2},\dfrac{1}{2}\right\rangle & (\text{“自旋向上”}) \\ v = \left|\dfrac{1}{2},-\dfrac{1}{2}\right\rangle & (\text{“自旋向下”}) \end{cases} \tag{C.1}$$

这些态是归一且正交的：

$$\begin{cases} \langle u|u\rangle = \langle v|v\rangle = 1 \\ \langle u|v\rangle = \langle v|u\rangle = 0 \end{cases} \tag{C.2}$$

将算符 $\hat{S}^{\pm}=\hat{S}^{x}\pm \mathrm{i}\hat{S}^{y}$ 以及 $\hat{S}^{z}$ 作用到这些态上，得

$$\begin{cases} \hat{S}^{+}u=0, & \hat{S}^{-}u=v, & \hat{S}^{z}u=u \\ \hat{S}^{+}v=u, & \hat{S}^{-}v=0, & \hat{S}^{z}v=-v \end{cases} \tag{C.3}$$

泡利算符定义为

$$\begin{cases} \hat{\sigma}_x = 2\hat{S}^{x} = \hat{S}^{+}+\hat{S}^{-} \\ \hat{\sigma}_y = 2\hat{S}^{y} = -\mathrm{i}(\hat{S}^{+}-\hat{S}^{-}) \\ \hat{\sigma}_z = \hat{S}^{z} \end{cases} \tag{C.4}$$

根据式（C.3）和式（C.4），得

$$\begin{cases} \hat{\sigma}_x u = v, & \hat{\sigma}_x v = u \\ \hat{\sigma}_y u = \mathrm{i}v, & \hat{\sigma}_y v = -\mathrm{i}u \\ \hat{\sigma}_z u = u, & \hat{\sigma}_z v = -v \end{cases} \tag{C.5}$$

附录D　磁中子散射截面

式(2.4)中矩阵元$\langle \boldsymbol{k}',\boldsymbol{\sigma}',\lambda' \mid \hat{U} \mid \boldsymbol{k},\boldsymbol{\sigma},\lambda \rangle$的计算(算符$\hat{U}$由式(2.39)~式(2.41)定义),可以分别对动量$|\boldsymbol{k}\rangle$和自旋态$|\boldsymbol{\sigma}\rangle$单独进行。首先,利用以下恒等式计算矩阵元$\langle \boldsymbol{k}' \mid \hat{U} \mid \boldsymbol{k} \rangle$:

$$\frac{\boldsymbol{R}}{R^3} = -\nabla\left(\frac{1}{R}\right) \tag{D.1}$$

$$\mathrm{curl}(\boldsymbol{v}) \equiv \nabla \wedge \boldsymbol{v} \tag{D.2}$$

$$\frac{1}{R} = \frac{1}{2\pi^2}\int \mathrm{d}\boldsymbol{q}\,\frac{1}{q^2}\mathrm{e}^{\mathrm{i}\boldsymbol{q}\cdot\boldsymbol{R}} \tag{D.3}$$

$$\nabla \mathrm{e}^{\mathrm{i}\boldsymbol{q}\cdot\boldsymbol{r}} = \mathrm{i}\boldsymbol{q}\mathrm{e}^{\mathrm{i}\boldsymbol{q}\cdot\boldsymbol{r}} \tag{D.4}$$

$$(\nabla \wedge (s \wedge \nabla))\mathrm{e}^{\mathrm{i}\boldsymbol{q}\cdot\boldsymbol{R}} = -\boldsymbol{q} \wedge (s \wedge \boldsymbol{q})\mathrm{e}^{\mathrm{i}\boldsymbol{q}\cdot\boldsymbol{R}} \tag{D.5}$$

将这些恒等式作用到式(2.40)的第一部分,得

$$\begin{aligned}
\nabla \wedge \frac{s \wedge \boldsymbol{R}}{R^3} &= -\nabla \wedge \left(s \wedge \nabla\left(\frac{1}{\boldsymbol{R}}\right)\right) = -\frac{1}{2\pi^2}\int \mathrm{d}\boldsymbol{q}\,\frac{1}{q^2}(\nabla \wedge (s \wedge \nabla))\mathrm{e}^{\mathrm{i}\boldsymbol{q}\cdot\boldsymbol{r}} \\
&= -\frac{\mathrm{i}}{2\pi^2}\int \mathrm{d}\boldsymbol{q}\,\frac{1}{q^2}(\nabla \wedge (s \wedge \boldsymbol{q}))\mathrm{e}^{\mathrm{i}\boldsymbol{q}\cdot\boldsymbol{r}} \\
&= \frac{1}{2\pi^2}\int \mathrm{d}\boldsymbol{q}\,\frac{1}{q^2}(\boldsymbol{q} \wedge (s \wedge \boldsymbol{q}))\mathrm{e}^{\mathrm{i}\boldsymbol{q}\cdot\boldsymbol{r}}
\end{aligned} \tag{D.6}$$

对于式(2.40)的第二部分,得

$$\begin{aligned}
\frac{\boldsymbol{p} \wedge \boldsymbol{R}}{R^3} &= -\boldsymbol{p} \wedge \nabla\left(\frac{1}{\boldsymbol{R}}\right) = -\frac{1}{2\pi^2}\int \mathrm{d}\boldsymbol{q}\,\frac{1}{q^2}(\boldsymbol{p} \wedge \nabla)\mathrm{e}^{\mathrm{i}\boldsymbol{q}\cdot\boldsymbol{r}} \\
&= -\frac{\mathrm{i}}{2\pi^2}\int \mathrm{d}\boldsymbol{q}\,\frac{1}{q^2}(\boldsymbol{p} \wedge \boldsymbol{q})\mathrm{e}^{\mathrm{i}\boldsymbol{q}\cdot\boldsymbol{r}}
\end{aligned} \tag{D.7}$$

利用式(D.6)和式(D.7),并用平面波定义入射和出射中子波矢(2.6),得到以下矩阵元:

$$\begin{aligned}
&\langle \boldsymbol{k}' \mid \nabla \wedge \frac{s \wedge \boldsymbol{R}}{R^3} - \frac{1}{\hbar}\frac{\boldsymbol{p} \wedge \boldsymbol{R}}{R^3} \mid \boldsymbol{k} \rangle \\
&= \frac{1}{2\pi^2}\int \mathrm{d}\boldsymbol{R}\mathrm{e}^{-\mathrm{i}\boldsymbol{k}'\cdot(\boldsymbol{r}+\boldsymbol{R})}\frac{1}{2\pi^2}\int \mathrm{d}\boldsymbol{q}\,\frac{1}{q^2}\left(\boldsymbol{q} \wedge (s \wedge \boldsymbol{q}) + \frac{\mathrm{i}}{\hbar}(\boldsymbol{p} \wedge \boldsymbol{q})\right)\mathrm{e}^{\mathrm{i}\boldsymbol{q}\cdot\boldsymbol{R}}\mathrm{e}^{\mathrm{i}\boldsymbol{k}\cdot(\boldsymbol{r}+\boldsymbol{R})} \\
&= \frac{1}{2\pi^2}\mathrm{e}^{\mathrm{i}\boldsymbol{Q}\cdot\boldsymbol{r}}\int \mathrm{d}\boldsymbol{q}\,\frac{1}{q^2}\int \mathrm{d}\boldsymbol{R}\mathrm{e}^{\mathrm{i}(\boldsymbol{Q}+\boldsymbol{q})\cdot\boldsymbol{R}}\left(\boldsymbol{q} \wedge (s \wedge \boldsymbol{q}) + \frac{\mathrm{i}}{\hbar}(\boldsymbol{p} \wedge \boldsymbol{q})\right)
\end{aligned}$$

$$= e^{iQ\cdot r}4\pi\int dq\,\frac{1}{q^2}\,\delta(Q+q)\left(q\wedge(s\wedge q)+\frac{i}{\hbar}(p\wedge q)\right)$$

$$= e^{iQ\cdot r}4\pi\,\frac{1}{Q^2}\left(Q\wedge(s\wedge Q)+\frac{i}{\hbar}(p\wedge Q)\right)$$

$$= e^{iQ\cdot r}4\pi\,\frac{1}{Q^2}\left(Q\wedge(s\wedge Q)-\frac{i}{\hbar}(Q\wedge p)\right) \tag{D.8}$$

式中:$\boldsymbol{r}$ 为电子位置。

实际上,必须对所有未配对电子求和,因此矩阵元$\langle \boldsymbol{k}' \mid \hat{U} \mid \boldsymbol{k}\rangle$的最终结果为

$$\langle \boldsymbol{k}' \mid \hat{U} \mid \boldsymbol{k}\rangle = 8\pi\gamma\mu_k\mu_B\hat{\boldsymbol{\sigma}}\cdot\hat{\boldsymbol{W}} \tag{D.9}$$

其中

$$\hat{\boldsymbol{W}} = \sum_i e^{iQ\cdot r_i}\frac{1}{Q^2}\left(Q\wedge(s_i\wedge Q)-\frac{i}{\hbar}(Q\wedge p_i)\right) \tag{D.10}$$

将式(D.9)、式(D.10)代入式(2.4),得

$$\frac{d^2\sigma}{d\Omega d\omega} = \left(\frac{\gamma e^2}{m_e c^2}\right)^2\frac{k'}{k}\sum_{\lambda,\lambda'}\sum_{\sigma,\sigma'}p_\lambda p_\sigma\langle\boldsymbol{\sigma},\lambda\mid(\hat{\boldsymbol{\sigma}}\cdot\hat{\boldsymbol{W}})^+\mid\boldsymbol{\sigma}',\lambda'\rangle\langle\boldsymbol{\sigma}',\lambda'\mid\hat{\boldsymbol{\sigma}}\cdot\hat{\boldsymbol{W}}\mid\sigma,\lambda\rangle$$
$$\times\delta(\hbar\omega+E_\lambda-E_{\lambda'})$$
$$=\left(\frac{\gamma e^2}{m_e c^2}\right)^2\frac{k'}{k}\sum_{\alpha,\beta}\sum_{\lambda,\lambda'}p_\lambda\langle\lambda\mid\hat{W}_\alpha\mid\lambda'\rangle\langle\lambda'\mid\hat{W}_\beta\mid\lambda\rangle$$
$$\times\sum_{\sigma,\sigma'}p_\sigma\langle\boldsymbol{\sigma}\mid\hat{\sigma}_\alpha^+\mid\boldsymbol{\sigma}'\rangle\langle\boldsymbol{\sigma}'\mid\hat{\sigma}_\beta\mid\boldsymbol{\sigma}\rangle\delta(\hbar\omega+E_\lambda-E_{\lambda'}) \tag{D.11}$$

式中:$\alpha,\ \beta = x,\ y,\ z$。

对于非极化中子,$p_\sigma=\frac{1}{2}$,因此对自旋态$\sigma=\pm\frac{1}{2}$求和可以化简为

$$\sum_{\sigma,\sigma'}p_\sigma\langle\sigma\mid\hat{\sigma}_\alpha^+\mid\sigma'\rangle\langle\sigma'\mid\hat{\sigma}_\beta\mid\sigma\rangle = \delta_{\alpha\beta} \tag{D.12}$$

随后再应用式(C.5),则式(D.11)可化简为

$$\frac{d^2\sigma}{d\Omega d\omega} = \left(\frac{\gamma e^2}{m_e c^2}\right)^2\frac{k'}{k}\sum_{\lambda,\lambda'}p_\lambda\langle\lambda\mid\hat{\boldsymbol{W}}^+\mid\lambda'\rangle\cdot\langle\lambda'\mid\hat{\boldsymbol{W}}\mid\lambda\rangle$$
$$\times\delta(\hbar\omega+E_\lambda-E_{\lambda'}) \tag{D.13}$$

接下来考虑磁性材料中轨道对磁矩的贡献可以忽略时的情况。事实上,这一简化适用于许多磁性体系,例如轨道矩被晶场势抑制的情况(该效应称为轨道角动量淬灭)。用量子数 S 和 M 来描述该体系,则可以将式(D.13)改写为(式(D.13)中的矩阵元通过点积耦合)

$$\frac{d^2\sigma}{d\Omega d\omega} = \left(\frac{\gamma e^2}{m_e c^2}\right)^2\frac{k'}{k}\sum_{\alpha,\beta}\left(\delta_{\alpha\beta}-\frac{Q_\alpha Q_\beta}{Q^2}\right)\sum_{S,M,S',M'}p_{SM}\langle SM\mid\hat{V}_\alpha^+\mid S'M'\rangle$$
$$\times\langle S'M'\mid\hat{V}_\beta\mid SM\rangle\delta(\hbar\omega+E_{SM}-E_{S'M'}) \tag{D.14}$$

其中

$$\hat{\boldsymbol{V}} = \sum_i \mathrm{e}^{\mathrm{i}\boldsymbol{Q}\cdot\boldsymbol{r}_i}\hat{\boldsymbol{s}}_i \tag{D.15}$$

现将式(D.15)的求和分成对研究对象中的所有原子j求和,以及对每个原子的所有电子ν求和:

$$\hat{\boldsymbol{V}} = \underbrace{\sum_i \mathrm{e}^{\mathrm{i}\boldsymbol{Q}\cdot\boldsymbol{r}_i}\hat{\boldsymbol{s}}_i}_{\text{所有电子}} = \underbrace{\sum_j \mathrm{e}^{\mathrm{i}\boldsymbol{Q}\cdot\boldsymbol{R}_i}}_{\text{所有离子}} \underbrace{\sum_\nu \mathrm{e}^{\mathrm{i}\boldsymbol{Q}\cdot\boldsymbol{r}_\nu}\hat{\boldsymbol{s}}_\nu}_{\text{每个离子中的所有电子}} \tag{D.16}$$

式中:$\boldsymbol{r}_i = \boldsymbol{R}_j + \boldsymbol{r}_\nu$。

根据量子力学,利用以下关系式(Condon,Shortley (1977)):

$$S(S+1)\langle SM \mid \hat{\boldsymbol{T}} \mid S'M'\rangle = \langle SM \mid \hat{\mathbf{S}} \mid S'M'\rangle\langle SM' \mid \hat{\mathbf{S}}\hat{\boldsymbol{T}} \mid SM'\rangle \tag{D.17}$$

应用算符 $\hat{\boldsymbol{T}} = \sum_\nu \mathrm{e}^{\mathrm{i}\boldsymbol{Q}\cdot\boldsymbol{r}_\nu}\hat{\boldsymbol{s}}_\nu$, 并得到:

$$\langle SM \mid \sum_\nu \mathrm{e}^{\mathrm{i}\boldsymbol{Q}\cdot\boldsymbol{r}_\nu}\hat{\boldsymbol{s}}_\nu \mid S'M'\rangle = \langle SM \mid \hat{S}_j \mid S'M'\rangle \frac{\langle SM' \mid \sum_\nu \mathrm{e}^{\mathrm{i}\boldsymbol{Q}\cdot\boldsymbol{r}_\nu}\hat{\boldsymbol{s}}_\nu \cdot \hat{S}_j \mid SM'\rangle}{S_j(S_j+1)} \tag{D.18}$$

式中:$\hat{S}_j = \sum_\nu \hat{s}_\nu$。

式(D.18)的最后一项不依赖于量子数M,即它与自旋的方向无关并可作为原子的磁散射强度的一个特征值。这个物理量称为磁形状因子$F_j(\boldsymbol{Q})$,由位于格点j的归一化自旋密度的傅里叶变换得到。因此,磁中子散射微分截面为

$$\begin{aligned}\frac{\mathrm{d}^2\sigma}{\mathrm{d}\Omega\mathrm{d}\omega} = {} & (\gamma r_0)^2 \frac{k'}{k}\mathrm{e}^{-2W(\boldsymbol{Q})}\sum_{\alpha,\beta}\left(\delta_{\alpha\beta} - \frac{Q_\alpha Q_\beta}{Q^2}\right) \\ & \times \sum_{j,j'} F_j^*(\boldsymbol{Q})F_{j'}(\boldsymbol{Q})\mathrm{e}^{\mathrm{i}\boldsymbol{Q}\cdot(\boldsymbol{R}_j-\boldsymbol{R}_{j'})} \\ & \times \sum_{S,M,S',M'} p_{SM}\langle SM \mid \hat{S}_j^\alpha \mid S'M'\rangle\langle S'M' \mid \hat{S}_{j'}^\beta \mid SM\rangle \\ & \times \delta(\hbar\omega + E_{SM} - E_{S'M'})\end{aligned} \tag{D.19}$$

式中:$r_0 = e^2/(m_\mathrm{e}c^2) = 2.8179\times10^{-15}\,\mathrm{m}$ 是经典电子半径。

德拜-沃勒因子描述了磁性离子在其平衡位置$\boldsymbol{R}_j$附近的运动。式(D.19)是磁中子散射的主方程,也是研究特殊磁学现象(第7章~第9章)时计算中子散射截面的一个出发点。

附录 E　晶格与倒易晶格

晶格的晶胞由 3 个基矢 $\boldsymbol{a}_1,\boldsymbol{a}_2,\boldsymbol{a}_3$ 定义。晶胞的体积为 $v_0 = \boldsymbol{a}_1 \cdot (\boldsymbol{a}_2 \wedge \boldsymbol{a}_3)$。晶体中某晶胞的晶格矢量是 3 个基矢的线性组合，即

$$\boldsymbol{l} = l_1\boldsymbol{a}_1 + l_2\boldsymbol{a}_2 + l_3\boldsymbol{a}_3 \tag{E.1}$$

式中：l_1, l_2, l_3 为整数。

晶格中每个晶胞内只有一个原子的称为布拉维格子。一共有 14 种不同的布拉维格子，表 E.1 列举了几种布拉维格子。如果晶体学晶胞包含 n 个原子，则晶格可以看作是具有相同基矢但并不要求是同一种原子的 n 个布拉维格子的叠加。晶胞中原子的位置可以表示为

$$\boldsymbol{d} = d_1\boldsymbol{a}_1 + d_2\boldsymbol{a}_2 + d_3\boldsymbol{a}_3 \tag{E.2}$$

式中：$0 \leqslant d_i < 1\ (i = 1,2,3)$。

表 E.1　几种布拉维格子

对称性	$\boldsymbol{a}_1$	$\boldsymbol{a}_2$	$\boldsymbol{a}_3$	v_0
简单立方	$a\,(1,0,0)$	$a\,(0,1,0)$	$a\,(0,0,1)$	a^3
体心立方	$a/2\,(-1,-1,1)$	$a/2\,(1,-1,1)$	$a/2\,(1,1,-1)$	$a^3/2$
面心立方	$a/2\,(0,1,1)$	$a/2\,(1,0,1)$	$a/2\,(1,1,0)$	$a^3/4$
六方	$a\,(1,0,0)$	$a\left(-\frac{1}{2},\frac{\sqrt{3}}{2},0\right)$	$c\,(0,0,1)$	$\frac{\sqrt{3}}{2}a^2c$

以体心立方晶格为例，它由两个简单立方晶格嵌套而成，两个格子的原点之间的偏移矢量为 $a\left(\frac{1}{2},\frac{1}{2},\frac{1}{2}\right)$。因此，用简单立方晶格的基矢来描述的体心立方晶格中每个晶胞包含两个原子，位置矢量分别是 $\boldsymbol{d}_1 = (0,0,0)$ 和 $\boldsymbol{d}_2 = a\left(\frac{1}{2},\frac{1}{2},\frac{1}{2}\right)$。

对于每个晶格，其倒易晶格由以下关系式来定义：

$$e^{i\boldsymbol{\tau}\cdot\boldsymbol{l}} = 1 \tag{E.3}$$

其中

$$\boldsymbol{\tau} = t_1\boldsymbol{\tau}_1 + t_2\boldsymbol{\tau}_2 + t_3\boldsymbol{\tau}_3 \tag{E.4}$$

是倒易晶格矢，t_1,t_2,t_3 是整数。倒易晶格的基矢与晶格的基矢存在如下关系：

$$\boldsymbol{\tau}_1 = \frac{2\pi}{v_0}\boldsymbol{a}_2 \wedge \boldsymbol{a}_3,\quad \boldsymbol{\tau}_2 = \frac{2\pi}{v_0}\boldsymbol{a}_3 \wedge \boldsymbol{a}_1,\quad \boldsymbol{\tau}_3 = \frac{2\pi}{v_0}\boldsymbol{a}_1 \wedge \boldsymbol{a}_2 \tag{E.5}$$

附录 F　3 – j 和 6 – j 符号

1. 3 – j 符号

关于 3 – j 符号的完整论述及列表参见文献 Rotenberg et al. (1959)。3 – j 符号定义为

$$\begin{pmatrix} j_1 & j_2 & j_3 \\ m_1 & m_2 & m_3 \end{pmatrix} = (-1)^{j_1-j_2-m_3}\sqrt{\Delta(j_1,j_2,j_3)}$$

$$\times\sqrt{(j_1+m_1)!(j_1-m_1)!(j_2+m_2)!(j_2-m_2)!(j_3+m_3)!(j_3-m_3)!}$$

$$\times\sum_t \frac{(-1)^t}{f(t)} \tag{F.1}$$

其中

$$\Delta(a,b,c)=\frac{(a+b-c)!\,(a-b+c)!\,(-a+b+c)!}{(a+b+c+1)!} \tag{F.2}$$

$$f(t)=t!\,(j_3-j_2+t+m_1)!\,(j_3-j_1+t-m_2)!$$

$$\times(j_1+j_2-j_3-t)!\,(j_1-t-m_1)!\,(j_2-t+m_2)! \tag{F.3}$$

每个小括号中的值都必须是非负的整数,否则 3 – j 符号值为零。

3 – j 符号也称为 Wigner 系数。它们也是文献 Condon, Shortley (1977) 中的 Clebsch – Gordon 系数。

$$\begin{pmatrix} j_1 & j_2 & j_3 \\ m_1 & m_2 & m_3 \end{pmatrix} = \frac{(-1)^{j_1-j_2-m_3}}{\sqrt{2j_3+1}}(j_1m_1j_2m_2\,|\,j_1j_2j_3m_3) \tag{F.4}$$

当两个自旋态耦合时($\boldsymbol{S}=\boldsymbol{S}_1+\boldsymbol{S}_2$),需要用到 3 – j 符号,将独立自旋基矢 $|S_1M_1S_2M_2\rangle$ 转变成总自旋基矢 $|S_1S_2SM\rangle$:

$$|S_1S_2SM\rangle=\sum_{M_1M_2}\underbrace{(-1)^{S_2-S_1-M}\sqrt{2S+1}\begin{pmatrix} S_1 & S_2 & S \\ M_1 & M_2 & -M \end{pmatrix}}_{(S_1S_2SM\,|\,S_1M_1S_2M_2)}|S_1M_1S_2M_2\rangle \tag{F.5}$$

2. 6 – j 符号

关于 6 – j 符号的完整论述以及列表,参见文献 Rotenberg et al. (1959)。6 – j符号定义为

$$\begin{Bmatrix} j_1 & j_2 & j_3 \\ m_1 & m_2 & m_3 \end{Bmatrix} = \sqrt{\Delta(j_1,j_2,j_3)\Delta(j_1,m_2,m_3)\Delta(m_1,j_2,m_3)\Delta(m_1,m_2,j_3)} \times \sum_t \frac{(-1)^t(t+1)!}{f(t)} \tag{F.6}$$

其中

$$\begin{aligned} f(t) = &(t-j_1-j_2-j_3)!(t-j_1-m_2-m_3)!(t-m_1-j_2-m_3)! \\ &\times(t-m_1-m_2-j_3)!(j_1+j_2+m_1+m_2-t)! \\ &\times(j_2+j_3+m_2+m_3-t)!(j_3+j_1+m_3+m_1-t)! \end{aligned} \tag{F.7}$$

$\Delta(a,b,c)$由式(F.2)给出,每个小括号的值都必须为非负的整数,否则6 - j符号的值为零。

对于3个磁矩耦合的情况,总自旋为$\boldsymbol{S}=\boldsymbol{S}_1+\boldsymbol{S}_2+\boldsymbol{S}_3$,6 - j符号可作为Clebsch - Gordon系数。将独立自旋基矢$|S_1M_1S_2M_2S_3M_3\rangle$转变为总自旋基矢$|S_1S_2S_3SM\rangle$的方式不止一种,可以引入其他自旋量子数来表示部分自旋,例如$\boldsymbol{S}_{12}=\boldsymbol{S}_1+\boldsymbol{S}_2$,或者$\boldsymbol{S}_{23}=\boldsymbol{S}_2+\boldsymbol{S}_3$。这两种不同耦合机制之间的基本转换为

$$|S_{12}S_3SM\rangle = (-1)^{S_3-S_{12}-m}\sqrt{2S+1}\begin{Bmatrix} S_1 & S_2 & S_{12} \\ S_3 & S & S_{23} \end{Bmatrix}|S_1S_{23}M\rangle \tag{F.8}$$

附录G　冲 量 近 似

冲量近似用于中子散射矢量 $\boldsymbol{Q}$ 的模较大时的情况。基本思想是在大 Q 下，中子转移到单个原子的动量(冲量)比通过原子间相互作用转移的动量大得多。当 Q 足够大时,转移到单个原子的能量远大于原子间势能,原子接近自由态,从而可以观测到动力学性质例如动量分布 $n(\boldsymbol{p})$。接下来的问题就是计算单个原子的中子散射截面。

不考虑式(2.18)和式(2.20)中对 j, j'求和,得

$$S(\boldsymbol{Q},\omega) = \frac{1}{2\pi\hbar}\int_{-\infty}^{+\infty} \mathrm{d}t \mathrm{e}^{-\mathrm{i}\omega t}\langle \mathrm{e}^{-\mathrm{i}\boldsymbol{Q}\cdot\boldsymbol{R}(0)}\mathrm{e}^{\mathrm{i}\boldsymbol{Q}\cdot\boldsymbol{R}(t)}\rangle \tag{G.1}$$

为了获得式(G.1)中期望值的精确表达式,我们求解运动方程:

$$\mathrm{i}\hbar\frac{\partial}{\partial t}\mathrm{e}^{\mathrm{i}\boldsymbol{Q}\cdot\boldsymbol{R}(t)} = [\mathrm{e}^{\mathrm{i}\boldsymbol{Q}\cdot\boldsymbol{R}(t)},\hat{H}] \tag{G.2}$$

式中:哈密顿量 $\hat{H}$ 描述原子的动能,原子的动量为 $\boldsymbol{p}$,质量为 M:

$$\hat{H} = \frac{1}{2M}\boldsymbol{p}^2,\quad \boldsymbol{p} = -\mathrm{i}\hbar\nabla \tag{G.3}$$

联合式(G.2)、式(G.3)并利用算子$[f(\boldsymbol{r}),\boldsymbol{p}] = \mathrm{i}\hbar\nabla f(\boldsymbol{r})$得到式(G.2)的右边:

$$\begin{aligned}[\mathrm{e}^{\mathrm{i}\boldsymbol{Q}\cdot\boldsymbol{R}},\boldsymbol{p}^2] &= [\mathrm{e}^{\mathrm{i}\boldsymbol{Q}\cdot\boldsymbol{R}},\boldsymbol{p}]\boldsymbol{p} + \boldsymbol{p}[\mathrm{e}^{\mathrm{i}\boldsymbol{Q}\cdot\boldsymbol{R}},\boldsymbol{p}] \\ &= -\hbar\boldsymbol{Q}\mathrm{e}^{\mathrm{i}\boldsymbol{Q}\cdot\boldsymbol{R}}\boldsymbol{p} - \boldsymbol{p}\hbar\boldsymbol{Q}\mathrm{e}^{\mathrm{i}\boldsymbol{Q}\cdot\boldsymbol{R}} \\ &= -\mathrm{e}^{\mathrm{i}\boldsymbol{Q}\cdot\boldsymbol{R}}(2\hbar\boldsymbol{Q}\cdot\boldsymbol{p} + \hbar^2\boldsymbol{Q}^2)\end{aligned} \tag{G.4}$$

将式(G.4)代入式(G.2),其具有如下解:

$$\mathrm{e}^{\mathrm{i}\boldsymbol{Q}\cdot\boldsymbol{R}(t)} = \mathrm{e}^{\mathrm{i}\boldsymbol{Q}\cdot\boldsymbol{R}(0)}\mathrm{e}^{\frac{\mathrm{i}t}{2M}(2\boldsymbol{Q}\cdot\boldsymbol{p}+\hbar\boldsymbol{Q}^2)} \tag{G.5}$$

式(G.1)中的期望值为

$$\langle \mathrm{e}^{-\mathrm{i}\boldsymbol{Q}\cdot\boldsymbol{R}(0)}\mathrm{e}^{\mathrm{i}\boldsymbol{Q}\cdot\boldsymbol{R}(t)}\rangle = \mathrm{e}^{\frac{\mathrm{i}t\hbar Q2}{2M}}\langle \mathrm{e}^{\frac{\mathrm{i}t\boldsymbol{Q}\cdot\boldsymbol{p}}{M}}\rangle \tag{G.6}$$

式(G.6)右边的期望值为

$$\langle \mathrm{e}^{\frac{\mathrm{i}t\boldsymbol{Q}\cdot\boldsymbol{p}}{M}}\rangle = \frac{\int \mathrm{d}\boldsymbol{p}n(\boldsymbol{p})\mathrm{e}^{\frac{\mathrm{i}t\boldsymbol{Q}\cdot\boldsymbol{p}}{M}}}{\int \mathrm{d}\boldsymbol{p}n(\boldsymbol{p})} = \mathrm{e}^{-\frac{t2Q2k_{\mathrm{B}}T}{2M}} \tag{G.7}$$

其中

$$n(\boldsymbol{p}) = \mathrm{e}^{-\frac{\boldsymbol{p}2}{2k_{\mathrm{B}}TM}} \tag{G.8}$$

是热分布函数。联合式(G.6)~式(G.8),得

$$\langle e^{-i\boldsymbol{Q}\cdot\boldsymbol{R}(0)} e^{i\boldsymbol{Q}\cdot\boldsymbol{R}(t)}\rangle = e^{-\frac{Q^2}{2M}(k_B T t^2 - i\hbar t)} \tag{G.9}$$

将式(G.9)代入散射律(G.1),得

$$S(\boldsymbol{Q},\omega) = \sqrt{\frac{M}{2\pi\hbar^2 Q^2 k_B T}} e^{-\frac{M}{2\hbar Q^2 k_B T}\left(\hbar\omega - \frac{\hbar^2 Q^2}{2M}\right)^2} \tag{G.10}$$

式中:$E_r = \dfrac{\hbar^2 Q^2}{2M}$为原子的反冲能。

因此,动力学结构因子是一个以反冲能 E_r 为中心的高斯函数。

将关联函数写成动量态时,式(G.10)转变成如下形式(Glyde, Svensson (1987)):

$$S(\boldsymbol{Q},\omega) = \int d\boldsymbol{p} n(\boldsymbol{p}) \delta\left(\hbar\omega - \frac{\boldsymbol{p}^2}{2M} - \frac{\boldsymbol{Q}\cdot\boldsymbol{p}}{M}\right) \tag{G.11}$$

对于各向同性散射,式(G.11)化简为(Mayers (1993))

$$S(\boldsymbol{Q},\omega) = \frac{M}{Q} J(y) \tag{G.12}$$

其中

$$y = \frac{M}{Q}\left(\hbar\omega - \frac{Q^2}{2M}\right) \tag{G.13}$$

$$J(y) = 2\pi \int_{|y|}^{\infty} \boldsymbol{p} n(\boldsymbol{p}) d\boldsymbol{p} \tag{G.14}$$

$J(y)dy$ 是原子具有沿 $\boldsymbol{Q}$ 方向的动量分量且大小在 y 和 $y+dy$ 之间的概率,也即是康普顿轮廓。式(G.12)~式(G.14)表明在 Q 值足够大时中子散射截面的"y 标度"性质。对于氢、氦之类的轻原子,冲量近似在 $Q > 10Å^{-1}$是适用的。

扩展阅读

· S. W. Lovesey, in *Neutron scattering from hydrogen in materials*, ed. by A. Furrer (World Scientific, Singapore, 1994), p. 19: *Neutron compton scattering*

· G. I. Watson, J. Phys.: Condens. Matter 8, 5955 (1996): *Neutron compton scattering*

符号列表

$\hat{A}, \hat{B}$ 厄米算符

$\boldsymbol{a}_1, \boldsymbol{a}_2, \boldsymbol{a}_3$实空间基矢

$\hat{a}, \hat{a}^+$(声子,自旋波)产生、湮灭算符

A_n^m, B_n^m晶体场参数

B 磁通量

b 散射长度

b_{coh}相干散射长度

b_{inc}非相干散射长度

c 光速

c 激发的速度

c_{ij}弹性常数

c_V定容比热容

D 扩散常数

D 磁各向异性参数

d 实空间中的间距

$d_{\boldsymbol{\tau}}, d_{hkl}$反射平面$(h,k,l)$的间距

$\boldsymbol{d}_\alpha$单胞中原子 α 的位置

E 中子的能量

E_{a} 激活能

E_{F}费米能

$E_\lambda, E_{\lambda'}$散射体系的初始能量和末态能量

e 电子的电荷

$\boldsymbol{e}$ 单位矢量(实空间)

e_{ij}弹性应变

$e_s(\boldsymbol{q})$声子的极化矢量

F 力

F 自由能

$F(\boldsymbol{Q})$磁形状因子

G 吉布斯自由焓

$G(\boldsymbol{r},t)$对关联函数

$G_{\mathrm{d}}(\boldsymbol{r},t)$互关联函数

$G_{\mathrm{s}}(\boldsymbol{r},t)$自关联函数

g Landé 劈裂因子

$g(\boldsymbol{r})$对关联函数

$g(\omega)$声子态密度

$\boldsymbol{H}$ 磁场

$\hat{H}$哈密顿量

h 普朗克常量

$\hbar$约化普朗克常量

(h,k,l)米勒指数

$\hat{\boldsymbol{I}},I$ 核自旋算符及其值

I强度

I转动惯量

$I(\boldsymbol{Q},t)$中间对关联函数

$\hat{\boldsymbol{J}},J$ (离子)总角动量算符及其值

J磁交换耦合参数

$J(\boldsymbol{q})$交换耦合参数的傅里叶变换

j_{ex}电子与 4f 离子的交换积分

K 四乘幂磁交换参数

$\boldsymbol{k},\boldsymbol{k}'$ 中子的入射波矢和出射波矢

k_{B} 玻尔兹曼常数

k_{F} 费米能级的波矢

$\hat{\boldsymbol{L}},L$ (离子)轨道角动量算符及其值

$L(\theta)$洛伦兹因子

l实空间中的长度

$\boldsymbol{l}_j$第j个晶胞的位置

M 原子(离子)质量

M 角动量沿量子化轴(量子数)的分量

m 中子质量

m 超镜的 m 值

m_{hkl}布拉格反射(h,k,l)的多重度

$\boldsymbol{M}$磁矩,磁化强度

N 原子的总数

N_0晶胞的数目

$N(E_F)$费米能级处的态密度

n 折射率

$n(\boldsymbol{r})$局部密度

n_0平均密度

$n_s(\boldsymbol{q}),n_q$玻色－爱因斯坦占据数

$\hat{O}_n^m$史蒂芬算符

P 压强

$\boldsymbol{P}$ 极化矢量

$\boldsymbol{P}$ 螺旋矢量

$\boldsymbol{p}$ 中子的动量

p_λ $|\lambda\rangle$的概率

$\boldsymbol{Q}$ 散射矢量

$\boldsymbol{q}$ 倒易空间中的矢量(激发的波矢)

$\boldsymbol{q}_0$磁有序波矢

R 自旋翻转率

$\boldsymbol{R}_j$原子j的实空间坐标

$\boldsymbol{r}$ 实空间中的矢量

r_0电子半径

$\hat{\boldsymbol{S}},S$(离子或中子)自旋算符及其值

$\hat{\boldsymbol{s}}$(电子)自旋算符

$s(\boldsymbol{r})$自旋密度

$S_{\boldsymbol{\tau}},F_{hkl}$核结构因子

$S(\boldsymbol{Q},\omega)$动力学结构因子(散射律)

T热力学温度

$\hat{\boldsymbol{T}}$ 张量算符

T_c 临界温度,转变温度

T_C居里温度

T_N奈尔温度

T^* 赝能隙温度

t时间变量

t 对比温度

U 相互作用势

U 内能

$\boldsymbol{u}$ 偏离平衡位置的位移(实空间)

V 外部势能

V 样品的总体积

v(中子)速度

v 声速

v_0 晶胞的体积

v_e 电子的速度

W 体系的能量

$W(\boldsymbol{Q})$ 德拜－沃勒函数

$\boldsymbol{\omega}$ 离子位移

ω_i 观测 i 的权重因子

$\omega_s(\boldsymbol{q})$ 声子的角频率

Y 屈服强度

Z 配分函数

$\alpha(x)$ 分布函数

$\alpha(\omega)$ 电－声耦合常数

Γ 线宽

$|\Gamma_n\rangle$ 晶体场态

γ 旋磁比

γ_c 全反射临界角

Θ_D 德拜温度

θ 布拉格角度(散射角的 1/2)

κ_T 等温压缩率

λ 入射中子的波长

$|\lambda\rangle, |\lambda'\rangle$ 散射体系的初态和末态

λ_L London 穿透深度

$\boldsymbol{\mu}$ 中子磁矩

$\boldsymbol{\mu}$ 离子磁矩

μ 衰减因子

μ_B 玻尔磁子

μ_e 电子磁矩

μ_i 离子 i 的磁矩

μ_N 核磁子

ξ 激发(声子)的振幅

ξ 关联长度

ρ 密度

σ 中子截面

σ_{abs} 吸收截面

σ_{coh} 相干散射截面

σ_{inc} 非相干散射截面

σ_{tot} 总散射截面

σ 方差

$\boldsymbol{\sigma}$ 中子的泡利自旋算符

τ 弛豫，跳跃时间

$\boldsymbol{\tau}$ 倒易晶格矢

$\boldsymbol{\tau}_1,\boldsymbol{\tau}_2,\boldsymbol{\tau}_3$ 倒易空间中的基矢

$\boldsymbol{\Phi}$ 中子注量

$\boldsymbol{\Phi}_0$ 通量量子

ψ 散射角

$|\psi\rangle$（中子）波函数

$\boldsymbol{\chi}$ 磁化率

ω 中子或激发的角频率（$E=\hbar\omega$）

参考文献

Abersfelder, G., Noack, K., Stierstadt, K., Schelten, J. and Schmatz, W. (1980). *Phil. Mag. B***41**, p. 519.

Allen, P. (1972). *Phys. Rev. B***6**, p. 2577.

Allen, P. B., Kostur, V. N., Takesue, N. and Shirane, G. (1997). *Phys. Rev. B***56**, p. 5552.

Allenspach, P., Furrer, A. and Hulliger, H. (1989). *Phys. Rev. B***39**, p. 2226

Asmussen, B. and Press, W. (1994). In A. Furrer (ed.), *Neutron Scattering from hydrogen in materials* (World Scientific, Singapore), p. 184.

Axe, J. D. and Shirane, G. (1973). *Phys. Rev. Lett.* **30**, p. 214.

Barbara, B., Boucherle, J. X., Buevoz, J. L., Rossignol, M. F. and Schweizer, J. (1977). *Solid state Commun.* **24**, p. 481.

Bardeen, J., Cooper, L. N. and Schrieffer, J. R. (1957a). *Phys. Rev.* **106**, p. 162.

Bardeen, J., Cooper, L. N. and Schrieffer, J. R. (1957b). *Phys. Rev.* **108**, p. 1175.

Becker, K. W., Fulde, P. and Keller, J. (1979). *Z. Phys. B***28**, p. 9.

Bedell, K., Pines, D. and Zawadowski, A. (1984). *Phys. Rev. B***29**, p. 102.

Birgeneau, R. J. (1972). *J. Phys. Chem. Solids* **33**, p. 59.

Blundell, S. J. and Bland, J. A. C. (1992). *Phys. Rev. B* **46**, p. 3391.

Bourges, P. (1998). in J. Bok, G. Deutscher, D. Pavuna and S. A. Wolf (eds.), *The gap symmetry and fluctuations in high – temperature superconductors* (Plenum Press, New York), p. 349.

Breitling, W., Lehmann, W., Weber, R., Lehner, N. and Wagner, V. (1977). *J. Magn. Magn. Mater.* **6**, p. 113.

Brown, P. J. (1999). in A. J. C. Wilson and E. Price (eds.), *International tables for crystallography*, Vol. C (Kluwer, Dordrecht), p. 450.

Br esch, P. (1982). *Phonons: Theory and experiments I* (Springer, Berlin).

B hrer, W., B hrer, R., Isacson, A., Koch, M. and Thut, R. (1981). *Nucl. Instrum. Meth.* **179**, p. 259.

Caglioti, G., Paoletti, A. and Ricci, F. P. (1958). *Nucl. Instrum. Methods* **3**, p. 223.

Cava, R. J., Hewat, A. W., Hewat, E. A., Batlogg, B., Marezio, M., Rabe, K. M., Krajewski, J. J., Peck Jr., W. F. and Rupp Jr., L. W. (1990). *Physica C* **165**, p. 419.

Chang, J., Mesot, J., Gilardi, R., Kohlbrecher, J., Drew, A. J., Divakar, U., Lister, S. J., Lee, S. L., Brown, S. P., Charalambous, D., Forgan, E. M., Dewhurst, C. D., Cubitt, R., Momono, N. and Oda, M. (2006). *Physica B***385 – 386**, p. 35.

Chatterji, T. (2006). in T. Chatterji (ed.), *Neutron Scattering from magnetic materials* (Elsevier, Amsterdam), p. 25.

Christen, D. K., Tasset, F., Spooner, S. and Mook, H. A. (1977). *Phys. Rev. B***15**, p. 4506.

Chung, E. M. L., Lees, M. R., McIntyre, G. J. Wilkinson, C., Balakrishnan, G., Hague, J. P., Visser,

D. and Paul, D. M. (2004). *J. Phys.: Condens. Matter* **16**, p. 7837.

Clementyev, E. S., Conder, K., Furrer, A. and Sashin, I. L. (2001). *Eur. Phys. J. B* **21**, p. 465.

Coldea, R., Hayden, S. M., Aeppli, G., Perring, T. G., Frost, C. D., Mason, T. E., Cheong, S. W. and Fisk, Z. (2001). *Phys. Rev. Lett.* **86**, p. 5377.

Condon, E. U. and Shortley, G. H. (1977). *The theory of atomic spectra* (University Press, Cambridge).

Cooper, M. J. and Nathans, R. (1967). *Acta Cryst.* **23**, p. 357.

Donnelly, R. J., Donnelly, J. A. and Hills, R. N. (1981). *J. Low Temp. Phys.* **44**, p. 471.

D nni, A., Furrer, A., Bauer, E., Kitazawa, H. and Zolliker, M. (1997). *Z. Phys. B* **104**, p. 403.

Dorner, B. (1972). Acta Cryst. A **28**, p. 319.

Elsenhans, O., Fischer, P., Furrer, A., Clausen, K., Purwins, H. and Hulliger, F. (1991). *Z. Phys. B Condensed Matter* **82**, p. 61.

Enderby, J. E., North, D. M. and Egelstaff, P. A. (1966). *Phil. Mag.* **14**, p. 961.

Engelman, D. M., Moore, P. B. and Schoenborn, B. P (1975). *Proc. Nat. Acad. Sci. USA* **72**, p. 3888.

Falk, U., Furrer, A., Kjems, J. K. and G del, H. U. (1984). *Phys. Rev. Lett.* **52**, p. 1336.

Feile, R., Loewenhaupt, M., Kjems, J. K. and Hoenig, H. E. (1981). *Phys. Rev. Lett.* **47**, p. 610.

Fermon, C., Ott, F., Gilles, B., Marty, A., Menelle, A., Samson, Y., Legoff, G. and Francinet, G. (1999). *Physica B* **267 – 268**, p. 162.

Fischer, P., Schobinger – Papamantellos, P. and Kaldis, E. (1976). *J. Magn. Magn. Mater.* **3**, p. 200.

Fischer, P. and Stoll, E. (1968). AF – SSP – 21, Tech. rep., EIR W renlingen, W renlingen, Switzerland.

Forgan, E. M. (1998). in A. Furrer (ed.), *Neutron scattering in layered copper – oxide superconductors* (Kluwer Academic Publishers, Dordrecht), p. 375.

Freeman, A. J. and Desclaux, J. P. (1979). *J. Magn. Magn. Mater.* **12**, p. 11.

Furrer, A. and Purwins, H. G. (1976). *J. Phys. C: Solid State Phys.* **9**, p. 1491.

Gebhardt, W. and Krey, G. (1980). *Phasen berg nge und kritischePh nomene* (Vieweg, Braunschweig).

Glyde, H. R. and Svensson, E. C. (1987). in D. L. Price and K. Sk ld (eds.), *Methods of experimental physics*, Vol. **23** (Academic Press, San Diego), p. 303.

G del, H. U., Hauser, U. and Furrer, A. (1979). *Inorg. Chem.* **18**, p. 2730.

Guillaume, M., Allenspach, P., Henggeler, W., Mesot, J., Roessli, B., Staub, U., Fischer, P., Furrer, A. and Trounov, V. (1994). *J. Phys.: Condens. Matter* **6**, p. 7963.

Guillaume, M., Henggeler, W., Furrer, A., Eccleston, R. J. and Trounov, V. (1995). *Phys. Rev. Lett.* **74**, p. 3423.

Häfliger, P. S., Ochsenbein, S. T., Trusch, B., G del, H. U. and Furrer, A. (2009). *J. Phys. Condens. Matter* **21**, p. 026019.

Häfliger, P. S., Podlesnyak, A., Conder, K., Pomjakushina, E. and Furrer, A. (2006). *Phys. Rev. B* **74**, p. 184520.

Hälg, B. (1981). AF – SSP – 116, *Tech. rep.*, ETH Zurich, Zurich, Switzerland.

Hälg, B., Furrer, A., H lg, W. and Vogt, O. (1982). *J. Magn. Magn. Mater.* **29**, p. 151.

Häusler, W. (1992). *J. Phys.: Condens. Matter* **4**, p. 2577.

Hayden, S. M., Aeppli, G., Osborn, R., Taylor, A. D., Perring, T. G., Cheong, S. W. and Fisk, Z. (1991). *Phys. Rev. Lett.* **67**, p. 3622.

Hayden, S. M., Mook, H. A., Dai, P., Perring, T. G. and Doğan, F. (2004). *Nature* **429**, p. 531.

Hayter, J. B., Pynn, R. and Suck, J. B. (1983). *J. Phys. F: Metal Phys.* **13**, p. L1.

Heger, G. (2000). in T. Brückel, G. Heger and D. Richter (eds.), *Neutron scattering, Matter and materials*, Vol. **5** (Forschungszentrum J lich, J lich), pp. 7 – 1.

Heidemann, A., Friedrich, H., G nther, E. and H usler, W. (1989a). *Z. Phys. B***76**, p. 335.

Holstein, T. and Primakoff, H. (1940). *Phys. Rev.* **58**, p. 1098.

Hoppler, J. (2005). LNS – 219, *Tech. rep.*, *Laboratory for Neutron Scattering*, ETH Zurich and PSI Villigen, Villigen, Switzerland.

Huang, Q., Santoro, A., Grigereit, T. E., Lynn, J. W., Cava, R. J., Krajewski, J. J. and Peck Jr., W. F. (1995). *Phys. Rev. B* **51**, p. 3701.

Hüller, A. (1977). *Phys. Rev. B***16**, p. 1844.

Hutchings, M. T. (1964). in F. Seitz and D. Turnbull (eds.), *Solid state physics*, Vol. **16** (Academic Press, New York), p. 227.

Hutchings, M. T., Withers, P. J., Holden, T. M. and Lorentzen, T. (2005). *Introduction to the characterisation of residual stress by neutron diffraction* (Taylor and Francis, Boca Raton).

Jensen, J. and Macintosh, A. R. (1991). *Rare – earth magnetism structures and excitations* (Clarendon Press, Oxford).

Johnston, D. F. (1966). *Proc. Phys. Soc.* **88**, p. 37.

Kasuya, T. (1956). *Prog. Theor. Phys.* **16**, pp. 45, 58.

Kawano, H., Yoshizawa, H., Takeya, H. and Kadowaki, K. (1996). *Phys. Rev. Lett.* **77**, p. 4628.

Kepa, H., Kutner – Pielaszek, J., Twardowski, A., Majkrzak, C. F., Story, T., Sadowski, J. and Giebultowicz, T. M. (2002). *Appl. Phys. A***74**, p. S1526.

Kittel, C. (1960). *Phys. Rev.* **120**, p. 335.

Kjems, J. K. and Steiner, M. (1978). *Phys. Rev. Lett.* **41**, p. 1137.

Klotz, S., Str ssle, T., Nelmes, R. J., Loveday, J. S., Hamel, G., Rousse, G., Canny, B., Chervin, J. C. and Saitta, A. M. (2005a). *Phys. Rev. Lett.* **94**, p. 025506.

Klotz, S., Str ssle, T., Rousse, G., Hamel, G. and Pomjakushin, V. (2005b). *Appl. Phys. Lett.* **86**, p. 031917.

Koehler, W. C., Cable, J. W., Wilkinson, M. K. and Wollan, E. O. (1966). *Phys. Rev.* **151**, p. 414.

Korringa, J. (1950). Physica (Utrecht) **16**, p. 601.

Larson, A. C. and Von Dreele, R. B. (2000). Report LAUR 86 – 748, Tech. rep., Los Alamos National Laboratory, Los Alamos, USA.

Lauter, H. J., Lauter – Pasyuk, V., Toperverg, B. P., Romashev, L., Ustinov, V., Kravtsov, E., Vorobiev, A., Nikonov, O. and Major, J. (2002). *Appl. Phys. A***74**, p. S1557.

Lea, K. R., Leask, M. J. M. and Wolf, W. P. (1962). *J. Phys. Chem. Solids***23**, p. 1381.

Lippmann, G. and Schelten, J. (1974). *J. Appl. Cryst.* **7**, p. 236.

Loewenhaupt, M. and Steglich, F. (1977). in A. Furrer (ed.), *Crystal field effects in metals and alloys* (Plenum Press, New York), p. 198.

Lovesey, S. W. (1984). *Theory of neutron scattering from condensed matter*, Vol. 2 (Clarendon Press, Oxford).

Lovesey, S. W. and Collins, S. P. (1996). *X – ray scattering and absorption by magnetic materials* (Clarendon Press, Oxford).

Lynn, J. W. (1975). *Phys. Rev.* *B***11**, p. 2624.

Mason, T. E., Aeppli, G. and Mook, H. A. (1992). *Phys. Rev. Lett.*.**68**, p. 1414.

Mayers, J. (1993). *Phys. Rev. Lett.* **71**, p. 1553.

McIntyre, G. J., Lem e – Cailleau, M. H. and Wilkinson, C. (2006). *Physica B* 385 – 386, p. 1055.

McMillan, W. L. (1968). Phys. Rev. **167**, p. 331.

Meier, B. H. (1984). *Ph. D. Thesis No.* 7620, Ph. D. thesis, ETH, Zurich, Switzerland.

Meier, B. H., Meyer, R., Ernst, R. R., St ckli, A., Furrer, A., H lg, W. and Anderson, I. (1984). *Chem. Phys. Lett.* **108**, p. 522.

Mikeska, H. J. (1978). *J. Phys. C***11**, p. L29.

Millhouse, A. H. and Furrer, A. (1976). AIP Conf. Proc. **29**, p. 257.

Mirebeau, I., Hennion, M., Casalta, H., Andres, H., G del, H. U., Irodova, A. V. and Caneschi, A. (1999). *Phys. Rev. Lett.* **83**, p. 628.

Mook, H. A. (1966). *Phys. Rev.* **148**, p. 495.

Murani, A. P., Knorr, K., Buschow, K. H. J., Benoit, A. and Flouquet, J. (1980). *Solid state Comm* **36**, p. 523.

Nellin, G. and Nilsson, G. (1972). *Phys. Rev. B***5**, p. 3151.

Nicklow, R. M. (1983). in J. N. Mundy, S. J. Rothman, M. J. Fluss and L. C. Smedskjaer (eds.), *Methods of experimental physics*, Vol. 21 (Academic Press, Orlando), p. 172.

Norman, M. R. and P pin, C. (2003). *Rep. Prog. Phys.* **66**, p. 1547.

Ochsenbein, S. T., Chaboussant, G., Sieber, A., G del, H. U., Janssen, S., Furrer, A. and Attfield, J. P. (2003). *Phys. Rev. B***68**, p. 092410.

Orbach, R. (1961). *Proc. Roy. Soc. A* **264**, p. 458.

Ott, F. (2007). C. R. Physique **8**, p. 763.

Owen, R. A., Preston, R. V., Withers, P. J., Shercliff, H. R. and Webster, P. J. (2003). *Mater. Sci. Eng. A***346**, p. 159.

Penfold, J., Weber, J. R. P. and Bucknall, D. G. (1994). in A. Furrer (ed.), *Neutron scattering from hydrogen in materials* (World Scientific, Singapore), p. 65.

Pietsch, U., Holy, V. and Baumbach, T. (2004). *High – resolution x – ray scattering from thin films to nanostructures* (Springer, New York).

Podlesnyak, A., Pomjakushin, V., Pomjakushina, E., Conder, K. and Furrer, A. (2007). *Phys. Rev. B***76**, p. 064420.

Podlesnyak, A., Russina, M., Furrer, A., Alfonosov, A., Vavilova, E., Kataev, V., B chner, B., Str ssle, T., Pomjakushina, E., Conder, K. and Khomskii, D. I. (2008). *Phys. Rev. Lett.* **101**, p. 247603.

Poirier, J. P. (2000). *Introduction to the physics of the earth's interior* (Cambridge University Press, Cambridge).

Rietveld, H. M. (1969). *J. Appl. Cryst.* **2**, p. 65.

Riste, T. (1970). *Nucl. Instrum. Meth.* **86**, p. 1.

Robinson, R. A., Brown, P. J., Argyriou, D. N., Hendrickson, D. N. and Aubin, S. M. J. (2000). *J. Phys.: Condens. Matter* **12**, p. 2805.

Rodriguez – Carvajal, J. (1993). *Physica B* **55**, p. 192.

Rotenberg, M., Bivins, R., Metropolis, N. and Wooten Jr., J. K. (1959). *The 3 – j and 6 – j symbols* (MIT

Press, Cambridge Massachusetts).

Ruderman, M. A. and Kittel, C. (1954). *Phys. Rev.* **96**, p. 99.

Rüegg, C., Cavadini, N., Furrer, A., G del, H. U., Kr mer, K. W., Mutka, H. Wildes, A., Habicht, K. and Vorderwisch, P. (2003). *Nature* **423**, p. 62.

Rüegg, C., Furrer, A., Sheptyakov, D., Str ssle, T., Kr mer, K. W., G del, H. and M l si, L. (2004). *Phys. Rev. Lett.* **93**, p. 257201.

Salzmann, C. G., Radelli, P. G., Hallbrucker, A., Mayer, E. and Finney, J. L. (2006). *Science***311**, p. 1758.

Santoro, A., Miraglia, S., Beech, F., Sunshine, S. A., Murphy, D. W., Schneemeyer, L. F. and Waszcak, J. V. (1987). *Mat. Res. Bull.* **22**, p. 1007.

Scherm, R., Dolling, G., Ritter, R., Schedler, E., Teuchert, W. and Wagner, V. (1977). *Nucl. Instrum. Meth.* **143**, p. 77.

Schmid, B., H lg, B., Furrer, A. Urland, W. and Kremer, R. (1987). *J. Appl. Phys.* **61**, p. 3426.

Soh nfeld, B., Reinhard, L., Kostorz, G. and B hrer, W. (1997). *Acta mater.* **45**, p. 5187.

Schwahn, D. (2000). in T. Br ckel, G. Heger and D. Richter (eds.), *Neutron scattering, Matter and materials*, Vol. 5 (Forschungszentrum J lich, J lich), pp. 8 – 1.

Sears, V. F., Svensson, E. C., Martel, P. and Woods, A. D. B. (1982). *Phys. Rev. Lett.* **49**, p. 279.

Shirane, G. (1974). *Rev. Mod. Phys.* **46**, p. 437.

Shirane, G., Nathans, R., Steinsvoll, O., Alperin, H. A. and Pichart, S. (1965). *Phys. Rev. Lett.* **15**, p. 146.

Shull, C. G. (1968). *Phys. Rev. Lett.* **21**, p. 1585.

Shull, C. G., Wollan, E. O., Morton, G. A. and Davidson, W. L. (1948). *Phys. Rev.* **73**, p. 842.

Sköld, K. and Nelin, G. (1967). *J. Phys. Chem. Solids***28**, p. 2369.

Sköld, K., Pelizzari, C. A., Kleb, R. and Ostrowski, G. E. (1976). *Phys. Rev. Lett.* **37**, p. 842.

Sköld, K., Rowe, J. M., Ostrowski, G. and Randolph, P. D. (1972). *Phys. Rev. A* **6**, p. 1107.

Squires, G. L. (1996). *Introduction to the theory of thermal neutron scattering* (Dover Publications, New York).

Steele, D. and Fender, B. E. F. (1974). *J. Phys. C* 7, p. 1.

Steiner, M. (1980). in T. Riste (ed.), *Ordering in strongly fluctuating condensed matter systems* (Plenum Press, New York), p. 107.

Stevens, K. W. H. (1967). *Rep. Progr. Phys.* **30**, p. 189.

Strässle, T., Juranyi, F., Schneider, M., Janssen, S., Furrer, A., Kr mer, K. W. and G del, H. U. (2004a). *Phys. Rev. Lett.* **92**, p. 257202.

Strässle, T., Klotz, S., Hamel, G., Koza, M. M. and Schober, H. (2007). *Phys. Rev. Lett.* **99**, p. 175501.

Strässle, T., Saitta, A. M., Klotz, S. and Braden, M. (2004b). *Phys. Rev. Lett.* **93**, p. 225901.

Suzuki, K. (1997). in D. L. Price and K. Sk ld (eds.), *Methods of experimental physics*, Vol. **23** (Academic Press, New York), p. 243.

Svensson, E. C., Sears, V. F., Woods, A. D. B. and Martel, P. (1980). *Phys. Rev. B***21**, p. 3638.

Taub, H., Carneiro, K., Kjems, J. K., Passell, L. and McTague, J. P. (1977). *Phys. Rev. B***16**, p. 4551.

Teixeira, J., Bellissent - Funel, M. C., Chen, S. H. and Dianoux, A. J. (1985). *Phys. Rev. A* 31, p. 1913.

Tranquada, J. M., Woo, H., Perring, T. G., Goka, H., Gu, G. D., Xu, G., Fujita, M. and Yamada, K. (2004). *Nature* 429, p. 534.

van Hove, L. (1954). *Phys. Rev* **95**, p. 249.

Vijayaraghavan, P. R., Nicklow, R. M., Smith, H. G. and Wilkinson, M. K. (1970). *Phys. Rev. B* 1, p. 4819.

Voll, G. and H ller, A. (1988). *Can. J. Chem.* **66**, p. 925.

Wagner, D. (1972). *Introduction to the theory of magnetism* (Pergamon Press, Oxford).

Warren, B. E. (1941). *Phys. Rev.* **59**, p. 693.

Weber, K. (1967). *Acta Cryst.* **23**, p. 720.

Wybourne, B. G. (1965) *Spectroscopic properties of rare earths* (John Wiley, New York).

Yosida, K. (1957). *Phys. Rev.* **106**, p. 893.

Zhang, S. C. (1997). *Science* **275**, p. 1089.

Zolliker, P., Furrer, A., Meier, B., Graf, F. and Ernst, R. R. (1983). AF - SSP - 124, Tech. rep., ETH Zurich, Zurich, Switzerland.

内容简介

本书最初源于作者为凝聚态物理专业研究生授课的讲义，介绍了中子散射技术的概况、中子散射基本理论，以及中子散射谱仪和样品环境，并涵盖了中子散射应用研究的系列专题。本书主要面向实验人员，以及对实验感兴趣的理论工作者。它将帮助读者在凝聚态物理这一广阔领域中设计并分析中子散射实验。作为一本综合性指南，本书可作为研究生的专业课程，并对所有刚开始利用中子散射技术来研究凝聚态物理的科研人员提供重要参考。